河南省豫北地区水文站
任务书资料汇编

王冬至　王婉婉　主编

黄河水利出版社
·郑州·

图书在版编目(CIP)数据

河南省豫北地区水文站任务书资料汇编/王冬至,王婉婉主编. —郑州:黄河水利出版社,2019.8
ISBN 978 - 7 - 5509 - 2495 - 6

Ⅰ.①河… Ⅱ.①王… ②王… Ⅲ.①水文站 - 资料 - 汇编 - 河南 Ⅳ.①P336.261

中国版本图书馆 CIP 数据核字(2019)第 186315 号

组稿编辑:李洪良 电话:0371 - 66026352 E-mail:hongliang0013@163.com

出 版 社:黄河水利出版社　　　　　　　　　　网址:www.yrcp.com
　　　　地址:河南省郑州市顺河路黄委会综合楼 14 层　邮政编码:450003
发行单位:黄河水利出版社
　　　　发行部电话:0371 - 66026940、66020550、66028024、66022620(传真)
　　　　E-mail:hhslcbs@ 126. com
承印单位:虎彩印艺股份有限公司
开本:787 mm × 1 092 mm　1/16
印张:18
字数:416 千字　　　　　　　　　　印数 1—1 000
版次:2019 年 8 月第 1 版　　　　　　印次:2019 年 8 月第 1 次印刷

定价:96.00 元

《河南省豫北地区水文站任务书资料汇编》编纂委员会

主　　编　王冬至　　王婉婉

编写人员　罗清元　刘义滨　王　伟　冯　瑛

　　　　　　　张少伟　何　军　张春芳　李佳红

　　　　　　　翟朋云　林文博　宁子来　刘学勇

　　　　　　　王　旭　宋小鸥　郭树贤　郝增法

　　　　　　　吕伯超　郑　革　韩　潮　周振华

前　言

　　水文站任务书是对各水文站在一年中按照水文站网规划技术导则的要求，对各区域内各项水文要素按照站网密度控制标准和各种规范技术要求而布置的收集各项资料的频次和精度的总要求，作为一种行业管理的技术手段，在河南省实施由来已久。

　　河南省测站任务书在2003年10月修订之前都是纸质版本，那次修订后，有了电子版本。2008年再次修订后，至今已十余年，已经不再适应目前形势及技术发展要求。这次修订参考了以往修订的成果，又参照技术方案的思路，本着保持水文资料长期性、延续性、规范性和适时性的原则，增加了新的内容，主要包括：整编所需提交成果资料；省界和重要控制断面；加快整编日清月结年终的实效性；安全生产；学习20种最新水文常用规范清单；"四随"制度明确为随测算、随拍报、随整理、随分析；增加了测洪小结上报电子版的制度；所有测站（除城市站）统一规定冰情和初终霜观测任务。这些内容的增加适应了现代水文发展的需求，也作为考核各水文站年度任务完成情况的标准，为水文站现代化、规范化管理打下基础。

　　本次任务书的修订审查采取分片逐审的方法，豫北地区主要处于河南省海河、黄河流域，包括新乡、焦作、鹤壁、濮阳、安阳、济源六个勘测局，水文气候条件比较近似，故编辑成册。新任务书的修订历时半年，浸透了各局站网管理人员的心血，新任务书于2019年1月1日正式实施。

作　者

2019年7月

目　录

前　言
第1章　任务书编制总则 ……………………………………………… (1)
第2章　基础资料整理 ………………………………………………… (2)
　　2.1　安阳地区水文站 …………………………………………… (2)
　　　　2.1.1　五陵水文站任务书 …………………………………… (2)
　　　　2.1.2　横水(二)水文站任务书 ……………………………… (13)
　　　　2.1.3　小南海水库水文站任务书 …………………………… (24)
　　　　2.1.4　安阳水文站任务书 …………………………………… (35)
　　　　2.1.5　天桥断(二)水文站任务书 …………………………… (46)
　　　　2.1.6　内黄水文站任务书 …………………………………… (57)
　　2.2　濮阳地区水文站 …………………………………………… (68)
　　　　2.2.1　元村集水文站任务书 ………………………………… (68)
　　　　2.2.2　濮阳(三)水文站任务书 ……………………………… (79)
　　　　2.2.3　范县(二)水文站任务书 ……………………………… (92)
　　　　2.2.4　南乐水文站任务书 …………………………………… (103)
　　2.3　鹤壁地区水文站 …………………………………………… (114)
　　　　2.3.1　淇门水文站任务书 …………………………………… (114)
　　　　2.3.2　盘石头水库水文站任务书 …………………………… (125)
　　　　2.3.3　新村水文站任务书 …………………………………… (136)
　　　　2.3.4　刘庄(二)水文站任务书 ……………………………… (147)
　　2.4　新乡地区水文站 …………………………………………… (158)
　　　　2.4.1　黄土岗(二)水文站任务书 …………………………… (158)
　　　　2.4.2　汲县(二)水文站任务书 ……………………………… (168)
　　　　2.4.3　合河(共)水文站任务书 ……………………………… (179)
　　　　2.4.4　合河(卫)水文站任务书 ……………………………… (189)
　　　　2.4.5　朱付村(二)水文站任务书 …………………………… (199)
　　　　2.4.6　大车集(二)水文站任务书 …………………………… (211)
　　　　2.4.7　宝泉水库水文站任务书 ……………………………… (224)
　　　　2.4.8　八里营(二)水文站任务书 …………………………… (235)
　　2.5　焦作地区水文站 …………………………………………… (247)
　　　　2.5.1　修武水文站任务书 …………………………………… (247)

　　2.5.2　何营水文站任务书 …………………………………………（258）

2.6　济源地区水文站 …………………………………………………（269）

　　2.6.1　济源水文站任务书 …………………………………………（269）

第 1 章　任务书编制总则

（1）任务书是根据河南省水利厅下达的目标管理任务，结合水文站具体情况制定的。任务书中规定的定位观测、巡测、水文调查、资料整编和分析、设施管理和养护、属站管理、技术辅导、业务学习等都是水文站的基本任务，应严格执行。

（2）任务书是根据现行水文测验国家标准和部颁标准及河南省制定的有关技术标准，并结合水文站实际情况制定的，是保证成果质量的基本要求，应认真贯彻执行。

（3）水文站应根据任务书的要求，全面加强质量管理，按照水利部水文司《水文测验质量检查评定办法》规范水文测验操作，建立健全岗位责任制、成果质量管理责任制、测洪方案、巡测方案、设备管理制度等规章制度，"四随"（随测算、随拍报、随整理、随分析）制度要落实到位。加强水文调查，做到点面结合，宏观全面地采集准确可靠的水文信息。各项记载应书写工整，严禁涂改，以确保各项测验数据真实、完整、准确、可靠。任务书规定的观测项目作为正式资料参加资料整理汇编。

（4）水文站要加强站容站貌管理，严格贯彻河南省水文水资源局《河南省国家基本水文站规范化管理办法》精神，创建文明水文站。

（5）任务书是水文站技术档案之一，必须与《河南省水文站志》等相关技术任务文件一起妥善保存。

第2章 基础资料整理

2.1 安阳地区水文站

2.1.1 五陵水文站任务书

2.1.1.1 五陵水文站基本情况

1. 位置情况

隶属	河南省安阳水文水资源勘测局	重要站级别	国家级
流域	海河	水系	南运河
河名	卫河	汇入何处	南运河
东经	114°35′	北纬	35°51′
集水面积	9 393 km²	至河口距离	179 km
级别	一	人员编制	6
测站地址	河南省汤阴县五陵镇五陵村	邮政编码	456173
电话号码	0372 – 6431045	电子信箱	
测站编码	31003910	雨量站编码	31024050
报汛站号	31003910	省界断面	否

2. 测站属性

类别	河道站		性质	基本水文站
设站目的	本站为区域代表站,是卫河控制站,采集断面以上长系列水文要素信息,为水资源管理和防汛减灾提供服务			

3. 属站名单

负责管理的基本雨量站、水位站和中小河流巡测站、水位站、雨量站、水量辅助站、生态监测站。

属站类别	测站编码	站名	水系	河名	观测项目	观测时段 非汛期	观测时段 汛期	降水制表 (一)或(二)	降水制表 日表	摘录段制	自记或标准	水量调查表	报汛部门	备注
基本雨量	31023850	道口	南运河	北干河	降水	24	24	(一)	√	24	自记		省	雨雪
基本雨量	31023750	牛屯	南运河	北干河	降水	24	24	(二)	√	24	自记		省	雨雪
基本雨量	31023800	东申寨	南运河	北干河	降水	24	24	(二)	√	24	自记		省	雨雪
基本雨量	31024050	五陵	南运河	卫河	降水	2	24	(一)	√	24	自记		省	

2.1.1.2　观测项目及要求

1. 观测项目

测验地点（断面）	测站编码	基本观测项目							辅助观测项目							
		水位	流量	单样含沙量	输沙率	降水	蒸发	水文调查	蒸发辅助	水质	初终霜	水温	冰情	气象	墒情	比降
基本水尺断面	31003910	√	√					√		√		√	√		√	
观测场	31024050					√					√					
牛屯	31023750					√										
东申寨	31023800					√										
道口	31023850					√										

2. 巡测间测规定

编码	断面地点	断面名称	巡（间）测项目	巡（间）测要求	巡（间）测时间

3. 整编所需提交成果资料

测站名称	测站编码	降水量								水流沙																	
		逐日降水量表（汛期）	逐日降水量表（常年）	降水量摘录表	各时段最大降水量表(1)	各时段最大降水量表(2)	蒸发场说明表及平面图	水面蒸发量辅助项目月年统计表	降水量站说明表	逐日平均水位表	洪水水位摘录表	实测流量成果表	实测大断面成果表	堰闸流量率定成果表	逐日平均流量表	堰闸水文要素摘录表	水电站抽水流量成果表	悬移质实测输沙率成果表	悬移质逐日平均输沙率表	悬移质逐日平均含沙量表	悬移质洪水水文要素摘录表	逐日水温表	冰厚及冰情要素摘录表	冰情统计表	水文、水位站说明表	水库、堰闸站说明表	区间水利工程基本情况表
五陵	31003910										√	√	√		√	√						√	√	√	√		√
牛屯	31023750	√	√						√																		
东申寨	31023800	√	√						√																		
道口	31023850	√	√						√																		

4. 观测要求

项目		观测要求	辅助观测项目	备注
降水量	标准	每日8时定时观测1次,1~5月按2段观测,10~12月按2段观测,暴雨时适当加测	初终霜	在自记雨量计发生故障或检测时使用标准雨量器,按24段制观测
	自记	每日8时定时观测1次,降水之日20时检查1次,暴雨时适当增加检查次数。6~9月按24段摘录		
	遥测	按有关要求定期取存数据		
陆上水面蒸发		每日8时定时观测1次	风向、风速(力)、气温、湿度等	
水位	人工、自记	水位平稳时每日8时、17时(20时)观测2次,洪水期或遇水情突变时必须加测,以测得完整水位变化过程为原则。闸坝水库站在闸门启闭前后和水位变化急剧时,应增加测次,以掌握水位转折变化。必须进行水位不确定度估算	1.风大时观测风向、风力、水面起伏度及流向; 2.闸门变动期间,同时观测闸门开启高度、孔数、流态、闸门是否提出水面等	每日8时校测自记水位记录,洪水期适当增加校测次数。定期检测各类水位计,保证正常运行
	遥测	按有关要求定期取存数据		
流量		流量测验应满足流量转折、推算逐日流量和各项特征值的要求,根据高、中、低各级水位情况,合理地分布于各级水位和水情变化过程的转折点处。水位流量关系稳定的站每年测次不少于15次。闸坝站测次以能满足率定分析推求泄水过程为原则	1.每次测流同时观测记录水位、天气、风向、风力及影响水位流量关系变化的有关情况; 2.闸坝站要测记闸门开启高度、孔数、流态及其变动情况; 3.在高、中水测流时同时观测比降	水位级划分及测洪方案见附录
含沙量	单样含沙量	以控制含沙量转折变化和建立单断沙关系为原则。含沙量变化很小时,可每4~10日取样1次。每次较大洪峰过程,一般不少于4~8次。洪峰重叠或水沙峰不一致、含沙量变化剧烈时,应增加测次。闸坝站根据闸门变动和含沙量变化情况适当布置测次	水位	较大流域的测站如能分辨出沙峰来源时应予以说明。如河水清澈,可改为目测,含沙量做零处理
	输沙率	根据测站级别每年输沙率测验不少于10~20次,测次分布应能控制流量和含沙量的主要转折变化,原则上每次较大洪峰不少于5次	单样含沙量、流量及水位等	

项目	观测要求	辅助观测项目	备注
水尺零点高程	每年汛期前后各校测1次,在水尺发生变动或有可疑变动时,应随时校测。新设水尺应随测随校		包括自记水位计高程标点
水准点高程测量	逢0、逢5年份对基本水准点必须进行复测,校核水准点每年校测1次,如发现有变动或可疑变动时,应及时复测并查明原因		
大断面测量	每年汛期前后施测,在每次洪水后应予加测。较大洪水采用比降面积法或浮标法测流后,必须加测。人工固定河槽在逢5年份施测1次	水位	
测站地形测量	除设站初期施测1次地形,测验河段在河道、地形、地物有明显变化时,必须进行全部或局部复测	水位	
水文调查	包括断面以上(区间)流域基本情况调查、水量调查、暴雨和洪水调查以及专项水文调查		
水温	每日8时观测。冬季稳定封冻期,所测水温连续3~5 d皆在0.2 ℃以下时,即可停止观测。当水面有融化迹象时,应即恢复观测。无较长稳定封冻期不应中断观测		
冰情观测	在测验断面出现结冰现象的时期内一般每日8时观测1次。冰情变化急剧时,应适当增加测次		
墒情监测	基本站在每旬初(1日、11日、21日)早8时观测1次,取土深度为地面以下10 cm、20 cm、40 cm处3点土样	旬总雨量统计	旱情严重时应加密、多点观测
气象			
水质监测	按照《水环境监测规范》(SL 219—98)的要求,河道站每年2个月取样1次,水库站每年丰、平、枯期各取样1次,地下水站于5月、10月各取样1次,如遇突发性污染事故应及时取样,并报告有关主管部门,以便采取应急措施	按水样送验单要求观测、填写辅助观测项目	有水质采样任务的站,要求当天取样,当天送到指定的单位
其他			

2.1.1.3 水文情报预报工作

（1）水文站报汛必须严格贯彻执行《水文情报预报规范》（GB/T 22482—2008）、《水情信息编码标准》（SL 330—2011），保证拍报质量，水文站差错率不超过1%，雨量站差错率不超过3%。

（2）水文站要在综合分析近期水位流量关系的基础上，于汛前修订好报汛曲线，并用历史调查洪水做好高水部分的曲线延长，随时根据实测点修订水位流量曲线，保证相应流量的准确性。

（3）汛期与非汛期划分：淮河、长江流域当年5月15日至10月1日为汛期，当年10月2日至次年5月14日为非汛期；海河、黄河流域当年6月1日至10月1日为汛期，当年10月2日至次年5月31日为非汛期。

（4）降水量拍报。雨量报汛段次严格按照每年下发的报汛任务书的要求执行。

（5）水情拍报：

①水情站要严格按照当年下达的报汛任务书的要求拍报。遇到洪水涨洪时要报出洪水全过程，涨水段在二级加报水位以上，至少要报2～3次实测流量，以校正拍报的相应流量。

②水库站凡遇大、中洪水入库时，均要拍报入库流量全过程。

③当发生特大暴雨洪水，河道分洪、决口、扒堤、水库垮坝及大面积内涝时，应及时拍报特殊水情电报，立即调查情况并上报。

（6）水文预报。大型水库和主要河道控制水文站，要积极开展水文预报。发生大洪水时，及时向当地有关部门通报水情趋势，为防汛抢险和水利调度当好参谋。

2.1.1.4 水文水资源调查

水文调查是水文测验工作的重要组成部分，是收集水文资料的重要环节，水文站应当有计划地进行，以满足水文水资源分析计算的要求。

本站负责本站基本水尺断面以上至淇门水文站范围内水文水资源调查任务。

1. 调查要求

（1）对测站流量有较大影响的水利设施，应查清工程指标及其变化等情况，一般影响一次洪水总量或河道同期多年平均径流量达15%～20%时，应与有关部门配合，建立简易观测点或巡测点，达到能推算各月和全年的调节、引用水量的目的。

（2）对测站流量有中等影响的水利设施，应逐个查清工程指标等情况，并每年及时调查其水量，以能估算其年调节、引用水量为原则。一般影响洪峰流量5%以上的水利工程，或引入、引出水量占引水期间水量的5%以上的固定工程，需逐个测算其年调节、引用水量。

（3）对测站流量影响较小的水利设施，一般只统计总个数、总指标，测算总水量。小面积站上游的水利工程设施，其一个或几个工程的控制面积超过集水面积的10%，或引水期的调节水量占河道同期水量的10%以上时，则应做较细致的调查，算清水账。水利设施的工程指标等情况，可直接引用工程管理等部门的资料，在做过普查以后，每年可只对有变动的部分做补充调查。

遇有滞洪、决口等情况，应立即了解其具体位置、发生时间，并尽可能查清其水量。调查应在发生这些情况的短时间内进行，如有困难，也应在当年把情况调查清楚。

当发生特大暴雨、洪水或特别干旱时，应进行暴雨、洪水及必要的枯水调查。

（4）注意观察水的透明度、气味、色度、悬浮物质等物理特性是否异常，是否有明显污染,当发现突发性污染事故时及时上报上级主管部门,并按上级要求进行监测。

(5)水文站(县局)水文调查成果应按规范规定整理并编写调查报告。

2.调查表

调查地点	水工设施名称	调查时间	调查项目	调查要求	备注

3.省界断面

每月5日前向流域机构上报上月最高、最低、月平均水位,最高、最低、月平均流量和月径流量。

2.1.1.5 资料

1.资料整编

原始资料不得损毁,禁止涂改、誊写。各种整编报表的填写要符合规范规定。

水文站的各项观测资料应严格执行"四随"制度,当月各项资料应于次月5日前完成在站整编,次年1月5日前完成上年度全年资料的在站整编。

水文站应对各种原始数据进行校对,资料在站整编完成后,应写出在站整编说明书,简述测验情况、整编发现的问题及处理意见、合理性检查情况及对资料成果的评价。

2.资料分析

洪水过后要进行大断面冲淤变化分析。突出的流量和沙量测点应进行批判分析。根据上下游控制断面做水量平衡分析。对属站降水量要进行对比分析,发现错日、错量情况及时更正。

通过资料分析掌握测站特性和各水文因素的变化规律,力求定线合理,推算方法正确,符合本站特性。

3.资料保存

水文资料是国家重要的基础信息资源,要注意防火、防盗,保持整洁。资料要存放在资料柜内,指定专人妥善保管,防止丢失。未经审查的资料不得向社会发布。

2.1.1.6 测报设施管理、养护及安全生产

测报设施是保障安全、提高测洪能力和精度、提高测报成果质量的重要设施,测站必须精心养护,发现问题及时维修,并将检查处理情况做好记录。

1.钢丝绳的养护

(1)钢丝绳每年擦油1~2次,防止生锈,重点受力部位加强检修。

(2)对钢丝绳与锚碇接头部分涂黄油并经常检查。

2.支架、锚碇的养护

(1)为保持支架直立、结构不变形,保持平衡,使支架各方向的拉力均衡,每年应全面检查调整2~3次,大洪水期应检查1~2次。

（2）钢支架每隔 1~2 年进行除锈、油漆养护，除锈后先涂防锈漆，再涂油漆；避雷接地电阻应校测。

（3）汛前及洪水过后要认真检查支架基础有无沉陷、有无位移，联系螺栓是否有松动，混凝土基础有无裂缝等，如不符合要求及时检修。

（4）每月检查锚碇有无位移，锚碇附近土壤有无裂纹、崩塌、沉陷等现象，夹头是否松动、锚杆是否生锈，发现问题及时处理。

3. 驱动设备的养护

1）动力设备

（1）变压器，按供电部门规定，隔一定年限更换变压器油。

（2）柴油机及发电机组，按使用说明书规定进行技术保养。

（3）经常检查电动机发热情况，温升超过 60 ℃时，应采取降温措施，电动机应接地，发现电动机异常时，应停车检查原因，设法排除。

2）绞车

经常保持绞车轴承、转动部件油润，每年汛前应全面检查 1 次，保证其正常工作状态。

3）滑轮

经常检查导向滑轮、游轮、行车等运转情况，发现不正常应及时检修，不允许钢丝绳在滑轮上滑动、擦边、跳槽，若有上述问题，应采取措施及时排除，保持油润，运行时注意随时监视各滑轮运转情况。

4）水文缆道

水文缆道每年要进行起点距、水深比测 1~2 次并保存好记录。

4. 仪器、仪表的养护

（1）各种仪器、仪表按说明书使用、养护，应保持附件的齐全；流速仪应及时鉴定并保管好鉴定证书。

（2）各种仪器、仪表应放在干燥通风、清洁和不受腐蚀性气体侵蚀的地方。

（3）主要电子、电器仪表应设有接地装置，防止雷电感应短路烧坏仪表。

5. 测船的养护

（1）每日观察测船设施有无毁损，平时 5 d 擦洗 1 次，汛期每日擦洗 1 次，发现问题及时排除，保证测流的顺利进行。

（2）木船每年小修 1 次，5 年大修 1 次，钢板船 1~2 年检修 1 次。

（3）机动船平时每 5 d 启动 1 次，维持机械的油润，汛期保证随时能启动运行测流。

6. 桥测车的养护

除按机动车正常管理、养护外，还应注意：

（1）司机应爱护车辆，经常擦洗机件，保持机件润滑、清洁。

（2）桥测车每月发动 2~3 次，检查机件、电路等所有部件的性能，发现问题，应及时检修排除，以保证测流时能随时启动、运行。

7. 遥测设备的管理与养护

（1）自记井发生淤积时应及时进行清淤处理。

（2）传感器应经常检查，保持内部干净。

（3）终端机、馈线、天线、太阳能电池板及蓄电瓶等设备应经常检修、维护。太阳能电池板应每月清洗1次。

（4）备品备件要有专人管理养护。

8. 通信线路的养护

通信线路要不定期进行检查，发现问题及时向电信部门及上级汇报，做好线路的抢修工作，确保线路畅通。

9. 安全生产

加强生产安全管理。配置救生衣、安全斧、救生锤、破坏钳等必要的安全生产设施。水上作业时必须穿戴救生衣，桥测时应放置警示标识，保证人身安全。缆道、测船等作业严格按照规程进行操作，严禁违章操作，避免意外发生。办公楼配备防盗防火设施，做好防火、防盗、雷击和安全用电工作，杜绝各类事故发生。

水文站于每年年初向勘测局编报测报设施维修养护经费计划，由勘测局汇总，报省局审定安排，水文站按下达的维修养护任务保质保量完成。

2.1.1.7　属站管理

水文站对属站负有领导责任，积极主动地指导属站进行各项观测、资料整理等工作，做到汛前有布置，汛期有检查，汛后有总结，遇到特殊情况及时处理。对属站所有仪器设备做好维护管理工作。

2.1.1.8　业务学习

每周定期学习以下技术规范和其他新技术操作等。

序号	规范	学习时间
1	《水文缆道测验规范》（SL 443—2009）	
2	《水文测船测验规范》（SL 338—2006）	
3	《水位观测平台技术标准》（SL 384—2007）	
4	《水工建筑物与堰槽测流规范》（SL 537—2011）	
5	《声学多普勒流量测验规范》（SL 337—2006）	
6	《水位观测标准》（GB/T 50138—2010）	
7	《降水量观测规范》（SL 21—2015）	
8	《河流悬移质泥沙测验规范》（GB 50159—2015）	
9	《河流流量测验规范》（GB 50179—2015）	
10	《水文巡测规范》（SL 195—2015）	每周五定时学习
11	《翻斗式雨量计》（GB/T 11832—2002）	
12	《水面蒸发观测规范》（SL 630—2013）	
13	《水文资料整编规范》（SL 247—2012）	
14	《水文数据整理汇编标准》（DB 41/T 1599—2018）	
15	《土壤墒情监测规范》（SL 364—2015）	
16	《水文测量规范》（SL 58—2014）	
17	《水文调查规范》（SL 196—2015）	
18	《水文基本术语和符号标准》（GB/T 50095—2014）	
19	《水文仪器术语及符号》（GB/T 19677—2005）	
20	《河流冰情观测规范》（SL 59—2015）	

2.1.1.9 附录

1.“四随”工作制度

	降水量	水位	流量	含沙量
随测算	1. 准时量记,当场自校。 2. 自记站要按时检查,每日8时换纸,无雨不换纸要加水,有雨注意量记虹吸水量。 3. 检查记载规格符号是否正确、齐全。 4. 每日8时计算日雨量、蒸发量,旬、月初计算旬、月雨量	1. 准时测记水位及附属项目,当场自校。 2. 自记水位按时校测、检查。 3. 日平均水位次日计算完毕。 4. 水准测量当场计算高差,当日计算成果并校核	1. 附属观测项目及备注说明当场填记齐全。 2. 闸坝站应现场测记有关水力因素。 3. 按要求及时测记流量。 4. 流量随测随算	1. 单样含沙量及输沙率测量后,编号与瓶号、滤纸要校对,并填入单沙记载本中,各栏填记齐全。 2. 水样处理当日进行(如加沉淀剂,自动滤沙)。 3. 烘干称重后立即计算
随拍报	1. 从4月2日至11月1日期间全省统一采用自动遥测站雨量信息,11月2日至次年4月1日仍进行人工拍报雨情信息。 2. 密切监视本辖区内雨情变化,发现雨量站点1 h降雨量超过50 mm或单日累计降雨量达100 mm以上时,要及时报当地县防办和勘测局水情科	1. 严格按照当年下达的防汛抗旱拍报任务通知的要求拍报。有涨水过程时必须加报起涨水情和洪峰流量,及时报出洪水全过程。 2. 当洪水上涨超过各级加报标准时,必须立即拍报水情1次,然后按规定段次发报;上次发报后涨幅已超过1 m的,也要及时加报1次;出现洪峰要立即拍报。 3. 河道站:三级加报涨水段全部为24段次,落水段12~24段次;水库站:一级起报水位以上、二级加报水位以下要至少按照1 d 4段次拍报,二级加报水位(汛限水位)以上的涨水段全部按照24段次拍报,落水段按照12~24段次拍报。闸门变动随时报。 4. 当发生特大暴雨洪水、河道分洪、决口、扒堤、水库垮坝及大面积内涝时,应及时拍报特殊水情电报,立即调查情况并上报	1. 要在综合分析近期水位流量关系(水库站:输水设备泄流曲线)的基础上,于汛前修订好报汛曲线,并用历史调查洪水做好高水部分的曲线延长;汛期随时根据实测点修订水位流量曲线,保证相应流量的准确性。 2. 有拍报旬、月平均流量的河道、闸坝站断流或无出流量时也要拍报旬、月平均流量。 3. 河道站:根据洪水大小,在二级加报水位以上至少要报出1~3次实测流量,以校正拍报的相应流量;水库站:大型水库凡遇洪水入库时,均要拍报入库流量全过程	

	降水量	水位	流量	含沙量
随整理	1. 日、旬、月雨量在发报前要计算校核一遍。 2. 自记纸当日完成订正、摘录、计算、复核。 3. 月初3 d内原始资料完成3遍手,进行月统计	1. 日平均水位次日校核完毕。 2. 自记水位8时换纸后摘录订正前一天水位,计算日平均值,并校核。 3. 月初3 d内复核原始资料。 4. 水准测量次日复核完毕	1. 单次流量资料测算后即完成校核,当月完成复核。 2. 较大洪峰(500 m³/s)或较高水位(13.29 m)过后3 d内,报出测洪小结	单样含沙量、输沙率计算后当日校核,当月复核
随分析	1. 属站雨量到齐后列表对比检查雨型、雨量。 2. 主要暴雨绘各站暴雨累积曲线对比检查。 3. 发现问题及时处理	1. 应随测随点绘逐时过程线,并进行检查。 2. 日平均水位在逐时线上画横线检查。 3. 山区站及测沙站应画降雨柱状图,检查时间是否相应。 4. 发现问题及时处理	1. 洪水期流量测验要做点流速、垂线流速、水深测量的正确性及垂线布设的合理性检查。 2. 点绘水位流量关系线并检查偏离程度。水库闸坝站应点绘在系数曲线上检查。 3. 测次点在水位过程线上,检查测次分布。 4. 发现问题,检查原因,确定改正、重测或舍弃,并写出分析说明	1. 取样后将测次点在水位过程线上(可用不同颜色),检查测次控制的合理性。 2. 沙量称重计算后点绘单样含沙量过程线,发现问题立即复烘、复秤。 3. 检查单断沙关系及含沙量横向分布。 4. 发现问题及时处理

2. 使用水尺时的水位观测段次要求

段次要求	2 段	4 段	8 段	逐时
日变化(m)	<0.10	0.10~0.50	>0.50	>15.50 的峰顶附近
水位级(m)	<9.50	9.50~13.50	>13.50	

3. 水尺观测的不确定度估算

波浪变幅(cm)	≤2	3~30	≥31
波浪级别	无波浪	一般波浪	较大波浪
随机不确定度			
综合不确定度			
备注	每年在无波浪、一般波浪或较大波浪情况下,且水位基本无变化的5~10 min内连续观读水尺30次以上进行计算		

4.流速仪法测流方案的制订

1）水位级划分（单位：m）

水位级	高水	中水	低水	枯水
	12.00 以上	10.00~12.00	8.50~10.00	8.50 以下
备注				

2）允许总随机不确定度 X'_Q 与已定系统误差 U_Q

水位级	高水	中水	低水	枯水
X'_Q	5	6	9	
U_Q	$-2~1$	$-2~1$	$-2~1$	

3）常用测流方案

水位级	测流方案（m,p,t)	最少垂线数 m 方案下限	备注
高水 12.00 m 以上	1）20　2　60 2）20　1　100 3）15　3　60	15 15 10	方案的优先级按先后顺序进行排列，故选用方案优选排列在前的。
中水 10.00 m	1）20　2　100 2）20　2　60 3）15　1　100	15 15 10	m—垂线数； p—垂线测点数； t—历时
低水 8.50~10.00 m 以下	1）20　2　100 2）15　2　100	15 10	

5.流速系数

分类	水面浮标系数	岸边流速系数	小浮标系数	半深系数	深水浮标系数	电波流速仪系数	ADCP测流系数
系数及确定方法	0.85 经验	0.70 经验					
试验系数及时间							
备注	如果有试验系数,测流时应采用试验系数						

6.测流方法

方案	涉水	缆道	测船	桥测	浮标	比降
水位（m)	8.5	8.5~12.0		12.00 以上		
备注						

7.测洪小结

当发生水位大于 12.00 m 的较大洪水时,洪水过后 3 d 内,及时以电子文本形式上报测洪小结至省局站网监测处(电子信箱:hnscyk@126.com)。

2.1.2 横水(二)水文站任务书

2.1.2.1 横水(二)水文站基本情况

1. 位置情况

隶属	河南省安阳水文水资源勘测局	重要站级别	省级
流域	海河	水系	南运河
河名	安阳河	汇入何处	卫河
东经	113°55′	北纬	36°03′
集水面积	562 km²	至河口距离	135 km
级别	二	人员编制	4
测站地址	河南省林州市横水镇东横水村	邮政编码	456571
电话号码	0372 – 6551010	电子信箱	
测站编码	31006600	雨量站编码	31024700
报汛站号	31006600	省界断面	否

2. 测站属性

类别	河道	性质	专用
设站目的	本站为区域代表站,小南海水库进库站。采集横水(二)站断面以上安阳河长系列水文要素信息,为水资源管理和防汛减灾服务提供资料		

3. 属站名单

负责管理的基本雨量站、水位站和中小河流巡测站、水位站、雨量站、水量辅助站、生态监测站。

属站类别	测站编码	站名	水系	河名	观测项目	观测时段 非汛期	观测时段 汛期	降水制表 (一)或(二)	降水制表 日表	摘录段制	自记或标准	水量调查表	报汛部门	备注
基本雨量	31024700	横水	南运河	安阳河	降水	2	24	(一)	√	24	自记		省	
基本雨量	31024650	林县	南运河	安阳河	降水	24	24	(一)	√	24	自记		省	雨雪
基本雨量	31024500	姚村	南运河	安阳河	降水	24	24	(二)	√	24	自记		省	雨雪
基本雨量	31024600	南陵阳	南运河	安阳河	降水		24	(二)	√	24	自记		省	雨汛
基本雨量	31025000	河顺	南运河	粉红江	降水	24	24	(二)	√	24	自记		省	雨雪
基本雨量	31024800	东姚	南运河	安阳河	降水	24	24	(二)	√	24	自记		省	雨雪

2.1.2.2　观测项目及要求

1. 观测项目

测验地点（断面）	测站编码	基本观测项目							辅助观测项目							
		水位	流量	单样含沙量	输沙率	降水	蒸发	水文调查	蒸发辅助	水质	初终霜	水温	冰情	气象	墒情	比降
基本水尺断面	31006600	√	√					√		√			√			
观测场	31024700					√	√				√					
姚村	31024500					√										
南陵阳	31024600					√										
林县	31024650					√										
东姚	31024800					√										
河顺	31025000					√										

2. 巡测间测规定

编码	断面地点	断面名称	巡(间)测项目	巡(间)测要求	巡(间)测时间

3. 整编所需提交成果资料

测站名称	测站编码	降水量									水流沙																	
		逐日降水量表（汛期）	逐日降水量表（常年）	降水量摘录表	各时段最大降水量表(1)	各时段最大降水量表(2)	逐日水面蒸发量表	蒸发场说明表及平面图	水面蒸发量辅助项目月年统计表	降水量站说明表	逐日平均水位表	洪水水位摘录表	实测流量成果表	实测大断面成果表	堰闸流量率定成果表	洪水水文要素摘录表	堰闸水文要素摘录表	水库水文要素摘录表	水电站抽水站流量成果表	悬移质实测输沙率成果表	悬移质逐日平均输沙率表	悬移质逐日平均含沙量表	悬移质洪水含沙量摘录表	逐日水温表	冰厚及冰情要素摘录表	冰情统计表	水文、水位站说明表	水库、堰闸站说明表	区间水利工程基本情况表
横水	31006600									√	√	√	√	√											√	√	√		√
姚村	31024500		√	√						√																				
南陵阳	31024600	√	√	√						√																				
林县	31024650		√	√						√																				
东姚	31024800		√	√						√																				
河顺	31025000		√	√						√																				

4. 观测要求

项目		观测要求	辅助观测项目	备注
降水量	标准	每日 8 时定时观测 1 次,1~5 月按 2 段观测,10~12 月按 2 段观测,暴雨时适当加测	初终霜	自记雨量计发生故障或检测时使用标准雨量器,按 24 段制观测
	自记	每日 8 时定时观测 1 次,降水之日 20 时检查 1 次,暴雨时适当增加检查次数。6~9 月按 24 段摘录		
	遥测	按有关要求定期取存数据		
陆上水面蒸发		每日 8 时定时观测 1 次	风向、风速(力)、气温、湿度等	
水位	人工、自记	水位平稳时每日 8 时、17 时(20 时)观测 1 次,洪水期或遇水情突变时必须加测,以测得完整水位变化过程为原则。闸坝水库站在闸门启闭前后和水位变化急剧时,应增加测次,以掌握水位转折变化。必须进行水位不确定度估算	1. 风大时观测风向、风力、水面起伏度及流向。2. 闸门变动期间,同时观测闸门开启高度、孔数、流态、闸门是否提出水面等	每日 8 时校测自记水位记录,洪水期适当增加校测次数。定期检测各类水位计,保证正常运行
	遥测	按有关要求定期取存数据		
流量		流量测验应满足流量转折、推算逐日流量和各项特征值的要求,根据高、中、低各级水位情况,合理地分布于各级水位和水情变化过程的转折点处。水位流量关系稳定的站每年测次不少于 15 次。闸坝站测次以能满足率定分析推求泄水过程为原则	1. 每次测流同时观测记录水位、天气、风向、风力及影响水位流量关系变化的有关情况。2. 闸坝站要测记闸门开启高度、孔数、流态及其变动情况。3. 在高中水测流时同时观测比降	水位级划分及测洪方案见附录
含沙量	单样含沙量	以控制含沙量转折变化和建立单断沙关系为原则。含沙量变化很小时,可每 4~10 日取样 1 次。每次较大洪峰过程,一般不少于 4~8 次。洪峰重叠或水沙峰不一致、含沙量变化剧烈时,应增加测次。闸坝站根据闸门变动和含沙量变化情况适当布置测次	水位	较大流域的测站如能分辨出沙峰来源时应予以说明。如河水清澈,可改为目测,含沙量做零处理
	输沙率	根据测站级别每年输沙率测验不少于 10~20 次,测次分布应能控制流量和含沙量的主要转折变化,原则上每次较大洪峰不少于 5 次	单样含沙量、流量及水位等	

续表

项目	观测要求	辅助观测项目	备注
水尺零点高程	每年汛期前后各校测 1 次,如水尺发生变动或有可疑变动,应随时校测。新设水尺应随测随校	水位	包括自记水位计高程标点
水准点高程测量	逢 0、逢 5 年份对基本水准点必须进行复测,校核水准点每年校测 1 次,如发现有变动或可疑变动,应及时复测并查明原因		
大断面测量	每年汛期前后施测,在每次洪水后应予加测。较大洪水采用比降面积法或浮标法测流后,必须加测。人工固定河槽在逢 5 年份施测 1 次	水位	
测站地形测量	除设站初期施测 1 次地形,测验河段在河道、地形、地物有明显变化外,必须进行全部或局部复测	水位	
水文调查	包括断面以上(区间)流域基本情况调查、水量调查、暴雨和洪水调查以及专项水文调查		
水温	每日 8 时观测。冬季稳定封冻期,所测水温连续 3~5 d 皆在 0.2 ℃以下时,即可停止观测。当水面有融化迹象时,应即恢复观测。无较长稳定封冻期不应中断观测		
冰情观测	在测验断面出现结冰现象的时期内一般每日 8 时观测 1 次。冰情变化急剧时,应适当增加测次		
墒情监测	基本站在每旬初早 8 时观测 1 次,取土深度为地面以下 10 cm、20 cm、40 cm 处 3 点土样	旬总雨量统计	旱情严重时应加密、多点观测
气象			
水质监测	按照《水环境监测规范》(SL 219—98)的要求,每年每 2 个月取样 1 次,水库站每年丰、平、枯期各取样次,地下水站于 5 月、6 月各取样 1 次,如遇突发性污染事故应及时取样,并报告有关主管部门,以便采取应急措施	按水样送验单要求观测、填写辅助观测项目	有水质采样任务的站,要求当天取样,当天送到指定的单位
其他			

2.1.2.3 水文情报预报工作

（1）水文站报汛必须严格贯彻执行《水文情报预报规范》（GB/T 22482—2008）、《水情信息编码标准》（SL 330—2011），保证拍报质量，水文站差错率不超过1%，雨量站差错率不超过3%。

（2）水文站要在综合分析近期水位流量关系的基础上，于汛前修订好报汛曲线，并用历史调查洪水做好高水部分的曲线延长，随时根据实测点修订水位流量曲线，保证相应流量的准确性。

（3）汛期与非汛期划分：淮河、长江流域当年5月15日至10月1日为汛期，当年10月2日至次年5月14日为非汛期；海河、黄河流域当年6月1日至10月1日为汛期，当年10月2日至次年5月31日为非汛期。

（4）降水量拍报。雨量报汛段次严格按照每年下发的报汛任务书的要求执行。

（5）水情拍报：

①水情站要严格按照当年下达的报汛任务书的要求拍报。遇到洪水涨洪时要报出洪水全过程，涨水段在二级加报水位以上，至少要报2~3次实测流量，以校正拍报的相应流量。

②水库站凡遇大、中洪水入库时，均要拍报入库流量全过程。

③当发生特大暴雨洪水，河道分洪、决口、扒堤、水库垮坝及大面积内涝时，应及时拍报特殊水情电报，并立即调查情况并上报。

（6）水文预报。大型水库和主要河道控制水文站，要积极开展水文预报。发生大洪水时，及时向当地有关部门通报水情趋势，为防汛抢险和水利调度当好参谋。

2.1.2.4 水文水资源调查

水文调查是水文测验工作的重要组成部分，是收集水文资料的重要环节，水文站应当有计划地进行，以满足水文水资源分析计算的要求。

本站负责横水（二）断面以上至河源范围内水文水资源调查任务。

1. 调查要求

（1）对测站流量有较大影响的水利设施，应查清工程指标及其变化等情况，一般影响一次洪水总量或河道同期多年平均径流量达15%~20%时，应与有关部门配合，建立简易观测点或巡测点，达到能推算各月和全年的调节、引用水量的目的。

（2）对测站流量有中等影响的水利设施，应逐个查清工程指标等情况，并每年及时调查其水量，以能估算其年调节、引用水量为原则。一般影响洪峰流量5%以上的水利工程，或引入、引出水量占引水期间水量的5%以上的固定工程，需逐个测算其年调节、引用水量。

（3）对测站流量影响较小的水利设施，一般只统计总个数、总指标，测算总水量。小面积站上游的水利工程设施，其一个或几个工程的控制面积超过集水面积的10%，或引水期的调节水量占河道同期水量的10%以上时，则应做较细致的调查，算清水账。水利设施的工程指标等情况，可直接引用工程管理等部门的资料，在做过普查以后，每年可只对有变动的部分做补充调查。

遇有滞洪、决口等情况，应立即了解其具体位置、发生时间，并尽可能查清其水量。调查应在发生这些情况的短时间内进行，如有困难，也应在当年把情况调查清楚。

当发生特大暴雨、洪水或特别干旱时，应进行暴雨、洪水及必要的枯水调查。

（4）注意观察水的透明度、气味、色度、悬浮物质等物理特性是否异常，是否明显受到污染,当发现突发性污染事故时及时上报上级主管部门,并按上级要求进行监测。

（5）水文站（县局）水文调查成果应按规范规定整理并编写调查报告。

2．调查表

调查地点	水工设施名称	调查时间	调查项目	调查要求	备注

3．省界断面

每月5日前向流域机构上报上月最高、最低、月平均水位,最高、最低、月平均流量和月径流量。

2.1.2.5 资料

1．资料整编

原始资料不得损毁,禁止涂改、誊写。各种整编报表的填写要符合规范规定。

水文站的各项观测资料应严格执行"四随"制度,当月各项资料应于次月5日前完成在站整编,次年1月5日前完成上年度全年资料的在站整编。

水文站应对各种原始数据进行校对,资料在站整编完成后,应写出在站整编说明书,简述测验情况、整编发现的问题及处理意见、合理性检查情况及对资料成果的评价。

2．资料分析

洪水过后要进行大断面冲淤变化分析。突出的流量和沙量测点应进行批判分析。根据上下游控制断面做水量平衡分析。对属站降水量要进行对比分析,发现错日、错量情况及时更正。

通过资料分析掌握测站特性和各水文因素的变化规律,力求定线合理,推算方法正确,符合本站特性。

3．资料保存

水文资料是国家重要的基础信息资源,要注意防火、防盗,保持整洁。资料要存放在资料柜内,指定专人妥善保管,防止丢失。未经审查的资料不得向社会发布。

2.1.2.6 测报设施管理、养护及安全生产

测报设施是保障安全、提高测洪能力和精度、提高测报成果质量的重要设施,测站必须精心养护,发现问题及时维修,并将检查处理情况做好记录。

1．钢丝绳的养护

（1）钢丝绳每年擦油1～2次,防止生锈,重点受力部位加强检修。

（2）对钢丝绳与锚碇接头部分涂黄油并经常检查。

2．支架、锚碇的养护

（1）为保持支架直立、结构不变形,保持平衡,使支架各方向的拉力均衡,每年应全面检查调整2～3次,大洪水期应检查1～2次。

（2）钢支架每隔 1～2 年进行除锈、油漆养护,除锈后先涂防锈漆,再涂油漆;避雷接地电阻应校测。

（3）汛前及洪水过后要认真检查支架基础有无沉陷、有无位移,联系螺栓是否有松动,混凝土基础有无裂缝等,如不符合要求及时检修。

（4）每月检查锚碇有无位移,锚碇附近土壤有无裂纹、崩塌、沉陷等现象,夹头是否松动、锚杆是否生锈,发现问题及时处理。

3. 驱动设备的养护

1）动力设备

（1）变压器,按供电部门规定,隔一定年限更换变压器油。

（2）柴油机及发电机组,按使用说明书规定进行技术保养。

（3）经常检查电动机发热情况,温升超过 60 ℃ 时,应采取降温措施,电动机应接地,发现电动机异常时,应停车检查原因,设法排除。

2）绞车

经常保持绞车轴承、转动部件油润,每年汛前应全面检查 1 次,保证正常工作状态。

3）滑轮

经常检查导向滑轮、游轮、行车等运转情况,发现不正常应及时检修,不允许钢丝绳在滑轮上滑动、擦边、跳槽,若有上述问题,应采取措施及时排除,保持油润,运行时注意随时监视各滑轮运转情况。

4）水文缆道

水文缆道每年要进行起点距、水深比测 1～2 次并保存好记录。

4. 仪器、仪表的养护

（1）各种仪器、仪表按说明书使用、养护,应保持附件的齐全;流速仪应及时鉴定并保管好鉴定证书。

（2）各种仪器、仪表应放在干燥通风、清洁和不受腐蚀性气体侵蚀的地方。

（3）主要电子、电器仪表应设有接地装置,防止雷电感应短路烧坏仪表。

5. 测船的养护

（1）每日观察测船设施有无毁损,平时 5 d 擦洗 1 次,汛期每日擦洗 1 次,发现问题及时排除,保证测流的顺利进行。

（2）木船每年小修 1 次,5 年大修 1 次,钢板船 1～2 年检修 1 次。

（3）机动船平时每 5 d 启动 1 次,维持机械的油润,汛期保证随时能启动运行测流。

6. 桥测车的养护

除按机动车正常管理、养护外,还应注意:

（1）司机应爱护车辆,经常擦洗机件,保持机件润滑、清洁。

（2）桥测车每月发动 2～3 次,检查机件、电路等所有部件的性能,发现问题,应及时检修排除,以保证测流时能随时启动、运行。

7. 遥测设备的管理与养护

（1）自记井发生淤积时应及时进行清淤处理。

（2）传感器应经常检查,保持内部干净。

（3）终端机、馈线、天线、太阳能电池板及蓄电瓶等设备应经常检修、维护。太阳能电池板应每月清洗 1 次。

（4）备品备件要有专人管理养护。

8. 通信线路的养护

通信线路要不定期进行检查，发现问题及时向电信部门及上级汇报，做好线路的抢修工作，确保线路畅通。

9. 安全生产

加强安全生产管理。配置救生衣、安全斧、救生锤、破坏钳等必要的安全生产设施。水上作业时必须穿戴救生衣，桥测时应放置警示标识，保证人身安全。缆道、测船等作业严格按照规程进行操作，严禁违章操作，避免意外发生。办公楼配备防盗防火设施，做好防火、防盗、雷击和安全用电工作，杜绝各类事故发生。

水文站于每年年初向勘测局编报测报设施维修养护经费计划，由勘测局汇总，报省局审定安排，水文站按下达的维修养护任务保质保量完成。

2.1.2.7 属站管理

水文站对属站负有领导责任，积极主动指导属站进行各项观测、资料整理等工作，做到汛前有布置，汛期有检查，汛后有总结，遇到特殊情况应及时处理。对属站所有仪器设备做好维护管理工作。

2.1.2.8 业务学习

每周定期学习以下技术规范和其他新技术操作。

序号	规范	学习时间
1	《水文缆道测验规范》（SL 443—2009）	
2	《水文测船测验规范》（SL 338—2006）	
3	《水位观测平台技术标准》（SL 384—2007）	
4	《水工建筑物与堰槽测流规范》（SL 537—2011）	
5	《声学多普勒流量测验规范》（SL 337—2006）	
6	《水位观测标准》（GB/T 50138—2010）	
7	《降水量观测规范》（SL 21—2015）	
8	《河流悬移质泥沙测验规范》（GB 50159—2015）	
9	《河流流量测验规范》（GB 50179—2015）	
10	《水文巡测规范》（SL 195—2015）	每周一上午及周二下午为学习时间
11	《翻斗式雨量计》（GB/T 11832—2002）	
12	《水面蒸发观测规范》（SL 630—2013）	
13	《水文资料整编规范》（SL 247—2012）	
14	《水文数据整理汇编标准》（DB 41/T 1599—2018）	
15	《土壤墒情监测规范》（SL 364—2015）	
16	《水文测量规范》（SL 58—2014）	
17	《水文调查规范》（SL 196—2015）	
18	《水文基本术语和符号标准》（GB/T 50095—2014）	
19	《水文仪器术语及符号》（GB/T 19677—2005）	
20	《河流冰情观测规范》（SL 59—2015）	

2.1.2.9 附录

1."四随"工作制度

	降水量	水位	流量	含沙量
随测算	1. 准时量记,当场自校。 2. 自记站要按时检查,每日8时换纸,无雨不换纸要加水,有雨注意量记虹吸水量。 3. 检查记载规格符号是否正确齐全。 4. 每日8时计算日雨量、蒸发量,旬、月初计算旬月雨量	1. 准时测记水位及附属项目,当场自校。 2. 自记水位按时校测、检查。 3. 日平均水位次日计算完毕。 4. 水准测量当场计算高差,当日计算成果并校核	1. 附属观测项目及备注说明当场填记齐全。 2. 闸坝站应现场测记有关水力因素。 3. 按要求及时测记流量。 4. 流量随测随算	1. 单样含沙量及输沙率测量后,编号与瓶号、滤纸要校对,并填入单沙记载本中,各栏填记齐全。 2. 水样处理当日进行(如加沉淀剂,自动滤沙)。 3. 烘干称重后立即计算
随拍报	1. 从4月2日至11月1日期间全省统一采用自动遥测站雨量信息,11月2日至次年4月1日仍进行人工拍报雨情信息。 2. 密切监视本辖区内雨情变化,发现雨量站点1 h降雨量超过50 mm或单日累计降雨量超过100 mm时,要及时报当地县防办和勘测局水情科	1. 严格按照当年下达的防汛抗旱拍报任务通知的要求拍报。有涨水过程时必须加报起涨水情和洪峰流量,及时报出洪水全过程。 2. 当洪水上涨超过各级加报标准时,必须立即拍报水情1次,然后按规定段次发报;上次发报后涨幅已超过1 m的,也要及时加报1次;出现洪峰要立即拍报。 3. 河道站:三级加报涨水段全部为24段次,落水段为12～24段次。 水库站:一级起报水位以上、二级加报水位以下要至少按照1 d 4段次拍报,二级加报水位(汛限水位)以上的涨水段全部按照24段次拍报,落水段按照12～24段次拍报。闸门变动随时报。 4. 当发生特大暴雨洪水,河道分洪、决口、扒堤、水库垮坝及大面积内涝时,应及时拍报特殊水情电报,并立即调查情况并上报	1. 要在综合分析近期水位流量关系(水库站:输水设备泄流曲线)的基础上,于汛前修订好报汛曲线,并用历史调查洪水做好高水部分的曲线延长;汛期随时根据实测点修订水位流量曲线,保证相应流量的准确性。 2. 有拍报旬、月平均流量的河道、闸坝站断流或无出流量时也要拍报旬、月平均流量。 3. 河道站:根据洪水大小,在二级加报水位以上至少要报出1～3次实测流量,以校正拍报的相应流量; 水库站:大型水库凡遇洪水入库时,均要拍报入库流量全过程	

	降水量	水位	流量	含沙量
随整理	1. 日、旬、月雨量在发报前要计算校核一遍。 2. 自记纸当日完成订正、摘录、计算、复核。 3. 月初3 d内原始资料完成3遍手,进行月统计	1. 日平均水位次日校核完毕。 2. 自记水位8时换纸后摘录订正前一天水位,计算日平均值,并校核。 3. 月初3 d内复核原始资料。 4. 水准测量次日复核完毕	1. 单次流量资料测算后即完成校核,当月完成复核。 2. 较大洪峰(300 m³/s)或较高水位(5.00 m)过后3 d内,报出测洪小结	单样含沙量、输沙率计算后当日校核,当月复核
随分析	1. 属站雨量到齐后列表对比检查雨型、雨量。 2. 主要暴雨绘各站暴雨累积曲线对比检查。 3. 发现问题及时处理	1. 应随测随点绘逐时过程线,并进行检查。 2. 日平均水位在逐时线上画横线检查。 3. 山区站及测沙站应画降雨柱状图,检查时间是否相应。 4. 发现问题及时处理	1. 洪水期流量测验要做点流速、垂线流速、水深测量的正确性及垂线布设的合理性检查。 2. 点绘水位流量关系线曲线并检查偏离程度。水库闸坝站应点绘在系数曲线上检查。 3. 测次点在水位过程线上,检查测次分布。 4. 发现问题,检查原因,确定改正、重测或舍弃,并写出分析说明	1. 取样后将测次点在水位过程线上(可用不同颜色),检查测次控制合理性。 2. 沙量称重计算后点绘单样含沙量过程线,发现问题立即复烘、复秤。 3. 检查单断沙关系及含沙量横向分布。 4. 发现问题及时处理

2. 使用水尺时的水位观测段次要求

段次要求	2 段	4 段	8 段	逐时
日变化(m)	<0.10	0.10~0.50	>0.50	>4.0 的峰顶附近
水位级(m)	<2.54	2.54~3.10	>3.10	

3. 水尺观测的不确定度估算

波浪变幅(cm)	≤2	3~30	≥31
波浪级别	无波浪	一般波浪	较大波浪
随机不确定度			
综合不确定度			
备注	每年在无波浪、一般波浪或较大波浪情况下,且水位基本无变化的5~10 min 内连续观读水尺30次以上进行计算		

4. 流速仪法测流方案的制订

1) 水位级划分(单位:m)

水位级	高水	中水	低水	枯水
	5.50 以上	5.50~3.51	3.51~2.54	2.54 以下
备注				

2) 允许总随机不确定度 X'_Q 与已定系统误差 U_Q

水位级	高水	中水	低水	枯水
X'_Q	6	7	10	
U_Q	−2~1	−2~1	−2~1	

3) 常用测流方案

水位级	测流方案 (m,p,t)	最少垂线数 m 方案下限	备注
高水 5.50 m 以上	1)15　2　60 2)15　1　100 3)10　1　60	10 10 7	方案的优先级按先后顺序进行排列,故选用方案优选排列在前的。 m—垂线数; p—垂线测点数; t—历时
中水 3.51~5.50 m	1)15　2　60 2)15　1　100 3)10　2　60	10 10 7	
低水 3.51~2.54 m	1)10　2　100 2)5　2　60	7 5	

5. 流速系数

分类	水面浮标系数	岸边流速系数	小浮标系数	水面系数	半深系数	深水浮标系数	电波流速仪系数	ADCP测流系数
系数及确定方法	0.85	0.70		0.85				
	经验	经验		经验				
试验系数及时间								
备注	如果有试验系数,测流时应采用试验系数							

6. 测流方法

方案	涉水	缆道	电波流速仪	桥测	浮标	比降
水位(m)	2.54 以下	2.54~5.00	5.00 以上		5.00 以上	
备注						

7. 测洪小结

当发生水位大于 5.00 m 的较大洪水时,洪水过后 3 d 内,及时以电子文本形式上报测洪小结至省局站网监测处(电子信箱:hnscyk@126.com)。

2.1.3 小南海水库水文站任务书

2.1.3.1 小南海水库基本情况

1.位置情况

隶属	河南省安阳水文水资源勘测局	重要站级别	国家级
流域	海河	水系	南运河
河名	安阳河	汇入何处	卫河
东经	114°06′	北纬	36°02′
集水面积	866 km²	至河口距离	82 km
级别	一	人员编制	4
测站地址	河南省安阳市龙安区善应镇庄货村	邮政编码	455000
电话号码	0372 – 5628900	电子信箱	
测站编码	31006700	雨量站编码	31024900
报汛站号	31006700	省界断面	否

2.测站属性

类别	水库	性质	基本水文站
设站目的	本站为区域代表站。采集小南海水库(坝上)站断面以上安阳河长系列水文要素信息,为水资源管理和防汛减灾提供服务,为小南海水库管理运行提供服务		

3.属站名单

负责管理的基本雨量站、水位站和中小河流巡测站、水位站、雨量站、水量辅助站、生态监测站。

属站类别	测站编码	站名	水系	河名	观测项目	观测时段 非汛期	观测时段 汛期	降水制表 (一)或(二)	降水制表 日表	摘录段制	自记或标准	水量调查表	报汛部门	备注
基本雨量	31025100	水冶	南运河	安阳河	降水		24	(二)	√	24	自记		省	雨汛
基本雨量	31024900	小南海	南运河	安阳河	降水	2	24	(一)	√	24	自记		省	

2.1.3.2 观测项目及要求

1. 观测项目

测验地点（断面）	测站编码	基本观测项目							辅助观测项目							
		水位	流量	单样含沙量	输沙率	降水	蒸发	水文调查	蒸发辅助	水质	初终霜	水温	冰情	气象	墒情	比降
基本水尺断面（坝上）	31006700	✓						✓	✓			✓	✓	✓		
基本水尺断面（坝下）	31006701	✓	✓													✓
观测场	31024900					✓					✓					
水冶	31025100					✓										

2. 巡测间测规定

编码	断面地点	断面名称	巡（间）测项目	巡（间）测要求	巡（间）测时间

3. 整编所需提交成果资料

测站名称	测站编码	降水量							水流沙																		
		逐日降水量表（汛期）	逐日降水量表（常年）	降水量摘录表	各时段最大降水量表(1)	各时段最大降水量表(2)	蒸发场说明表及平面图	水面蒸发量辅助项目月年统计表	降水量说明表	逐日平均水位表	洪水水位摘录表	实测流量成果表	实测大断面成果表	堰闸流量率定表	洪水水文要素摘录表	堰闸水文要素摘录表	水库水文要素摘录表	水电站抽水流量成果表	悬移质实测输沙率成果表	悬移质逐日平均输沙量表	悬移质逐日平均含沙量表	逐日水温表	冰厚及冰情要素摘录表	冰情统计表	水文、水位站说明表	水库、堰闸站说明表	区间水利工程基本情况表
小南海水库（坝上）	31006700									✓													✓	✓	✓	✓	✓
小南海水库（坝下）	31006701											✓	✓														
小南海水库（出库）	31006750													✓	✓												
小南海	31024900		✓	✓	✓				✓																		
水冶	31025100	✓		✓		✓			✓																		

4. 观测要求

项目		观测要求	辅助观测项目	备注
降雨量	标准	每日 8 时定时观测 1 次,1~5 月按 2 段观测,10~12 月按 2 段观测,暴雨时适当加测	初终霜	在自记雨量计发生故障或检测时使用标准雨量器,按 24 段制观测
	自记	每日 8 时定时观测 1 次,降水之日 20 时检查 1 次,暴雨时适当增加检查次数。6~9 月按 24 段摘录		
	遥测	按有关要求定期取存数据		
陆上水面蒸发		每日 8 时定时观测 1 次	风向、风速(力)、气温、湿度等	
水位	人工、自记	水位平稳时每日 8 时、17 时(20 时)观测 2 次,洪水期或遇水情突变时必须加测,以测得完整水位变化过程为原则。闸坝水库站在闸门启闭前后和水位变化急剧时,应增加测次,以掌握水位转折变化。必须进行水位不确定度估算	1. 风大时观测风向、风力、水面起伏度及流向。 2. 闸门变动期间,同时观测闸门开启高度、孔数、流态、闸门是否提出水面等	每日 8 时校测自记水位记录,洪水期适当增加校测次数。定期检测各类水位计,保证正常运行
	遥测	按有关要求定期取存数据		
流量		流量测验应满足流量转折、推算逐日流量和各项特征值的要求,根据高、中、低各级水位情况,合理地分布于各级水位和水情变化过程的转折点处。水位流量关系稳定的站每年测次不少于 15 次。闸坝站测次以能满足率定分析推求泄水过程为原则	1. 每次测流同时观测记录水位、天气、风向、风力及影响水位流量关系变化的有关情况。 2. 闸坝站要测记闸门开启高度、孔数、流态及其变动情况。 3. 在高中水测流时同时观测比降	水位级划分及测洪方案见附录
含沙量	单样含沙量	以控制含沙量转折变化和建立单断沙关系为原则。含沙量变化很小时,可每 4~10 日取样 1 次。每次较大洪峰过程,一般不少于 4~8 次。洪峰重叠或水沙峰不一致、含沙量变化剧烈时,应增加测次。闸坝站根据闸门变动和含沙量变化情况适当布置测次	水位	较大流域的测站如能分辨出沙峰来源应予以说明。如河水清澈,可改为目测,含沙量作零处理
	输沙率	根据测站级别每年输沙率测验不少于 10~20 次,测次分布应能控制流量和含沙量的主要转折变化,原则上每次较大洪峰不少于 5 次	单样含沙量、流量及水位等	

项目	观测要求	辅助观测项目	备注
水尺零点高程	每年汛期前后各校测1次,若水尺发生变动或有可疑变动,应随时校测。新设水尺应随测随校	水位	包括自记水位计高程标点
水准点高程测量	逢0、逢5年份对基本水准点必须进行复测,校核水准点每年校测1次,如发现有变动或可疑变动,应及时复测并查明原因		
大断面测量	每年汛期前后施测,在每次洪水后应予加测。较大洪水采用比降面积法或浮标法测流后,必须加测。人工固定河槽在逢5年份施测1次	水位	
测站地形测量	除设站初期施测1次地形,测验河段在河道、地形、地物有明显变化时,必须进行全部或局部复测	水位	
水文调查	包括断面以上(区间)流域基本情况调查、水量调查、暴雨和洪水调查以及专项水文调查		
水温	每日8时观测。冬季稳定封冻期,所测水温连续3~5 d皆在0.2 ℃以下时,即可停止观测。当水面有融化迹象时,应即恢复观测。无较长稳定封冻期不应中断观测		
冰情观测	在测验断面出现结冰现象的时期内一般每日8时观测1次。冰情变化急剧时,应适当增加测次		
墒情监测	基本站在每旬初(1日、11日、21日)早8时观测1次,取土深度为地面以下10 cm、20 cm、40 cm处3点土样	旬总雨量统计	旱情严重时应加密、多点观测
气象			
水质监测	按照《水环境监测规范》(SL 219—98)的要求,河道站每年每2个月取样1次,水库站每月取样1次,地下水站于5月、10月各取样1次,如遇突发性污染事故应及时取样,并报告有关主管部门,以便采取应急措施	按水样送验单要求观测、填写辅助观测项目	有水质采样任务的站,要求当天取样,当天送到指定的单位
其他			

2.1.3.3　水文情报预报工作

（1）水文站报汛必须严格贯彻执行《水文情报预报规范》（GB/T 22482—2008）、《水情信息编码标准》（SL 330—2011），保证拍报质量，水文站差错率不超过1%，雨量站差错率不超过3%。

（2）水文站要在综合分析近期水位流量关系的基础上，于汛前修订好报汛曲线，并用历史调查洪水做好高水部分的曲线延长，随时根据实测点修订水位流量曲线，保证相应流量的准确性。

（3）汛期与非汛期划分：淮河、长江流域当年5月15日至10月1日为汛期，当年10月2日至次年5月14日为非汛期；海河、黄河流域当年6月1日至10月1日为汛期，当年10月2日至次年5月31日为非汛期，在6月1日8时报汛时同时列报5月下旬和月雨量。

（4）降水量拍报。雨量报汛段次严格按照每年下发的报汛任务书的要求执行。

（5）水情拍报：

①水情站要严格按照当年下达的报汛任务书的要求拍报。遇到洪水涨洪时要报出洪水全过程，涨水段在二级加报水位以上，至少要报2～3次实测流量，以校正拍报的相应流量。

②水库站凡遇大、中洪水入库时，均要拍报入库流量全过程。

③当发生特大暴雨洪水，河道分洪、决口、扒堤、水库垮坝及大面积内涝时，应及时拍报特殊水情电报，并立即调查情况并上报。

（6）水文预报。大型水库和主要河道控制水文站，要积极开展水文预报。发生大洪水时，及时向当地有关部门通报水情趋势，为防汛抢险和水利调度当好参谋。

2.1.3.4　水文水资源调查

水文调查是水文测验工作的重要组成部分，是收集水文资料的重要环节，水文站应当有计划地进行，以满足水文水资源分析计算的要求。

本站负责本站断面以上至横水水文站范围内水文水资源调查任务。

1. 调查要求

（1）对测站流量有较大影响的水利设施，应查清工程指标及其变化等情况，一般影响一次洪水总量或河道同期多年平均径流量达15%～20%时，应与有关部门配合，建立简易观测点或巡测点，达到能推算各月和全年的调节、引用水量的目的。

（2）对测站流量有中等影响的水利设施，应逐个查清工程指标等情况，并每年及时调查其水量，以能估算其年调节、引用水量为原则。一般影响洪峰流量5%以上的水利工程，或引入、引出水量占引水期间水量的5%以上的固定工程，需逐个测算其年调节、引用水量。

（3）对测站流量影响较小的水利设施，一般只统计总个数、总指标，测算总水量。小面积站上游的水利工程设施，其一个或几个工程的控制面积超过集水面积的10%，或引水期的调节水量占河道同期水量的10%以上时，则应做较细致的调查，算清水账。水利设施的工程指标等情况，可直接引用工程管理等部门的资料，在做过普查以后，每年可只对有变动的部分做补充调查。

遇有滞洪、决口等情况，应立即了解其具体位置、发生时间，并尽可能查清其水量。调查应在发生这些情况的短时间内进行，如有困难，也应在当年把情况调查清楚。

当发生特大暴雨、洪水或特别干旱时，应进行暴雨、洪水及必要的枯水调查。

（4）注意观察水的透明度、气味、色度、悬浮物质等物理特性是否异常，是否明显受到污染，当发现突发性污染事故时及时上报上级主管部门，并按上级要求进行监测。

（5）水文站（县局）水文调查成果应按规范规定整理并编写调查报告。

2. 调查表

调查地点	水工设施名称	调查时间	调查项目	调查要求	备注

3. 省界断面

每月 5 日前向流域机构上报上月最高、最低、月平均水位，最高、最低、月平均流量和月径流量。

2.1.3.5 资料

1. 资料整编

原始资料不得损毁，禁止涂改、誊写。各种整编报表的填写要符合规范规定。

水文站的各项观测资料应严格执行"四随"制度，当月各项资料应于次月 5 日前完成在站整编，次年 1 月 5 日前完成上年度全年资料的在站整编。

水文站应对各种原始数据进行校对，资料在站整编完成后，应写出在站整编说明书，简述测验情况、整编发现的问题及处理意见、合理性检查情况及对资料成果的评价。

2. 资料分析

洪水过后要进行大断面冲淤变化分析。突出的流量和沙量测点应进行批判分析。根据上下游控制断面做水量平衡分析。对属站降水量要进行对比分析，发现错日、错量情况及时更正。

通过资料分析掌握测站特性和各水文因素的变化规律，力求定线合理，推算方法正确，符合本站特性。

3. 资料保存

水文资料是国家重要的基础信息资源，要注意防火、防盗，保持整洁。资料要存放在资料柜内，指定专人妥善保管，防止丢失。未经审查的资料不得向社会发布。

2.1.3.6 测报设施管理、养护及安全生产

测报设施是保障安全、提高测洪能力和精度、提高测报成果质量的重要设施，测站必须精心养护，发现问题及时维修，并将检查处理情况做好记录。

1. 钢丝绳的养护

（1）钢丝绳每年擦油 1 ~ 2 次，防止生锈，重点受力部位加强检修。

（2）对钢丝绳与锚碇接头部分涂黄油并经常检查。

2. 支架、锚碇的养护

（1）为保持支架直立、结构不变形，保持平衡，使支架各方向的拉力均衡，每年应全面检查调整 2 ~ 3 次，大洪水期应检查 1 ~ 2 次。

(2)钢支架每隔1~2年进行除锈、油漆养护,除锈后先涂防锈漆,再涂油漆;避雷接地电阻应校测。

(3)汛前及洪水过后要认真检查支架基础有无沉陷、有无位移,联系螺栓是否有松动,混凝土基础有无裂缝等,如不符合要求及时检修。

(4)每月检查锚碇有无位移,锚碇附近土壤有无裂纹、崩塌、沉陷等现象,夹头是否松动、锚杆是否生锈,发现问题及时处理。

3. 驱动设备的养护

1)动力设备

(1)变压器,按供电部门规定,隔一定年限更换变压器油。

(2)柴油机及发电机组,按使用说明书规定进行技术保养。

(3)经常检查电动机发热情况,温升超过 60 ℃时,应采取降温措施,电动机应接地,发现电动机异常时,应停车检查原因,设法排除。

2)绞车

经常保持绞车轴承、转动部件油润,每年汛前应全面检查 1 次,保证正常工作状态。

3)滑轮

经常检查导向滑轮、游轮、行车等运转情况,发现不正常应及时检修,不允许钢丝绳在滑轮上滑动、擦边、跳槽,若有上述问题,应采取措施及时排除,保持油润,运行时注意随时监视各滑轮运转情况。

4)水文缆道

水文缆道每年要进行起点距、水深比测 1~2 次并保存好记录。

4. 仪器、仪表的养护

(1)各种仪器、仪表按说明书使用、养护,应保持附件的齐全;流速仪应及时鉴定并保管好鉴定证书。

(2)各种仪器、仪表应放在干燥通风、清洁和不受腐蚀性气体侵蚀的地方。

(3)主要电子、电器仪表应设有接地装置,防止雷电感应短路烧坏仪表。

5. 测船的养护

(1)每日观察测船设施有无毁损,平时 5 d 擦洗 1 次,汛期每日擦洗 1 次,发现问题及时排除,保证测流的顺利进行。

(2)木船每年小修 1 次,5 年大修 1 次,钢板船 1~2 年检修 1 次。

(3)机动船平时每 5 d 启动 1 次,维持机械的油润,汛期保证随时能启动运行测流。

6. 桥测车的养护

除按机动车正常管理、养护外,还应注意:

(1)司机应爱护车辆,经常擦洗机件,保持机件润滑、清洁。

(2)桥测车每月发动 2~3 次,检查机件、电路等所有部件的性能,发现问题,应及时检修排除,以保证测流时能随时启动、运行。

7. 遥测设备的管理与养护

(1)自记井发生淤积时应及时进行清淤处理。

(2)传感器应经常检查,保持内部干净。

(3)终端机、馈线、天线、太阳能电池板及蓄电瓶等设备应经常检修、维护。太阳能电

池板应每月清洗 1 次。

（4）备品备件要有专人管理养护。

8. 通信线路的养护

通信线路要不定期进行检查，发现问题及时向电信部门及上级汇报，做好线路的抢修工作，确保线路畅通。

9. 安全生产

加强生产安全管理。配置救生衣、安全斧、救生锤、破坏钳等必要的安全生产设施。水上作业时必须穿戴救生衣，桥测时应放置警示标识，保证人身安全。缆道、测船等作业严格按照规程进行操作，严禁违章操作，避免意外发生。办公楼配备防盗防火设施，做好防火、防盗、雷击和安全用电工作，杜绝各类事故发生。

水文站于每年年初向勘测局编报测报设施维修养护经费计划，由勘测局汇总，报省局审定安排，水文站按下达的维修养护任务保质保量完成。

2.1.3.7 属站管理

水文站对属站负有领导责任，积极主动地指导属站进行各项观测、资料整理等工作，做到汛前有布置，汛期有检查，汛后有总结，遇到特殊情况及时处理。对属站所有仪器设备做好维护管理工作。

2.1.3.8 业务学习

每周定期学习以下技术规范和其他新技术操作等。

序号	规范	学习时间
1	《水文缆道测验规范》（SL 443—2009）	
2	《水文测船测验规范》（SL 338—2006）	
3	《水位观测平台技术标准》（SL 384—2007）	
4	《水工建筑物与堰槽测流规范》（SL 537—2011）	
5	《声学多普勒流量测验规范》（SL 337—2006）	
6	《水位观测标准》（GB/T 50138—2010）	
7	《降水量观测规范》（SL 21—2015）	
8	《河流悬移质泥沙测验规范》（GB 50159—2015）	
9	《河流流量测验规范》（GB 50179—2015）	
10	《水文巡测规范》（SL 195—2015）	每周一上午及周二下午
11	《翻斗式雨量计》（GB/T 11832—2002）	为学习时间
12	《水面蒸发观测规范》（SL 630—2013）	
13	《水文资料整编规范》（SL 247—2012）	
14	《水文数据整理汇编标准》（DB 41/T 1599—2018）	
15	《土壤墒情监测规范》（SL 364—2015）	
16	《水文测量规范》（SL 58—2014）	
17	《水文调查规范》（SL 196—2015）	
18	《水文基本术语和符号标准》（GB/T 50095—2014）	
19	《水文仪器术语及符号》（GB/T 19677—2005）	
20	《河流冰情观测规范》（SL 59—2015）	

2.1.3.9 附录

1."四随"工作制度

	降水量	水位	流量	含沙量
随测算	1.准时量记,当场自校。 2.自记站要按时检查,每日8时换纸,无雨不换纸要加水,有雨注意量记虹吸水量。 3.检查记载规格符号是否正确、齐全。 4.每日8时计算日雨量、蒸发量,旬、月初计算旬、月雨量	1.准时测记水位及附属项目,当场自校。 2.自记水位按时校测、检查。 3.日平均水位次日计算完毕。 4.水准测量当场计算高差,当日计算成果并校核	1.附属观测项目及备注说明当场填记齐全。 2.闸坝站应现场测记有关水力因素。 3.按要求及时测记流量。 4.流量随测随算	1.单样含沙量及输沙率测量后,编号与瓶号、滤纸要校对,并填入单沙记载本中,各栏填记齐全。 2.水样处理当日进行(如加沉淀剂,自动滤沙)。 3.烘干称重后立即计算
随拍报	1.从4月2日至11月1日期间全省统一采用自动遥测站雨量信息,11月2日至次年4月1日仍进行人工拍报雨情信息。 2.密切监视本辖区内雨情变化,发现雨量站点1 h降雨量超过50 mm或单日累计降雨量100 mm以上时,要及时报当地县防办和勘测局水情科	1.严格按照当年下达的防汛抗旱拍报任务通知的要求拍报。有涨水过程时必须加报起涨水情和洪峰流量,及时报出洪水全过程。 2.当洪水上涨超过各级加报标准时,必须立即拍报水情1次,然后按规定段次发报;上次发报后涨幅已超过1 m的,也要及时加报1次;出现洪峰要立即拍报。 3.河道站:三级加报涨水段全部为24段次,落水段12~24段次; 水库站:一级起报水位以上、二级加报水位以下要至少按照1 d 4段次拍报,二级加报水位(汛限水位)以上的涨水段全部按照24段次拍报,落水段按照12~24段次拍报。闸门变动随时报。 4.当发生特大暴雨洪水,河道分洪、决口、扒堤、水库垮坝及大面积内涝时,应及时拍报特殊水情电报,并立即调查情况并上报	1.要在综合分析近期水位流量关系(水库站:输水设备泄流曲线)的基础上,于汛前修订好报汛曲线,并用历史调查洪水做好高水部分的曲线延长;汛期随时根据实测点修订水位流量曲线,保证相应流量的准确性。 2.有拍报旬月平均流量的河道、闸坝站断流或无出流量时也要拍报旬月平均流量。 3.河道站:根据洪水大小,在二级加报水位以上至少要报出1~3次实测流量,以校正拍报的相应流量; 水库站:大型水库凡遇洪水入库时,均要拍报入库流量全过程	

	降水量	水位	流量	含沙量
随整理	1. 日、旬、月雨量在发报前要计算校核 1 遍。 2. 自记纸当日完成订正、摘录、计算、复核。 3. 月初 3 d 内原始资料完成 3 遍手,进行月统计	1. 日平均水位次日校核完毕。 2. 自记水位 8 时换纸后摘录订正前一天水位,计算日平均值,并校核。 3. 月初 3 d 内复核原始资料。 4. 水准测量次日复核完毕	1. 单次流量资料测算后即完成校核,当月完成复核。 2. 较大洪峰(250 m³/s)或较高水位(136.60 m)过后 3 d 内,报出测洪小结	单样含沙量、输沙率计算后当日校核,当月复核
随分析	1. 属站雨量到齐后列表对比检查雨型、雨量。 2. 主要暴雨绘各站暴雨累积曲线对比检查。 3. 发现问题及时处理	1. 应随测随点绘逐时过程线,并进行检查。 2. 日平均水位在逐时线上画横线检查。 3. 山区站及测沙站应画降雨柱状图,检查时间是否相应。 4. 发现问题及时处理	1. 洪水期流量测验要做点流速、垂线流速、水深测量的正确性及垂线布设合理性检查。 2. 点绘水位流量关系线并检查偏离程度。水库闸坝站应点绘在系数曲线上检查。 3. 测次点在水位过程线上,检查测次分布。 4. 发现问题,检查原因,确定改正、重测或舍弃,并写出分析说明	1. 取样后将测次点在水位过程线上(可用不同颜色),检查测次控制合理性。 2. 沙量称重计算后点绘单样含沙量过程线,发现问题立即复烘、复秤。 3. 检查单断沙关系及含沙量横向分布。 4、发现问题及时处理

2. 使用水尺时的水位观测段次要求

段次要求	2 段	4 段	8 段	逐时
日变化(m)	<0.15	0.15 ~ 0.50	>0.50	> 168.00 的峰顶附近
水位级(m)	<166.00	166.00 ~ 167.50	>167.50	

3. 水尺观测的不确定度估算

波浪变幅(cm)	≤2	3 ~ 30	≥31
波浪级别	无波浪	一般波浪	较大波浪
随机不确定度			
综合不确定度			
备注	每年在无波浪、一般波浪或较大波浪情况下,且水位基本无变化的 5 ~ 10 min 内连续观读水尺 30 次以上进行计算		

4. 流速仪法测流方案的制订

1)水位级划分(单位:m)

水位级	高水	中水	低水	枯水
	136.60 以上	135.90 ~ 136.60	134.70 ~ 135.90	134.70 以下
备注				

2）允许总随机不确定度 X'_Q 与已定系统误差 U_Q

水位级	高水	中水	低水	枯水
X'_Q	8	9	12	
U_Q	−2.5～1	−2.5～1	−2.5～1	

3）常用测流方案

水位级	测流方案 (m,p,t)	最少垂线数 m 方案下限	备注
高水 136.60 m 以上	1）15　2　60 2）10　1　100 3）5　1　60	12 7 5	方案的优先级按先后顺序进行排列,故选用方案优选排列在前的。 m—垂线数; p—垂线测点数; t—历时
中水 135.90～136.60 m	1）15　1　100 2）10　1　100 3）5　1　100	12 7 5	
低水 134.70～135.90 m	1）10　1　100 2）5　1　100	7 5	

5. 流速系数

分类	水面浮标系数	岸边流速系数	小浮标系数	半深系数	深水浮标系数	电波流速仪系数	ADCP测流系数
系数及确定方法	0.80	0.70					
	经验	经验					
试验系数及时间							
备注							

6. 测流方法

方案	涉水	缆道	测船	桥测	浮标	比降
水位(m)		136.60 以下		136.60 以上		
备注						

7. 测洪小结

当发生水位大于 136.60 m 的较大洪水时,洪水过后 3 d 内,及时以电子文本形式上报测洪小结至省局站网监测处(电子信箱:hnscyk@126.com)。

2.1.4 安阳水文站任务书

2.1.4.1 安阳水文站基本情况

1.位置情况

隶属	河南省安阳水文水资源勘测局	重要站级别	省级
流域	海河	水系	南运河
河名	安阳河	汇入何处	卫河
东经	114°21′	北纬	36°07′
集水面积	1 484 km²	至河口距离	51 km
级别	二	人员编制	4
测站地址	河南省安阳市北关区安家庄村	邮政编码	455000
电话号码	0372－3696659	电子信箱	
测站编码	31006900	雨量站编码	31025200
报汛站号	31006900	省界断面	否

2.测站属性

类别	河道	性质	基本水文站
设站目的	本站为区域代表站。采集安阳站断面以上长系列水文要素信息,为水资源管理和防汛减灾提供服务		

3.属站名单

负责管理的基本雨量站、水位站和中小河流巡测站、水位站、雨量站、水量辅助站、生态监测站。

属站类别	测站编码	站名	水系	河名	观测项目	观测时段 非汛期	观测时段 汛期	降水制表 (一)或(二)	降水制表 日表	摘录段制	自记或标准	水量调查表	报汛部门	备注
基本雨量	31024400	马投涧	南运河	洪水河	降水	24	24	(二)	√	24	自记		省	雨雪
基本雨量	31024410	二十里铺	南运河	洪水河	降水	24	24	(二)	√	24	自记		省	雨雪
基本雨量	31025050	李珍	南运河	粉红江	降水	24	24	(二)	√	24	自记		省	雨雪
基本雨量	31025150	东何坟	南运河	安阳河	降水	24	24	(二)	√	24	自记		省	雨汛
基本雨量	31025210	白壁	南运河	安阳河	降水	24	24	(二)	√	24	自记		省	雨雪
基本雨量	31025250	冯宿	南运河	安阳河	降水	24	24	(二)	√	24	自记		省	雨雪
基本雨量	31025200	安阳	南运河	安阳河	降水	2	24	(一)	√	24	自记		省	

2.1.4.2 观测项目及要求

1. 观测项目

测验地点（断面）	测站编码	基本观测项目							辅助观测项目							
		水位	流量	单样含沙量	输沙率	降水	蒸发	水文调查	蒸发辅助	水质	初终霜	水温	冰情	气象	墒情	比降
基本水尺断面	31006900	√	√	√	√			√		√			√			√
观测场	31025200					√										
马投涧	31024400					√										
二十里铺	31024410					√										
李珍	31025050					√										
东何坟	31025150					√										
白壁	31025210					√										
冯宿	31025250					√										

2. 巡测间测规定

编码	断面地点	断面名称	巡(间)测项目	巡(间)测要求	巡(间)测时间

3. 整编所需提交成果资料

测站名称	测站编码	降水量								水流沙																			
		逐日降水量表（汛期）	逐日降水量表（汛期）	降水量摘录表	各时段最大降水量表(1)	各时段最大降水量表(2)	逐日水面蒸发量表	蒸发场说明表及平面图	水面蒸发量辅助项目月年统计表	降水量站说明表	逐日平均水位表	洪水水位摘录表	实测流量成果表	实测大断面成果表	堰闸流量率定表	逐日平均流量表	洪水水文要素摘录表	堰闸水文要素摘录表	水电站抽水站流量摘录表	悬移质实测输沙率成果表	悬移质逐日平均输沙率表	悬移质逐日平均含沙量表	悬移质洪水含沙量摘录表	逐日水温表	冰厚及冰情要素摘录表	冰情统计表	水文、水位站说明表	水库、堰闸站说明表	区间水利工程基本情况表
基本水尺断面	31006900										√	√	√	√						√	√	√			√	√	√		√
观测场	31025200	√	√	√						√																			
马投涧	31024400	√	√	√						√																			
二十里铺	31024410	√	√	√						√																			
李珍	31025050	√	√	√						√																			
东何坟	31025150	√								√																			
白壁	31025210	√	√	√						√																			
冯宿	31025250	√	√	√						√																			

4. 观测要求

项目		观测要求	辅助观测项目	备注
降水量	标准	每日8时定时观测1次,1～5月按2段观测,10～12月按2段观测,暴雨时适当加测		在自记雨量计发生故障或检测时使用标准雨量器,按24段制观测
	自记	每日8时定时观测1次,降水之日20时检查1次,暴雨时适当增加检查次数。6～9月按24段摘录		
	遥测	按有关要求定期取存数据		
陆上水面蒸发		每日8时定时观测1次	风向、风速(力)、气温、湿度等	
水位	人工、自记	水位平稳时每日8时、20时(17时)观测2次,洪水期或遇水情突变时必须加测,以测得完整水位变化过程为原则。闸坝水库站在闸门启闭前后和水位变化急剧时,应增加测次,以掌握水位转折变化。必须进行水位不确定度估算	1. 风大时观测风向、风力、水面起伏度及流向。 2. 闸门变动期间,同时观测闸门开启高度、孔数、流态、闸门是否提出水面等	每日8时校测自记水位记录,洪水期适当增加校测次数。定期检测各类水位计,保证正常运行
	遥测	按有关要求定期取存数据		
流量		流量测验应满足流量转折、推算逐日流量和各项特征值的要求,根据高、中、低各级水位情况,合理地分布于各级水位和水情变化过程的转折点处。水位流量关系稳定的站每年测次不少于15次。闸坝站测次以能满足率定分析推求泄水过程为原则	1. 每次测流同时观测记录水位、天气、风向、风力及影响水位流量关系变化的有关情况。 2. 闸坝站要测记闸门开启高度、孔数、流态及其变动情况。 3. 在高中水测流时同时观测比降	水位级划分及测洪方案见附录
含沙量	单样含沙量	以控制含沙量转折变化和建立单断沙关系为原则。含沙量变化很小时,可每4～10 d取样1次。每次较大洪峰过程,一般不少于4～8次。洪峰重叠或水沙峰不一致、含沙量变化剧烈时,应增加测次。闸坝站根据闸门变动和含沙量变化情况适当布置测次	水位	较大流域的测站如能分辨出沙峰来源应予以说明。如河水清澈,可改为目测,含沙量作零处理
	输沙率	根据测站级别每年输沙率测验不少于10～20次,测次分布应能控制流量和含沙量的主要转折变化,原则上每次较大洪峰不少于5次	单样含沙量、流量及水位等	

项目	观测要求	辅助观测项目	备注
水尺零点高程	每年汛期前后各校测1次,若水尺发生变动或有可疑变动,应随时校测。新设水尺应随测随校	水位	包括自记水位计高程标点
水准点高程测量	逢0、逢5年份对基本水准点必须进行复测,校核水准点每年校测1次,如发现有变动或可疑变动,应及时复测并查明原因		
大断面测量	每年汛期前后施测,在每次洪水后应予加测。较大洪水采用比降面积法或浮标法测流后,必须加测。人工固定河槽在逢5年份施测1次	水位	
测站地形测量	除设站初期施测1次地形,测验河段在河道、地形、地物有明显变化时,必须进行全部或局部复测	水位	
水文调查	包括断面以上(区间)流域基本情况调查、水量调查、暴雨和洪水调查以及专项水文调查		
水温	每日8时观测。冬季稳定封冻期,所测水温连续3~5 d皆在0.2℃以下时,即可停止观测。当水面有融化迹象时,应立即恢复观测。无较长稳定封冻期不应中断观测		
冰情观测	在测验断面出现结冰现象的时期内一般每日8时观测1次。冰情变化急剧时,应适当增加测次		
墒情监测	基本站在每旬初(1日、11日、21日)早8时观测1次,取土深度为地面以下10 cm、20 cm、40 cm处3点土样	旬总雨量统计	旱情严重时应加密、多点观测
气象			
水质监测	按照《水环境监测规范》(SL 219—98)的要求,河道站每年2个月取样1次,水库站每年丰、平、枯期各取样1次,地下水站于5月、10月各取样1次,如遇突发性污染事故应及时取样,并报告有关主管部门,以便采取应急措施	按水样送验单要求观测、填写辅助观测项目	有水质采样任务的站,要求当天取样,当天送到指定的单位
其他			

2.1.4.3 水文情报预报工作

（1）水文站报汛必须严格贯彻执行《水文情报预报规范》（GB/T 22482—2008）、《水情信息编码标准》（SL 330—2011），保证拍报质量，水文站差错率不超过1%，雨量站差错率不超过3%。

（2）水文站要在综合分析近期水位流量关系的基础上，于汛前修订好报汛曲线，并用历史调查洪水做好高水部分的曲线延长，随时根据实测点修订水位流量曲线，保证相应流量的准确性。

（3）汛期与非汛期划分：淮河、长江流域当年5月15日至10月1日为汛期，当年10月2日至次年5月14日为非汛期；海河、黄河流域当年6月1日至10月1日为汛期，当年10月2日至次年5月31日为非汛期。

（4）降水量拍报。雨量报汛段次严格按照每年下发的报汛任务书的要求执行。

（5）水情拍报：

①水情站要严格按照当年下达的报汛任务书的要求拍报。遇到洪水时要报出洪水全过程，涨水段在二级加报水位以上，至少要报2~3次实测流量，以校正拍报的相应流量。

②水库站凡遇大、中洪水入库时，均要拍报入库流量全过程。

③当发生特大暴雨洪水，河道分洪、决口、扒堤、水库垮坝及大面积内涝时，应及时拍报特殊水情电报，并立即调查情况并上报。

（6）水文预报。大型水库和主要河道控制水文站，要积极开展水文预报。发生大洪水时，及时向当地有关部门通报水情趋势，为防汛抢险和水利调度当好参谋。

2.1.4.4 水文水资源调查

水文调查是水文测验工作的重要组成部分，是收集水文资料的重要环节，水文站应当有计划地进行，以满足水文水资源分析计算的要求。

本站负责本站断面以上至小南海水库范围内水文水资源调查任务。

1. 调查要求

（1）对测站流量有较大影响的水利设施，应查清工程指标及其变化等情况，一般影响一次洪水总量或河道同期多年平均径流量达15%~20%时，应与有关部门配合，建立简易观测点或巡测点，达到能推算各月和全年的调节、引用水量的目的。

（2）对测站流量有中等影响的水利设施，应逐个查清工程指标等情况，并每年及时调查其水量，以能估算其年调节、引用水量为原则。一般影响洪峰流量5%以上的水利工程，或引入、引出水量占引水期间水量的5%以上的固定工程，需逐个测算其年调节、引用水量。

（3）对测站流量影响较小的水利设施，一般只统计总个数、总指标，测算总水量。小面积站上游的水利工程设施，其一个或几个工程的控制面积超过集水面积的10%，或引水期的调节水量占河道同期水量的10%以上时，则应做较细致的调查，算清水账。水利设施的工程指标等情况，可直接引用工程管理等部门的资料，在做过普查以后，每年可只对有变动的部分做补充调查。

遇有滞洪、决口等情况，应立即了解其具体位置、发生时间，并尽可能查清其水量。调查应在发生这些情况的短时间内进行，如有困难，也应在当年把情况调查清楚。

当发生特大暴雨、洪水或特别干旱时，应进行暴雨、洪水及必要的枯水调查。

（4）注意观察水的透明度、气味、色度、悬浮物质等物理特性是否异常，是否明显受到污染，当发现突发性污染事故时及时上报上级主管部门，并按上级要求进行监测。

（5）水文站（县局）水文调查成果应按规范规定整理并编写调查报告。

2. 调查表

调查地点	水工设施名称	调查时间	调查项目	调查要求	备注

3. 省界断面

每月 5 日前向流域机构上报上月最高、最低、月平均水位，最高、最低、月平均流量和月径流量。

2.1.4.5　资料

1. 资料整编

原始资料不得损毁，禁止涂改、誊写。各种整编报表的填写要符合规范规定。

水文站的各项观测资料应严格执行"四随"制度，当月各项资料应于次月 5 日前完成在站整编，次年 1 月 5 日前完成上年度全年资料的在站整编。

水文站应对各种原始数据进行校对，资料在站整编完成后，应写出在站整编说明书，简述测验情况、整编发现的问题及处理意见、合理性检查情况及对资料成果的评价。

2. 资料分析

洪水过后要进行大断面冲淤变化分析。突出的流量和沙量测点应进行批判分析。根据上下游控制断面做水量平衡分析。对属站降水量要进行对比分析，发现错日、错量情况及时更正。

通过资料分析掌握测站特性和各水文因素的变化规律，力求定线合理，推算方法正确，符合本站特性。

3. 资料保存

水文资料是国家重要的基础信息资源，要注意防火、防盗，保持整洁。资料要存放在资料柜内，指定专人妥善保管，防止丢失。未经审查的资料不得向社会发布。

2.1.4.6　测报设施管理、养护及安全生产

测报设施是保障安全、提高测洪能力和精度、提高测报成果质量的重要设施，测站必须精心养护，发现问题及时维修，并将检查处理情况做好记录。

1. 钢丝绳的养护

（1）钢丝绳每年擦油 1 ~ 2 次，防止生锈，重点受力部位加强检修。

（2）对钢丝绳与锚碇接头部分涂黄油并经常检查。

2. 支架、锚碇的养护

（1）为保持支架直立、结构不变形，保持平衡，使支架各方向的拉力均衡，每年应全面检查调整 2 ~ 3 次，大洪水期应检查 1 ~ 2 次。

（2）钢支架每隔 1~2 年进行除锈、油漆养护,除锈后先涂防锈漆,再涂油漆;避雷接地电阻应校测。

（3）汛前及洪水过后要认真检查支架基础有无沉陷、有无位移,联系螺栓是否有松动,混凝土基础有无裂缝等,如不符合要求及时检修。

（4）每月检查锚碇有无位移,锚碇附近土壤有无裂纹、崩塌、沉陷等现象,夹头是否松动、锚杆是否生锈,发现问题及时处理。

3. 驱动设备的养护

1）动力设备

（1）变压器,按供电部门规定,隔一定年限更换变压器油。

（2）柴油机及发电机组,按使用说明书规定进行技术保养。

（3）经常检查电动机发热情况,温升超过 60 ℃时,应采取降温措施,电动机应接地,发现电动机异常时,应停车检查原因,设法排除。

2）绞车

经常保持绞车轴承、转动部件油润,每年汛前应全面检查 1 次,保证正常工作状态。

3）滑轮

经常检查导向滑轮、游轮、行车等运转情况,发现不正常应及时检修,不允许钢丝绳在滑轮上滑动、擦边、跳槽,若有上述问题,应采取措施及时排除,保持油润,运行时注意随时监视各滑轮运转情况。

4）水文缆道

水文缆道每年要进行起点距、水深比测 1~2 次并保存好记录。

4. 仪器、仪表的养护

（1）各种仪器、仪表按说明书使用、养护,应保持附件的齐全;流速仪应及时鉴定并保管好鉴定证书。

（2）各种仪器、仪表应放在干燥通风、清洁和不受腐蚀性气体侵蚀的地方。

（3）主要电子、电器仪表应设有接地装置,防止雷电感应短路烧坏仪表。

5. 测船的养护

（1）每日观察测船设施有无毁损,平时 5 d 擦洗 1 次,汛期每日擦洗 1 次,发现问题及时排除,保证测流的顺利进行。

（2）木船每年小修 1 次,5 年大修 1 次,钢板船 1~2 年检修 1 次。

（3）机动船平时每 5 d 启动 1 次,维持机械的油润,汛期保证随时能启动运行测流。

6. 桥测车的养护

除按机动车正常管理、养护外,还应注意:

（1）司机应爱护车辆,经常擦洗机件,保持机件润滑、清洁。

（2）桥测车每月发动 2~3 次,检查机件、电路等所有部件的性能,发现问题,应及时检修排除,以保证测流时能随时启动、运行。

7. 遥测设备的管理与养护

（1）自记井发生淤积时应及时进行清淤处理。

（2）传感器应经常检查,保持内部干净。

（3）终端机、馈线、天线、太阳能电池板及蓄电瓶等设备应经常检修、维护。太阳能电

池板应每月清洗 1 次。

（4）备品备件要有专人管理养护。

8. 通信线路的养护

通信线路要不定期进行检查，发现问题及时向电信部门及上级汇报，做好线路的抢修工作，确保线路畅通。

9. 安全生产

加强生产安全管理。配置救生衣、安全斧、救生锤、破坏钳等必要的安全生产设施。水上作业时必须穿戴救生衣，桥测时应放置警示标识，保证人身安全。缆道、测船等作业严格按照规程进行操作，严禁违章操作，避免意外发生。办公楼配备防盗防火设施，做好防火、防盗、雷击和安全用电工作，杜绝各类事故发生。

水文站于每年年初向勘测局编报测报设施维修养护经费计划，由勘测局汇总，报省局审定安排，水文站按下达的维修养护任务保质保量完成。

2.1.4.7 属站管理

水文站对属站负有领导责任，积极主动地指导属站进行各项观测、资料整理等工作，做到汛前有布置，汛期有检查，汛后有总结，遇到特殊情况及时处理。对属站所有仪器设备做好维护管理工作。

2.1.4.8 业务学习

每周定期学习以下技术规范和其他新技术操作等。

序号	规范	学习时间
1	《水文缆道测验规范》（SL 443—2009）	
2	《水文测船测验规范》（SL 338—2006）	
3	《水位观测平台技术标准》（SL 384—2007）	
4	《水工建筑物与堰槽测流规范》（SL 537—2011）	
5	《声学多普勒流量测验规范》（SL 337—2006）	
6	《水位观测标准》（GB/T 50138—2010）	
7	《降水量观测规范》（SL 21—2015）	
8	《河流悬移质泥沙测验规范》（GB 50159—2015）	
9	《河流流量测验规范》（GB 50179—2015）	
10	《水文巡测规范》（SL 195—2015）	每周一上午及周
11	《翻斗式雨量计》（GB/T 11832—2002）	二下午为学习时间
12	《水面蒸发观测规范》（SL 630—2013）	
13	《水文资料整编规范》（SL 247—2012）	
14	《水文数据整理汇编标准》（DB 41/T 1599—2018）	
15	《土壤墒情监测规范》（SL 364—2015）	
16	《水文测量规范》（SL 58—2014）	
17	《水文调查规范》（SL 196—2015）	
18	《水文基本术语和符号标准》（GB/T 50095—2014）	
19	《水文仪器术语及符号》（GB/T 19677—2005）	
20	《河流冰情观测规范》（SL 59—2015）	

2.1.4.9 附录

1."四随"工作制度

	降水量	水位	流量	含沙量
随测算	1. 准时量记，当场自校。 2. 自记站要按时检查，每日8时换纸，无雨不换纸要加水，有雨注意量虹吸水量。 3. 检查记载规格符号是否正确、齐全。 4. 每日8时计算日雨量、蒸发量，旬、月初计算旬、月雨量	1. 准时测记水位及附属项目，当场自校。 2. 自记水位按时校测、检查。 3. 日平均水位次日计算完毕。 4. 水准测量当场计算高差，当日计算成果并校核	1. 附属观测项目及备注说明当场填记齐全。 2. 闸坝站应现场测记有关水力因素。 3. 按要求及时记流量。 4. 流量随测随算	1. 单样含沙量及输沙率测量后，编号与瓶号、滤纸要校对，并填入单沙记载本中，各栏填记齐全。 2. 水样处理当日进行（如加沉淀剂、自动滤沙）。 3. 烘干称重后立即计算
随拍报	1. 从4月2日至11月1日期间全省统一采用自动遥测站雨量信息，11月2日至次年4月1日仍进行人工拍报雨情信息。 2. 密切监视本辖区内雨情变化，发现雨量站点1 h降雨量超过50 mm或单日累计降雨量达100 mm以上时，要及时报当地县防办和勘测局水情科	1. 严格按照当年下达的防汛抗旱拍报任务通知的要求拍报。有涨水过程时必须加报起涨水情和洪峰流量，及时报出洪水全过程。 2. 当洪水上涨超过各级加报标准时，必须立即拍报水情1次，然后按规定段次发报；上次发报后涨幅已超过1 m的，也要及时加报1次；出现洪峰要立即拍报。 3. 河道站：三级加报涨水段全部为24段次，落水段12~24段次；水库站：一级起报水位以上、二级加报水位以下要至少按照1 d 4段次拍报，二级加报水位（汛限水位）以上的涨水段全部按照24段次拍报，落水段按照12~24段次拍报。闸门变动随时报。 4. 当发生特大暴雨洪水，河道分洪、决口、扒堤、水库垮坝及大面积内涝时，应及时拍报特殊水情电报，并立即调查情况并上报	1. 要在综合分析近期水位流量关系（水库站：输水设备泄流曲线）的基础上，于汛前修订好报汛曲线，并用历史调查洪水做好高水部分的曲线延长；汛期随时根据实测点修订水位流量曲线，保证相应流量的准确性。 2. 有拍报旬月平均流量的河道、闸坝站断流或无出流量时也要拍报旬月平均流量。 3. 河道站：根据洪水大小，在二级加报水位以上至少要报出1~3次实测流量，以校正拍报的相应流量；水库站：大型水库凡遇洪水入库时，均要拍报入库流量全过程	

	降水量	水位	流量	含沙量
随整理	1. 日、旬、月雨量在发报前要计算校核一遍。 2. 自记纸当日完成订正、摘录、计算、复核。 3. 月初3 d内原始资料完成3遍手，进行月统计	1. 日平均水位次日校核完毕。 2. 自记水位8时换纸后摘录订正前一天水位，计算日平均值，并校核。 3. 月初3 d内复核原始资料。 4. 水准测量次日复核完毕	1. 单次流量资料测算后即完成校核，当月完成复核。 2. 较大洪峰（600 m^3/s）或较高水位（71.00 m）过后3 d内，报出测洪小结	单样含沙量、输沙率计算后当日校核，当月复核
随分析	1. 属站雨量到齐后列表对比检查雨型、雨量。 2. 主要暴雨绘各站暴雨累积曲线对比检查。 3. 发现问题及时处理	1. 应随测随点绘逐时过程线，并进行检查。 2. 日平均水位在逐时线上画横线检查。 3. 山区站及测沙站应画降雨柱状图，检查时间是否相应。 4. 发现问题及时处理	1. 洪水期流量测验要做点流速、垂线流速、水深测量的正确性及垂线布设合理性检查。 2. 点绘水位流量关系线并检查偏离程度。水库闸坝站应点绘在系数曲线上检查。 3. 测次点在水位过程线上，检查测次分布。 4. 发现问题，检查原因，确定改正、重测或舍弃，并写出分析说明	1. 取样后将测次点在水位过程线上（可用不同颜色），检查测次控制的合理性。 2. 沙量称重计算后点绘单样含沙量过程线，发现问题立即复烘、复秤。 3. 检查单断沙关系及含沙量横向分布。 4. 发现问题及时处理

2. 使用水尺时的水位观测段次要求

段次要求	2 段	4 段	8 段	逐时
日变化（m）	<0.10	0.10～0.50	>0.50	>71.00 的峰顶附近
水位级（m）	<68.40	68.40～69.00	>69.50	

3. 水尺观测的不确定度估算

波浪变幅（cm）	≤2	3～30	≥31
波浪级别	无波浪	一般波浪	较大波浪
随机不确定度			
综合不确定度			
备注	每年在无波浪、一般波浪或较大波浪情况下，且水位基本无变化的5～10 min 内连续观读水尺30次以上进行计算		

4. 流速仪法测流方案的制订

1）水位级划分（单位：m）

水位级	高水	中水	低水	枯水
	71.00 以上	69.00～71.00	67.80～69.00	67.80 以下
备注				

2）允许总随机不确定度 X_Q' 与已定系统误差 U_Q

水位级	高水	中水	低水	枯水
X_Q'	6	7	10	11
U_Q	−2～1	−2～1	−2～1	2

3）常用测流方案

水位级	测流方案（m，p，t）	最少垂线数 m 方案下限	备注
高水 71.00 m 以上	1）15　2　60	10	方案的优先级按先后顺序进行排列，故选用方案优选排列在前的。 m——垂线数； p——垂线测点数； t——历时
	2）15　1　100	10	
	3）10　1　60	7	
中水 69.00～71.00 m	1）15　2　60	10	
	2）15　1　100	10	
	3）10　2　60	7	
低水 69.00 m 以下	1）10　2　100	7	
	2）5　2　60	5	

5. 流速系数

分类	水面浮标系数	岸边流速系数	小浮标系数	半深系数	深水浮标系数	电波流速仪系数	ADCP 测流系数
系数及确定方法	0.85	0.70					
	经验	经验					
试验系数及时间							
备注							

6. 测流方法

方案	涉水	测船	电波流速仪	桥测	浮标	比降
水位（m）	67.50	71.00 以下	71.00 以上	71.00 以上	71.00 以上	71.00 以上
备注						

7. 测洪小结

当发生水位大于 71.00 m 的较大洪水时，洪水过后 3 d 内，及时以电子文本形式上报测洪小结至省局站网监测处（电子信箱：hnscyk@126.com）。

2.1.5 天桥断(二)水文站任务书

2.1.5.1 天桥断(二)水文站基本情况

1. 位置情况

隶属	河南省安阳水文水资源勘测局	重要站级别	国家级
流域	海河	水系	南运河
河名	浊漳河	汇入何处	漳河
东经	113°47′	北纬	36°21′
集水面积	11 196 km²	至河口距离	15 km
级别	一	人员编制	6
测站地址	河南省林州市任村镇穆家庄村	邮政编码	456593
电话号码	0372-6040037	电子信箱	
测站编码	31007600	雨量站编码	31029000
报汛站号	31007600	省界断面	否

2. 测站属性

类别	河道		性质	基本水文站
设站目的	本站为豫北太行山区及太行山丘区区域代表站,浊漳河控制站。采集天桥断(二)水文站断面以上浊漳河长系列水文要素信息,为水资源管理和防汛减灾服务提供资料			

3. 属站名单

负责管理的基本雨量站、水位站和中小河流巡测站、水位站、雨量站、水量辅助站、生态监测站。

属站类别	测站编码	站名	水系	河名	观测项目	观测时段 非汛期	观测时段 汛期	降水制表 (一)或(二)	降水制表 日表	摘录段制	自记或标准	水量调查表	报汛部门	备注
基本雨量	31029000	天桥断	南运河	浊漳河	降水	2	24	(一)	√	24	自记		省	
基本雨量	31024550	石楼	南运河	安阳河	降水		24	(二)	√	24	自记		省	雨汛
基本雨量	31029050	石板岩	南运河	露水河	降水		24	(二)	√	24	自记		省	雨汛
基本雨量	31029100	南谷洞	南运河	露水河	降水	24	24	(二)	√	24	自记		省	雨雪
基本雨量	31029200	任村	南运河	露水河	降水	24	24	(二)	√	24	自记		省	雨雪

2.1.5.2　观测项目及要求

1. 观测项目

测验地点（断面）	测站编码	基本观测项目							辅助观测项目							
		水位	流量	单样含沙量	输沙率	降水	蒸发	水文调查	蒸发辅助	水质	初终霜	水温	冰情	气象	墒情	比降
基本水尺断面	31007600	√	√	√				√		√		√	√		√	
天桥断（红旗渠）	31007601	√	√													
观测场	31029000					√	√			√						
石楼	31024550					√										
石板岩	31029050					√										
南谷洞	31029100					√										
任村	31029200					√										

2. 巡测间测规定

编码	断面地点	断面名称	巡（间）测项目	巡（间）测要求	巡（间）测时间

3. 整编所需提交成果资料

测站名称	测站编码	降水量								水流沙																		
		逐日降水量表（汛期）	逐日降水量表（常年）	降水量摘录表	各时段最大降水量表(1)	各时段最大降水量表(2)	逐日水面蒸发量表	水面蒸发量辅助项目月年统计表	降水量说明表	逐日平均水位表	洪水水位摘录表	实测流量成果表	实测大断面成果表	堰闸流量率定成果表	洪水水文要素摘录表	堰闸水文要素摘录表	水电站抽水流量率定表	水库水文要素摘录表	悬移质实测输沙率成果表	悬移质逐日平均输沙率表	悬移质逐日平均含沙量表	悬移质洪水水文要素摘录表	逐日水温表	冰厚及冰情要素摘录表	水情统计表	水文、水位站说明表	水库、堰闸站说明表	区间水利工程基本情况表
天桥断（二）	31007600									√		√	√		√	√				√	√		√	√	√	√		√
天桥断（红旗渠）	31007601									√																		
天桥断	31029000	√	√	√	√	√			√																			
石楼	31024550	√			√				√																			
石板岩	31029050	√			√				√																			
南谷洞	31009100	√			√				√																			
任村	31029200	√	√		√				√																			

4.观测要求

项目		观测要求	辅助观测项目	备注
降水量	标准	每日8时定时观测1次,1~5月按2段观测,10~12月按2段观测,暴雨时适当加测	初终霜	自记雨量计发生故障或检测时使用标准雨量器,按24段制观测
	自记	每日8时定时观测1次,降水之日20时检查1次,暴雨时适当增加检查次数。6~9月按24段摘录		
	遥测	按有关要求定期取存数据		
陆上水面蒸发		每日8时定时观测1次	风向、风速(力)、气温、湿度等	
水位	人工、自记	水位平稳时每日8时、17时(20时)各观测1次,洪水期或遇水情突变时必须加测,以测得完整水位变化过程为原则。闸坝水库站在闸门启闭前后和水位变化急剧时,应增加测次,以掌握水位转折变化。必须进行水位不确定度估算	1.风大时观测风向、风力、水面起伏度及流向。2.闸门变动期间,同时观测闸门开启高度、孔数、流态、闸门是否提出水面等	每日8时校测自记水位记录,洪水期适当增加校测次数。定期检测各类水位计,保证正常运行
	遥测	按有关要求定期取存数据		
流量		流量测验应满足流量转折、推算逐日流量和各项特征值的要求,根据高、中、低各级水位情况,合理地分布于各级水位和水情变化过程的转折点处。水位流量关系稳定的站每年测次不少于15次。闸坝站测次以能满足率定分析推求泄水过程为原则	1.每次测流同时观测记录水位、天气、风向、风力及影响水位流量关系变化的有关情况。2.闸坝站要测记闸门开启高度、孔数、流态及其变动情况。3.在高中水测流时同时观测比降	水位级划分及测洪方案见附录
含沙量	单样含沙量	以控制含沙量转折变化和建立单断沙关系为原则。含沙量变化很小时,可每4~10 d取样1次。每次较大洪峰过程,一般不少于4~8次。洪峰重叠或水沙峰不一致、含沙量变化剧烈时,应增加测次。闸坝站根据闸门变动和含沙量变化情况适当布置测次	水位	较大流域的测站如能分辨出沙峰来源时应予以说明。如河水清澈,可改为目测,含沙量作零处理
	输沙率	根据测站级别每年输沙率测验不少于10~20次,测次分布应能控制流量和含沙量的主要转折变化,原则上每次较大洪峰不少于5次	单样含沙量、流量及水位等	

项目	观测要求	辅助观测项目	备注
水尺零点高程	每年汛期前后各校测 1 次,若水尺发生变动或有可疑变动,应随时校测。新设水尺应随测随校	水位	包括自记水位计高程标点
水准点高程测量	逢 0、逢 5 年份对基本水准点必须进行复测,校核水准点每年校测 1 次,如发现有变动或可疑变动,应及时复测并查明原因		
大断面测量	每年汛期前后施测,在每次洪水后应予加测。较大洪水采用比降面积法或浮标法测流后,必须加测。人工固定河槽在逢 5 年份施测 1 次	水位	
测站地形测量	除设站初期施测一次地形,测验河段在河道、地形、地物有明显变化时,必须进行全部或局部复测	水位	
水文调查	包括断面以上(区间)流域基本情况调查、水量调查、暴雨和洪水调查以及专项水文调查		
水温	每日 8 时观测。冬季稳定封冻期,所测水温连续 3~5 d 皆在 0.2 ℃以下时,即可停止观测。当水面有融化迹象时,应即恢复观测。无较长稳定封冻期不应中断观测		
冰情观测	在测验断面出现结冰现象的时期内一般每日 8 时观测 1 次。冰情变化急剧时,应适当增加测次		
墒情监测	基本站在每旬初(1 日、11 日、21 日)早时观测 1 次,取土深度为地面以下 10 cm、20 cm、40 cm 处 3 点土样	旬总雨量统计	旱情严重时应加密、多点观测
气象			
水质监测	按照《水环境监测规范》(SL 219—98)的要求,河道站每年 2 个月取样 1 次,水库站每年丰、平、枯期各取样 1 次,地下水站于 5 月、10 月各取样 1 次,如遇突发性污染事故应及时取样,并报告有关主管部门,以便采取应急措施	按水样送验单要求观测、填写辅助观测项目	有水质采样任务的站,要求当天取样,当天送到指定的单位
其他			

2.1.5.3 水文情报预报工作

（1）水文站报汛必须严格贯彻执行《水文情报预报规范》（GB/T 22482—2008）、《水情信息编码标准》（SL 330—2011），保证拍报质量，水文站差错率不超过1%，雨量站差错率不超过3%。

（2）水文站要在综合分析近期水位流量关系的基础上，于汛前修订好报汛曲线，并用历史调查洪水做好高水部分的曲线延长，随时根据实测点修订水位流量曲线，保证相应流量的准确性。

（3）汛期与非汛期划分：淮河、长江流域当年5月15日至10月1日为汛期，当年10月2日至次年5月14日为非汛期；海河、黄河流域当年6月1日至10月1日为汛期，当年10月2日至次年5月31日为非汛期。

（4）降水量拍报。雨量报汛段次严格按照每年下发的报汛任务书的要求执行。

（5）水情拍报：

①水情站要严格按照当年下达的报汛任务书的要求拍报。遇到洪水涨洪时要报出洪水全过程，涨水段在二级加报水位以上，至少要报2～3次实测流量，以校正拍报的相应流量。

②水库站凡遇大、中洪水入库时，均要拍报入库流量全过程。

③当发生特大暴雨洪水，河道分洪、决口、扒堤、水库垮坝及大面积内涝时，应及时拍报特殊水情电报，并立即调查情况并上报。

（6）水文预报。大型水库和主要河道控制水文站，要积极开展水文预报。发生大洪水时，及时向当地有关部门通报水情趋势，为防汛抢险和水利调度当好参谋。

2.1.5.4 水文水资源调查

水文调查是水文测验工作的重要组成部分，是收集水文资料的重要环节，水文站应当有计划地进行，以满足水文水资源分析计算的要求。

本站负责天桥断（二）断面以上至石梁范围内水文水资源调查任务。

1. 调查要求

（1）对测站流量有较大影响的水利设施，应查清工程指标及其变化等情况，一般影响一次洪水总量或河道同期多年平均径流量达15%～20%时，应与有关部门配合，建立简易观测点或巡测点，达到能推算各月和全年的调节、引用水量的目的。

（2）对测站流量有中等影响的水利设施，应逐个查清工程指标等情况，并每年及时调查其水量，以能估算其年调节、引用水量为原则。一般影响洪峰流量5%以上的水利工程，或引入、引出水量占引水期间水量的5%以上的固定工程，需逐个测算其年调节、引用水量。

（3）对测站流量影响较小的水利设施，一般只统计总个数、总指标，测算总水量。小面积站上游的水利工程设施，其一个或几个工程的控制面积超过集水面积的10%，或引水期的调节水量占河道同期水量的10%以上时，则应做较细致的调查，算清水账。水利设施的工程指标等情况，可直接引用工程管理等部门的资料，在做过普查以后，每年可只对有变动的部分做补充调查。

遇有滞洪、决口等情况，应立即了解其具体位置、发生时间，并尽可能查清其水量。调查应在发生这些情况的短时间内进行，如有困难，也应在当年把情况调查清楚。

当发生特大暴雨、洪水或特别干旱时,应进行暴雨、洪水及必要的枯水调查。

(4)注意观察水的透明度、气味、色度、悬浮物质等物理特性是否异常,是否明显受到污染,当发现突发性污染事故时及时上报上级主管部门,并按上级要求进行监测。

(5)水文站(县局)水文调查成果应按规范规定整理并编写调查报告。

2. 调查表

调查地点	水工设施名称	调查时间	调查项目	调查要求	备注

3. 省界断面

每月5日前向流域机构上报上月最高、最低、月平均水位,最高、最低、月平均流量和月径流量。

2.1.5.5 资料

1. 资料整编

原始资料不得损毁,禁止涂改、誊写。各种整编报表的填写要符合规范规定。

水文站的各项观测资料应严格执行"四随"制度,当月各项资料应于次月5日前完成在站整编,次年1月5日前完成上年度全年资料的在站整编。

水文站应对各种原始数据进行校对,资料在站整编完成后,应写出在站整编说明书,简述测验情况、整编发现的问题及处理意见、合理性检查情况及对资料成果的评价。

2. 资料分析

洪水过后要进行大断面冲淤变化分析。突出的流量和沙量测点应进行批判分析。根据上下游控制断面做水量平衡分析。对属站降水量要进行对比分析,发现错日、错量情况及时更正。

通过资料分析掌握测站特性和各水文因素的变化规律,力求定线合理,推算方法正确,符合本站特性。

3. 资料保存

水文资料是国家重要的基础信息资源,要注意防火、防盗,保持整洁。资料要存放在资料柜内,指定专人妥善保管,防止丢失。未经审查的资料不得向社会发布。

2.1.5.6 测报设施管理、养护及安全生产

测报设施是保障安全、提高测洪能力和精度、提高测报成果质量的重要设施,测站必须精心养护,发现问题及时维修,并将检查处理情况做好记录。

1. 钢丝绳的养护

(1)钢丝绳每年擦油1~2次,防止生锈,重点受力部位加强检修。

(2)对钢丝绳与锚碇接头部分涂黄油并经常检查。

2. 支架、锚碇的养护

(1)为保持支架直立、结构不变形,保持平衡,使支架各方向的拉力均衡,每年应全面检查调整2~3次,大洪水期应检查1~2次。

（2）钢支架每隔 1~2 年进行除锈、油漆养护，除锈后先涂防锈漆，再涂油漆；避雷接地电阻应校测。

（3）汛前及洪水过后要认真检查支架基础有无沉陷、有无位移，联系螺栓是否有松动，混凝土基础有无裂缝等，如不符合要求应及时检修。

（4）每月检查锚碇有无位移，锚碇附近土壤有无裂纹、崩塌、沉陷等现象，夹头是否松动、锚杆是否生锈，发现问题及时处理。

3. 驱动设备的养护

1）动力设备

（1）变压器，按供电部门规定，隔一定年限更换变压器油。

（2）柴油机及发电机组，按使用说明书规定进行技术保养。

（3）经常检查电动机发热情况，温升超过 60 ℃ 时，应采取降温措施，电动机应接地，发现电动机异常时，应停车检查原因，设法排除。

2）绞车

经常保持绞车轴承、转动部件油润，每年汛前应全面检查 1 次，保证其正常工作状态。

3）滑轮

经常检查导向滑轮、游轮、行车等运转情况，发现不正常应及时检修，不允许钢丝绳在滑轮上滑动、擦边、跳槽，若有上述问题，应采取措施及时排除，保持油润，运行时注意随时监视各滑轮运转情况。

4）水文缆道

水文缆道每年要进行起点距、水深比测 1~2 次并保存好记录。

4. 仪器、仪表的养护

（1）各种仪器、仪表按说明书使用、养护，应保持附件的齐全；流速仪应及时鉴定并保管好鉴定证书。

（2）各种仪器、仪表应放在干燥通风、清洁和不受腐蚀性气体侵蚀的地方。

（3）主要电子、电器仪表应设有接地装置，防止雷电感应短路烧坏仪表。

5. 测船的养护

（1）每日观察测船设施有无毁损，平时 5 d 擦洗 1 次，汛期每日擦洗 1 次，发现问题及时排除，保证测流的顺利进行。

（2）木船每年小修 1 次，5 年大修 1 次，钢板船 1~2 年检修 1 次。

（3）机动船平时每 5 d 启动 1 次，维持机械的油润，汛期保证随时能启动运行测流。

6. 桥测车的养护

除按机动车正常管理、养护外，还应注意：

（1）司机应爱护车辆，经常擦洗机件，保持机件润滑、清洁。

（2）桥测车每月发动 2~3 次，检查机件、电路等所有部件的性能，发现问题，应及时检修排除，以保证测流时能随时启动、运行。

7. 遥测设备的管理与养护

（1）自记井发生淤积时应及时进行清淤处理。

（2）传感器应经常检查，保持内部干净。

（3）终端机、馈线、天线、太阳能电池板及蓄电瓶等设备应经常检修、维护。太阳能电

池板应每月清洗 1 次。

（4）备品备件要有专人管理养护。

8．通信线路的养护

通信线路要不定期进行检查，发现问题及时向电信部门及上级汇报，做好线路的抢修工作，确保线路畅通。

9．安全生产

加强生产安全管理。配置救生衣、安全斧、救生锤、破坏钳等必要的安全生产设施。水上作业时必须穿戴救生衣，桥测时应放置警示标识，保证人身安全。缆道、测船等作业严格按照规程进行操作，严禁违章操作，避免意外发生。办公楼配备防盗防火设施，做好防火、防盗、雷击和安全用电工作，杜绝各类事故发生。

水文站于每年年初向勘测局编报测报设施维修养护经费计划，由勘测局汇总，报省局审定安排，水文站按下达的维修养护任务保质保量完成。

2.1.5.7 属站管理

水文站对属站负有领导责任，积极主动地指导属站进行各项观测、资料整理等工作，做到汛前有布置，汛期有检查，汛后有总结，遇到特殊情况及时处理。对属站所有仪器设备做好维护管理工作。

2.1.5.8 业务学习

每周定期学习以下技术规范和其他新技术操作等。

序号	规范	学习时间
1	《水文缆道测验规范》（SL 443—2009）	每周五定时学习
2	《水文测船测验规范》（SL 338—2006）	
3	《水位观测平台技术标准》（SL 384—2007）	
4	《水工建筑物与堰槽测流规范》（SL 537—2011）	
5	《声学多普勒流量测验规范》（SL 337—2006）	
6	《水位观测标准》（GB/T 50138—2010）	
7	《降水量观测规范》（SL 21—2015）	
8	《河流悬移质泥沙测验规范》（GB 50159—2015）	
9	《河流流量测验规范》（GB 50179—2015）	
10	《水文巡测规范》（SL 195—2015）	
11	《翻斗式雨量计》（GB/T 11832—2002）	
12	《水面蒸发观测规范》（SL 630—2013）	
13	《水文资料整编规范》（SL 247—2012）	
14	《水文数据整理汇编标准》（DB 41/T 1599—2018）	
15	《土壤墒情监测规范》（SL 364—2015）	
16	《水文测量规范》（SL 58—2015）	
17	《水文调查规范》（SL 196—2015）	
18	《水文基本术语和符号标准》（GB/T 19677—2005）	
19	《水文仪器术语及符号》（GB/T 19677—2005）	
20	《河流冰情观测规范》（SL 59—2015）	

2.1.5.9 附录

1."四随"工作制度

	降水量	水位	流量	含沙量
随测算	1.准时量记,当场自校。 2.自记站要按时检查,每日8时换纸,无雨不换纸要加水,有雨注意量记虹吸水量。 3.检查记载规格符号是否正确、齐全。 4.每日8时计算日雨量、蒸发量,旬、月初计算旬、月雨量	1.准时测记水位及附属项目,当场自校。 2.自记水位按时校测、检查。 3.日平均水位次日计算完毕。 4.水准测量当场计算高差,当日计算成果并校核	1.附属观测项目及备注说明当场填记齐全。 2.闸坝站应现场测记有关水力因素。 3.按要求及时测记流量。 4.流量随测随算	1.单样含沙量及输沙率测量后,编号与瓶号、滤纸要校对,并填入单沙记载本中,各栏填记齐全。 2.水样处理当日进行(如加沉淀剂,自动滤沙)。 3.烘干称重后立即计算
随拍报	1.从4月2日至11月1日期间全省统一采用自动遥测站雨量信息,11月2日至次年4月1日仍进行人工拍报雨情信息。 2.密切监视本辖区内雨情变化,发现雨量站点1 h降雨量超过50 mm或单日累计降雨量100 mm以上时,要及时报当地县防办和勘测局水情科	1.严格按照当年下达的防汛抗旱拍报任务通知的要求拍报。有涨水过程时必须加报起涨水情和洪峰流量,及时报出洪水全过程。 2.当洪水上涨超过各级加报标准时,必须立即拍报水情1次,然后按规定段次发报;上次发报后涨幅已超过1 m的,也要及时加报1次;出现洪峰要立即拍报。 3.河道站:三级加报涨水段全部为24段次,落水段12~24段次;水库站:一级起报水位以上、二级加报水位以下要至少按照1 d 4段次拍报,二级加报水位(汛限水位)以上的涨水段全部按照24段次拍报,落水段按照12~24段次拍报。闸门变动随时报。 4.当发生特大暴雨洪水,河道分洪、决口、扒堤、水库垮坝及大面积内涝时,应及时拍报特殊水情电报,并立即调查情况并上报	1.要在综合分析近期水位流量关系(水库站:输水设备泄流曲线)的基础上,于汛前修订好报汛曲线,并用历史调查洪水做好高水部分的曲线延长;汛期随时根据实测点修订水位流量曲线,保证相应流量的准确性。 2.有拍报旬、月平均流量的河道、闸坝站断流或无出流量时也要拍报旬、月平均流量。 3.河道站:根据洪水大小,在二级加报水位以上至少要报出1~3次实测流量,以校正拍报的相应流量;水库站:大型水库凡遇洪水入库时,均要拍报入库流量全过程	

	降水量	水位	流量	含沙量
随整理	1. 日、旬、月雨量在发报前要计算校核1遍。 2. 自记纸当日完成订正、摘录、计算、复核。 3. 月初3 d内原始资料完成3遍手,进行月统计	1. 日平均水位次日校核完毕。 2. 自记水位8时换纸后摘录订正前一天水位,计算日平均值,并校核。 3. 月初3 d内复核原始资料。 4. 水准测量次日复核完毕	1. 单次流量资料测算后即完成校核,当月完成复核。 2. 较大洪峰(80 m³/s)或较高水位(342.20 m)过后3 d内,报出测洪小结	单样含沙量、输沙率计算后当日校核,当月复核
随分析	1. 属站雨量到齐后列表对比检查雨型、雨量。 2. 主要暴雨绘各站暴雨累积曲线对比检查。 3. 发现问题及时处理	1. 应随测随点绘逐时过程线,并进行检查。 2. 日平均水位在逐时线上画横线检查。 3. 山区站及测沙站应画降雨柱状图,检查时间是否相应。 4. 发现问题及时处理	1. 洪水期流量测验要做点流速、垂线流速、水深测量的正确性及垂线布设合理性检查。 2. 点绘水位流量关系线并检查偏离程度。水库闸坝站应点绘在系数曲线上检查。 3. 测次点在水位过程线上,检查测次分布。 4. 发现问题,检查原因,确定改正、重测或舍弃,并写出分析说明	1. 取样后将测次点在水位过程线上(可用不同颜色),检查测次控制合理性。 2. 沙量称重计算后点绘单样含沙量过程线,发现问题立即复烘、复秤。 3. 检查单断沙关系及含沙量横向分布。 4. 发现问题及时处理

2. 使用水尺时的水位观测段次要求

段次要求	2 段	4 段	8 段	逐时
日变化(m)	<0.10	0.10~0.50	>0.50	>344.00 的峰顶附近
水位级(m)	<342.00	342.00~343.00	>343.00	

3. 水尺观测的不确定度估算

波浪变幅(cm)	≤2	3~30	≥31
波浪级别	无波浪	一般波浪	较大波浪
随机不确定度			
综合不确定度			
备注	每年在无波浪、一般波浪或较大波浪情况下,且水位基本无变化的5~10 min内连续观读水尺30次以上进行计算		

4. 流速仪法测流方案的制订

1）水位级划分（单位：m）

水位级	高水	中水	低水	枯水
	344.00	342.20	341.40	341.40 以下
备注	该站 2001 年断面上迁 500 m 恢复流量测验与原断面无关系，故无法做频率计算			

2）允许总随机不确定度 X'_Q 与已定系统误差 U_Q

水位级	高水	中水	低水	枯水
X'_Q	6	6	8	
U_Q	−2 ~ 1	−2 ~ 1	−2 ~ 1	

3）常用测流方案

水位级	测流方案（m, p, t）	最少垂线数 m 方案下限	备注
高水 344.00 m 以上	1）10　2　30	7	方案的优先级按先后顺序进行排列，故选用方案优选排列在前的。 m—垂线数； p—垂线测点数； t—历时
	2）10　1　30	7	
	3）5　1　30	5	
中水 342.20 m	1）10　2　100	7	
	2）10　2　60	7	
	3）5　1　100	5	
低水 341.40 m 以下	1）10　3　100	7	
	2）5　1　100	5	

5. 流速系数

分类	水面浮标系数	岸边流速系数	小浮标系数	半深系数	深水浮标系数	电波流速仪系数	ADCP 测流系数
系数及确定方法	0.85	0.70					
	经验	经验					
试验系数及时间							
备注	如果有试验系数，测流时应采用试验系数						

6. 测流方法

方案	涉水	缆道	测船	桥测	浮标	比降
水位（m）	341.50	341.50 ~ 342.50			342.50 以上	
备注						

7. 测洪小结

当发生水位大于 342.20 m 的较大洪水时，洪水过后 3 d 内，及时以电子文本形式上报测洪小结至省局站网监测处（电子信箱：hnscyk@126.com）。

2.1.6 内黄水文站任务书

2.1.6.1 内黄水文站基本情况

1. 位置情况

隶属	河南省安阳水文水资源勘测局	重要站级别	省级
流域	海河	水系	南运河
河名	硝河	汇入何处	卫河
东经	114°54′	北纬	35°57′
集水面积	394 km²	至河口距离	13 km
级别	三	人员编制	3
测站地址	河南省内黄县城关镇	邮政编码	456300
电话号码	0372 – 7711180	电子信箱	
测站编码	31004050	雨量站编码	31025400
报汛站号	31004050	省界断面	否

2. 测站属性

类别	河道	性质	小面积试验
设站目的	本站为卫河右岸黄河故道沙丘沙洼地区区域代表站,小面积径流实验站。采集内黄站断面以上硝河长系列水文要素信息,为水资源管理和防汛减灾服务提供资料		

3. 属站名单

负责管理的基本雨量站、水位站和中小河流巡测站、水位站、雨量站、水量辅助站、生态监测站。

属站类别	测站编码	站名	水系	河名	观测项目	观测时段 非汛期	观测时段 汛期	降水制表 (一)或(二)	降水制表 日表	摘录段制	自记或标准	水量调查表	报汛部门	备注
基本雨量	31025400	内黄	南运河	硝河	降水	2	24	(一)	√	24	自记		省	
基本雨量	31025350	千口	南运河	硝河	降水	24	24	(二)	√	24	自记		省	雨雪
基本雨量	31025410	东大城	南运河	硝河	降水	24	24	(二)	√	24	自记		省	雨雪
基本雨量	31025430	甘庄	南运河	卫河	降水		24	(二)	√	24	自记		省	雨雪
基本雨量	31024300	大性	南运河	永通河	降水		24	(二)	√	24	自记		省	雨雪
基本雨量	31024350	高汉	南运河	汤河	降水	24	24	(二)	√	24	自记		省	雨雪

2.1.6.2 观测项目及要求

1. 观测项目

测验地点（断面）	测站编码	基本观测项目							辅助观测项目							
		水位	流量	单样含沙量	输沙率	降水	蒸发	水文调查	蒸发辅助	水质	初终霜	水温	冰情	气象	墒情	比降
基本水尺断面	31004050	√	√					√					√		√	
内黄观测场	31025400					√					√					
千口	31025350					√										
东大城	31025410					√										
甘庄	31025430					√										
大性	31024300					√										
高汉	31024350					√										

2. 巡测间测规定

编码	断面地点	断面名称	巡（间）测项目	巡（间）测要求	巡（间）测时间

3. 整编所需提交成果资料

测站名称	测站编码	降水量									水流沙																			
		逐日降水量表（汛期）	逐日降水量表（常年）	降水量摘录表	各时段最大降水量表(1)	各时段最大降水量表(2)	逐日水面蒸发量表	蒸发场说明表及平面图	水面蒸发量辅助项目月年统计表	降水量站说明表	逐日平均水位表	洪水水位摘录表	实测流量成果表	实测大断面成果表	堰闸流量率定成果表	逐日平均流量表	堰闸水文要素摘录表	洪水水文要素摘录表	堰闸水位要素摘录表	水电站抽水站流量率定表	悬移质实测输沙率成果表	悬移质逐日平均输沙率表	悬移质逐日平均含沙量表	悬移质洪水含沙量摘录表	逐日水温表	冰厚及冰情要素统计表	冰情统计表	水文、水位站说明表	水库、堰闸站说明表	区间水利工程基本情况表
基本水尺断面	31004050										√		√	√		√	√									√	√	√		√
内黄观测场	31025400		√	√	√					√																				
千口	31025350		√		√																										
东大城	31025410		√		√																										
甘庄	31025430	√		√	√																										
大性	31024300	√	√		√																										
高汉	31024350		√	√	√																										

4.观测要求

项目		观测要求	辅助观测项目	备注
降水量	标准	每日8时定时观测1次,1~5月按2段观测,10~12月按2段观测,暴雨时适当加测	初终霜	自记雨量计发生故障或检测时使用标准雨量器,按24段制观测
	自记	每日8时定时观测1次,降水之日20时检查1次,暴雨时适当增加检查次数。6~9月按24段摘录		
	遥测	按有关要求定期取存数据		
陆上水面蒸发		每日8时定时观测1次	风向、风速(力)、气温、湿度等	
水位	人工、自记	水位平稳时每日8时观测1次,洪水期或遇水情突变时必须加测,以测得完整水位变化过程为原则。闸坝水库站在闸门启闭前后和水位变化急剧时,应增加测次,以掌握水位转折变化。必须进行水位不确定度估算	1.风大时观测风向、风力、水面起伏度及流向。 2.闸门变动期间,同时观测闸门开启高度、孔数、流态、闸门是否提出水面等	每日8时校测自记水位记录,洪水期适当增加校测次数。定期检测各类水位计,保证正常运行
	遥测	按有关要求定期取存数据		
流量		流量测验应满足流量转折、推算逐日流量和各项特征值的要求,根据高、中、低各级水位情况,合理地分布于各级水位和水情变化过程的转折点处。水位流量关系稳定的站每年测次不少于15次。闸坝站测次以能满足率定分析推求泄水过程为原则	1.每次测流同时观测记录水位、天气、风向、风力及影响水位流量关系变化的有关情况。 2.闸坝站要测记闸门开启高度、孔数、流态及其变动情况。 3.在高中水测流时同时观测比降	水位级划分及测洪方案见附录
含沙量	单样含沙量	以控制含沙量转折变化和建立单断沙关系为原则。含沙量变化很小时,可每4~10日取样1次。每次较大洪峰过程,一般不少于4~8次。洪峰重叠或水沙峰不一致、含沙量变化剧烈时,应增加测次。闸坝站根据闸门变动和含沙量变化情况适当布置测次	水位	较大流域的测站如能分辨出沙峰来源应予以说明。如河水清澈,可改为目测,含沙量作零处理
	输沙率	根据测站级别每年输沙率测验不少于10~20次,测次分布应能控制流量和含沙量的主要转折变化,原则上每次较大洪峰不少于5次	单样含沙量、流量及水位等	

项目	观测要求	辅助观测项目	备注
水尺零点高程	每年汛期前后各校测1次,若水尺发生变动或有可疑变动,应随时校测。新设水尺应随测随校	水位	包括自记水位计高程标点
水准点高程测量	逢0、逢5年份对基本水准点必须进行复测,校核水准点每年校测1次,如发现有变动或可疑变动,应及时复测并查明原因		
大断面测量	每年汛期前后施测,在每次洪水后应予加测。较大洪水采用比降面积法或浮标法测流后,必须加测。人工固定河槽在逢5年份施测1次	水位	
测站地形测量	除设站初期施测1次地形,测验河段在河道、地形、地物有明显变化时,必须进行全部或局部复测	水位	
水文调查	包括断面以上(区间)流域基本情况调查、水量调查、暴雨和洪水调查以及专项水文调查		
水温	每日8时观测。冬季稳定封冻期,所测水温连续3~5 d皆在0.2 ℃以下时,即可停止观测。当水面有融化迹象时,应即恢复观测。无较长稳定封冻期不应中断观测		
冰情观测	在测验断面出现结冰现象的时期内一般每日8时观测1次。冰情变化急剧时,应适当增加测次		
墒情监测	基本站在每旬初(1日、11日、21日)早8时观测1次,取土深度为地面以下10 cm、20 cm、40 cm处3点土样	旬总雨量统计	旱情严重时应加密、多点观测
气象			
水质监测	按照《水环境监测规范》(SL 219—98)的要求,河道站每年2个月取样1次,水库站每年丰、平、枯期各取样1次,地下水于5月、10月各取样1次,如遇突发性污染事故应及时取样,并报告有关主管部门,以便采取应急措施	按水样送验单要求观测、填写辅助观测项目	有水质采样任务的站,要求当天取样,当天送到指定的单位
其他			

2.1.6.3　水文情报预报工作

（1）水文站报汛必须严格贯彻执行《水文情报预报规范》（GB 22482—2008）、《水情信息编码标准》（SL 330—2011），保证拍报质量，水文站差错率不超过1%，雨量站差错率不超过3%。

（2）水文站要在综合分析近期水位流量关系的基础上，于汛前修订好报汛曲线，并用历史调查洪水做好高水部分的曲线延长，随时根据实测点修订水位流量曲线，保证相应流量的准确性。

（3）汛期与非汛期划分：淮河、长江流域当年5月15日至10月1日为汛期，当年10月2日至次年5月14日为非汛期；海河、黄河流域当年6月1日至10月1日为汛期，当年10月2日至次年5月31日为非汛期。

（4）降水量拍报。雨量报汛段次严格按照每年下发的报汛任务书的要求执行。

（5）水情拍报：

①水情站要严格按照当年下达的报汛任务书的要求拍报。遇到洪水涨洪时要报出洪水全过程，涨水段在二级加报水位以上时，至少要报2~3次实测流量，以校正拍报的相应流量。

②水库站凡遇大、中洪水入库时，均要拍报入库流量全过程。

③当发生特大暴雨洪水，河道分洪、决口、扒堤、水库垮坝及大面积内涝时，应及时拍报特殊水情电报，并立即调查情况并上报。

（6）水文预报。大型水库和主要河道控制水文站，要积极开展水文预报。发生大洪水时，及时向当地有关部门通报水情趋势，为防汛抢险和水利调度当好参谋。

2.1.6.4　水文水资源调查

水文调查是水文测验工作的重要组成部分，是收集水文资料的重要环节，水文站应当有计划地进行，以满足水文水资源分析计算的要求。

本站负责内黄断面以上至河源范围内水文水资源调查任务。

1.调查要求

（1）对测站流量有较大影响的水利设施，应查清工程指标及其变化等情况，一般影响一次洪水总量或河道同期多年平均径流量达15%~20%时，应与有关部门配合，建立简易观测点或巡测点，达到能推算各月和全年的调节、引用水量的目的。

（2）对测站流量有中等影响的水利设施，应逐个查清工程指标等情况，并每年及时调查其水量，以能估算其年调节、引用水量为原则。一般影响洪峰流量5%以上的水利工程，或引入、引出水量占引水期间水量的5%以上的固定工程，需逐个测算其年调节、引用水量。

（3）对测站流量影响较小的水利设施，一般只统计总个数、总指标，测算总水量。小面积站上游的水利工程设施，其一个或几个工程的控制面积超过集水面积10%，或引水期的调节水量占河道同期水量10%以上时，则应做较细致的调查，算清水账。水利设施的工程指标等情况，可直接引用工程管理等部门的资料，在做过普查以后，每年可只对有变动的部分做补充调查。

遇有滞洪、决口等情况，应立即了解其具体位置、发生时间，并尽可能查清其水量。调查应在发生这些情况的短时间内进行，如有困难，也应在当年把情况调查清楚。

当发生特大暴雨、洪水或特别干旱时,应进行暴雨、洪水及必要的枯水调查。

(4)注意观察水的透明度、气味、色度、悬浮物质等物理特性是否异常,是否明显受到污染,当发现突发性污染事故时及时上报上级主管部门,并按上级要求进行监测。

(5)水文站(县局)水文调查成果应按规范规定整理并编写调查报告。

2. 调查表

调查地点	水工设施名称	调查时间	调查项目	调查要求	备注

3. 省界断面

每月 5 日前向流域机构上报上月最高、最低、月平均水位,最高、最低、月平均流量和月径流量。

2.1.6.5 资料

1. 资料整编

原始资料不得损毁,禁止涂改、誊写。各种整编报表的填写要符合规范规定。

水文站的各项观测资料应严格执行"四随"制度,当月各项资料应于次月 5 日前完成在站整编,次年 1 月 5 日前完成上年度全年资料的在站整编。

水文站应对各种原始数据进行校对,资料在站整编完成后,应写出在站整编说明书,简述测验情况、整编发现的问题及处理意见、合理性检查情况及对资料成果的评价。

2. 资料分析

洪水过后要进行大断面冲淤变化分析。突出的流量和沙量测点应进行批判分析。根据上下游控制断面做水量平衡分析。对属站降水量要进行对比分析,发现错日、错量情况及时更正。

通过资料分析掌握测站特性和各水文因素的变化规律,力求定线合理,推算方法正确,符合本站特性。

3. 资料保存

水文资料是国家重要的基础信息资源,要注意防火、防盗,保持整洁。资料要存放在资料柜内,指定专人妥善保管,防止丢失。未经审查的资料不得向社会发布。

2.1.6.6 测报设施管理、养护及安全生产

测报设施是保障安全、提高测洪能力和精度、提高测报成果质量的重要设施,测站必须精心养护,发现问题及时维修,并将检查处理情况做好记录。

1. 钢丝绳的养护

(1)钢丝绳每年擦油 1~2 次,防止生锈,重点受力部位加强检修。

(2)对钢丝绳与锚碇接头部分涂黄油并经常检查。

2. 支架、锚碇的养护

(1)为保持支架直立、结构不变形,保持平衡,使支架各方向的拉力均衡,每年应全面检查调整 2~3 次,大洪水期应检查 1~2 次。

（2）钢支架每隔 1~2 年进行除锈、油漆养护，除锈后先涂防锈漆，再涂油漆；避雷接地电阻应校测。

（3）汛前及洪水过后要认真检查支架基础有无沉陷、有无位移，联系螺栓是否有松动，混凝土基础有无裂缝等，如不符合要求应及时检修。

（4）每月检查锚碇有无位移，锚碇附近土壤有无裂纹、崩塌、沉陷等现象，夹头是否松动、锚杆是否生锈，发现问题及时处理。

3. 驱动设备的养护

1）动力设备

（1）变压器，按供电部门规定，隔一定年限更换变压器油。

（2）柴油机及发电机组，按使用说明书规定进行技术保养。

（3）经常检查电动机发热情况，温升超过 60 ℃时，应采取降温措施，电动机应接地，发现电动机异常时，应停车检查原因，设法排除。

2）绞车

经常保持绞车轴承、转动部件油润，每年汛前应全面检查 1 次，保证正常工作状态。

3）滑轮

经常检查导向滑轮、游轮、行车等运转情况，发现不正常应及时检修，不允许钢丝绳在滑轮上滑动、擦边、跳槽，若有上述问题，应采取措施及时排除，保持油润，运行时注意随时监视各滑轮运转情况。

4）水文缆道

水文缆道每年要进行起点距、水深比测 1~2 次并保存好记录。

4. 仪器、仪表的养护

（1）各种仪器、仪表按说明书使用、养护，应保持附件的齐全；流速仪应及时鉴定并保管好鉴定证书。

（2）各种仪器、仪表应放在干燥通风、清洁和不受腐蚀性气体侵蚀的地方。

（3）主要电子、电器仪表应设有接地装置，防止雷电感应短路烧坏仪表。

5. 测船的养护

（1）每日观察测船设施有无毁损，平时 5 d 擦洗 1 次，汛期每日擦洗 1 次，发现问题及时排除，保证测流的顺利进行。

（2）木船每年小修 1 次，5 年大修 1 次，钢板船 1~2 年检修 1 次。

（3）机动船平时每 5 d 启动 1 次，维持机械的油润，汛期保证随时能启动运行测流。

6. 桥测车的养护

除按机动车正常管理、养护外，还应注意：

（1）司机应爱护车辆，经常擦洗机件，保持机件润滑、清洁。

（2）桥测车每月发动 2~3 次，检查机件、电路等所有部件的性能，发现问题，应及时检修排除，以保证测流时能随时启动、运行。

7. 遥测设备的管理与养护

（1）自记井发生淤积时应及时进行清淤处理。

（2）传感器应经常检查，保持内部干净。

（3）终端机、馈线、天线、太阳能电池板及蓄电瓶等设备应经常检修、维护。太阳能电

池板应每月清洗1次。

（4）备品备件要有专人管理养护。

8.通信线路的养护

通信线路要不定期进行检查,发现问题及时向电信部门及上级汇报,做好线路的抢修工作,确保线路畅通。

9.安全生产

加强生产安全管理。配置救生衣、安全斧、救生锤、破坏钳等必要的安全生产设施。水上作业时必须穿戴救生衣,桥测时应放置警示标识,保证人身安全。缆道、测船等作业严格按照规程进行操作,严禁违章操作,避免意外发生。办公楼配备防盗防火设施,做好防火、防盗、雷击和安全用电工作,杜绝各类事故发生。

水文站于每年年初向勘测局编报测报设施维修养护经费计划,由勘测局汇总,报省局审定安排,水文站按下达的维修养护任务保质保量完成。

2.1.6.7 属站管理

水文站对属站负有领导责任,积极主动地指导属站进行各项观测、资料整理等工作,做到汛前有布置,汛期有检查,汛后有总结,遇到特殊情况及时处理。对属站所有仪器设备做好维护管理工作。

2.1.6.8 业务学习

每周定期学习以下技术规范和其他新技术操作等。

序号	规范	学习时间
1	《水文缆道测验规范》(SL 443—2009)	
2	《水文测船测验规范》(SL 338—2006)	
3	《水位观测平台技术标准》(SL 384—2007)	
4	《水工建筑物与堰槽测流规范》(SL 537—2011)	
5	《声学多普勒流量测验规范》(SL 337—2006)	
6	《水位观测标准》(GB/T 50138—2010)	
7	《降水量观测规范》(SL 21—2015)	
8	《河流悬移质泥沙测验规范》(GB/T 50159—2015)	
9	《河流流量测验规范》(GB 50179—2015)	
10	《水文巡测规范》(SL 195—2015)	
11	《翻斗式雨量计》(GB/T 11832—2002)	每周五定时学习
12	《水面蒸发观测规范》(SL 630—2013)	
13	《水文资料整编规范》(SL 247—2012)	
14	《水文数据整理汇编标准》(DB 41/T 1599—2018)	
15	《土壤墒情监测规范》(SL 364—2015)	
16	《水文测量规范》(SL 58—2014)	
17	《水文调查规范》(SL 196—2015)	
18	《水文基本术语和符号标准》(GB/T 19677—2005)	
19	《水文仪器术语及符号》(GB/T 19677—2005)	
20	《河流冰情观测规范》(SL 59—2015)	

2.1.6.9　附录

1."四随"工作制度

	降水量	水位	流量	含沙量
随测算	1.准时量记,当场自校。 2.自记站要按时检查,每日 8 时换纸,无雨不换纸要加水,有雨注意量记虹吸水量。 3.检查记载规格符号是否正确、齐全。 4.每日 8 时计算日雨量、蒸发量,旬、月初计算旬、月雨量	1.准时测记水位及附属项目,当场自校。 2.自记水位按时校测、检查。 3.日平均水位次日计算完毕。 4.水准测量当场计算高差,当日计算成果并校核	1.附属观测项目及备注说明当场填记齐全。 2.闸坝站应现场测记有关水力因素。 3.按要求及时测记流量。 4.流量随测随算	1.单样含沙量及输沙率测量后,编号与瓶号、滤纸要校对,并填入单沙记载本中,各栏填记齐全。 2.水样处理当日进行(如加沉淀剂、自动滤沙)。 3.烘干称重后立即计算
随拍报	1.从 4 月 2 日至 11 月 1 日期间全省统一采用自动遥测站雨量信息,11 月 2 日至次年 4 月 1 日仍进行人工拍报雨情信息。 2.密切监视本辖区内雨情变化,发现雨量站点 1 h 降雨量超过 50 mm 或单日累计降雨量 100 mm 以上时,要及时报当地县防办和勘测局水情科	1.严格按照当年下达的防汛抗旱拍报任务通知的要求拍报。有涨水过程时必须加报起涨水情和洪峰流量,及时报出洪水全过程。 2.当洪水上涨超过各级加报标准时,必须立即拍报水情 1 次,然后按规定段次发报;上次发报后涨幅已超过 1 m 的,要及时加报 1 次;出现洪峰要立即拍报。 3.河道站:三级加报涨水段全部为 24 段次,落水段12~24 段次;水库站:一级起报水位以上、二级加报水位以下要至少按照 1 d 4 段次拍报,二级加报水位(汛限水位)以上的涨水段全部按照 24 段次拍报,落水段按照 12~24 段次拍报。闸门变动随时报。 4.当发生特大暴雨洪水,河道分洪、决口、扒堤、水库垮坝及大面积内涝时,应及时拍报特殊水情电报,并立即调查情况并上报	1.要在综合分析近期水位流量关系(水库站:输水设备泄流曲线)的基础上,于汛前修订好报汛曲线,并用历史调查洪水做好高水部分的曲线延长;汛期随时根据实测点修订水位流量曲线,保证相应流量的准确性。 2.有拍报旬、月平均流量的河道、闸坝站断流或无出流量时也要拍报旬、月平均流量。 3.河道站:根据洪水大小,在二级加报水位以上至少要报出 1~3 次实测流量,以校正拍报的相应流量;水库站:大型水库凡遇洪水入库时,均要拍报入库流量全过程	

续表

	降水量	水位	流量	含沙量
随整理	1. 日、旬、月雨量在发报前要计算校核1遍。 2. 自记纸当日完成订正、摘录、计算、复核。 3. 月初3d内原始资料完成3遍手,进行月统计	1. 日平均水位次日校核完毕。 2. 自记水位8时换纸后摘录订正前一天水位,计算日平均值,并校核。 3. 月初3d内复核原始资料。 4. 水准测量次日复核完毕	1. 单次流量资料测算后即完成校核,当月完成复核。 2. 较大洪峰(50 m³/s)或较高水位(49.00 m)过后3d内,报出测洪小结	单样含沙量、输沙率计算后当日校核,当月复核
随分析	1. 属站雨量到齐后列表对比检查雨型、雨量。 2. 主要暴雨绘各站暴雨累积曲线对比检查。 3. 发现问题及时处理	1. 应随测随点绘逐时过程线,并进行检查。 2. 日平均水位在逐时线上画横线检查。 3. 山区站及测沙站应画降雨柱状图,检查时间是否相应。 4. 发现问题及时处理	1. 洪水期流量测验要做点流速、垂线流速、水深测量的正确性及垂线布设合理性检查。 2. 点绘水位流量关系线并检查偏离程度。水库闸坝站应点绘在系数曲线上检查。 3. 测次点在水位过程线上,检查测次分布。 4. 发现问题,检查原因,确定改正、重测或舍弃,并写出分析说明	1. 取样后将测次点在水位过程线上(可用不同颜色),检查测次控制合理性。 2. 沙量称重计算后点绘单样含沙量过程线,发现问题立即复烘、复秤。 3. 检查单断沙关系及含沙量横向分布。 4. 发现问题及时处理

2. 使用水尺时的水位观测段次要求

段次要求	2段	4段	8段	逐时
日变化(m)	<0.10	0.10~0.50	>0.50	
水位级(m)				

3. 水尺观测的不确定度估算

波浪变幅(cm)	≤2	3~30	≥31
波浪级别	无波浪	一般波浪	较大波浪
随机不确定度			
综合不确定度			
备注	每年在无波浪、一般波浪或较大波浪情况下,且水位基本无变化的5~10 min内连续观读水尺30次以上进行计算		

4. 流速仪法测流方案的制订

1) 水位级划分(单位:m)

水位级	高水	中水	低水	枯水
备注	本站设站以来断面未通过水			

2) 允许总随机不确定度 X'_Q 与已定系统误差 U_Q

水位级	高水	中水	低水	枯水
X'_Q	5	6	9	
U_Q	$-2 \sim 1$	$-2 \sim 1$	$-2 \sim 1$	

3) 常用测流方案

水位级	测流方案(m,p,t)	最少垂线数 m 方案下限	备注
高水 50.65 m 以上	1)10 2 30 2)10 1 30 3)5 1 30	7 7 5	方案的优先级按先后顺序进行排列,故选用方案优选排列在前的。 m—垂线数; p—垂线测点数; t—历时
中水 49 ~ 50.65 m	1)10 2 100 2)10 2 60 3)5 1 100	7 7 5	
低水 48 m 以下	1)10 3 100 2)5 1 100	7 5	

5. 流速系数

分类	水面浮标系数	岸边流速系数	小浮标系数	半深系数	深水浮标系数	电波流速仪系数	ADCP测流系数
系数及确定方法	0.85	0.70					
	经验	经验					
试验系数及时间							
备注	如果有试验系数,测流时应采用试验系数						

6. 测流方法

方案	涉水	缆道	测船	桥测	浮标	比降
水位(m)	45.80 以下			49.00 以下		
备注						

7. 测洪小结

当发生水位大于 49.00 m 的较大洪水时,洪水过后 3 d 内,及时以电子文本形式上报测洪小结至省局站网监测处(电子信箱:hnscyk@126.com)。

2.2 濮阳地区水文站

2.2.1 元村集水文站任务书

2.2.1.1 元村集水文站基本情况

1. 位置情况

隶属	河南省濮阳水文水资源勘测局	重要站级别	国家级
流域	海河	水系	南运河
河名	卫河	汇入何处	南运河
东经	115°03′31″	北纬	36°06′36″
集水面积	14 286 km²	至河口距离	112 km
级别	一	人员编制	5
测站地址	河南省南乐县元村镇元村	邮政编码	
电话号码	0393 – 6303381	电子信箱	
测站编码	31004300	雨量站编码	31025440
报汛站号	31004300	省界断面	是

2. 测站属性

类别	河道		性质	基本水文站
设站目的	本站为区域代表站,是卫河主要控制站,采集卫河元村集断面以上长系列水文要素信息,为水资源管理防汛减灾服务			

3. 属站名单

负责管理的基本雨量站、水位站和中小河流巡测站、水位站、雨量站、水量辅助站、生态监测站。

属站类别	测站编码	站名	水系	河名	观测项目	观测段制 非汛期	观测段制 汛期	降水制表 (一)或(二)	降水制表 日表	摘录段制	自记或标准	水量调查表	报汛部门	备注
基本雨量	31025440	元村集	南运河	卫河	降水	2	24	(一)	√	24	自记		省	
基本雨量	31025450	北张集	南运河	卫河	降水	24	24	(二)	√	24	自记		省	雨雪

2.2.1.2 观测项目及要求

1. 观测项目

测验地点（断面）	测站编码	基本观测项目							辅助观测项目							
		水位	流量	单样含沙量	输沙率	降水	蒸发	水文调查	蒸发辅助	水质	初终霜	水温	冰情	气象	墒情	比降
卫河（元村大桥）	31004300	√	√	√	√			√		√		√	√		√	
元村集	31025440					√				√						
北张集	31025450					√										

2. 巡测间测规定

编码	断面地点	断面名称	巡（间）测项目	巡（间）测要求	巡（间）测时间

3. 整编所需提交成果资料

测站名称	测站编码	降水量									水流沙																			
		逐日降水量表（汛期）	逐日降水量表（常年）	降水量摘录表	各时段最大降水量表（1）	各时段最大降水量表（2）	逐日水面蒸发量表	蒸发场说明表及平面图	水面蒸发量辅助项目月年统计表	降水量站说明表	逐日平均水位表	洪水水位摘录表	实测流量成果表	实测大断面成果表	堰闸流量率定表	逐日平均流量表	洪水水文要素摘录表	堰闸水文要素摘录表	水库站抽水流量摘录表	水电站水文要素摘录表	悬移质实测输沙率成果表	悬移质逐日平均输沙率表	悬移质逐日平均含沙量表	悬移质洪水含沙量摘录表	逐日水温表	冰厚及冰情要素统计表	冰情统计表	水文、水位站说明表	水库、堰闸站说明表	区间水利工程基本情况表
卫河（元村大桥）	31004300										√		√	√		√	√				√	√	√		√	√	√	√		√
元村集	31025440	√	√	√						√																					
北张集	31025450	√			√					√																					

4.观测要求

项目		观测要求	辅助观测项目	备注
降水量	标准	每日8时定时观测1次,1~5月按2段观测,10~12月按2段观测,暴雨时适当加测	初终霜	自记雨量计发生故障或检测时使用标准雨量器,按24段制观测
	自记	每日8时定时观测1次,降水之日20时检查1次,暴雨时适当增加检查次数。6~9月按24段摘录		
	遥测	按有关要求定期取存数据		
陆上水面蒸发		每日8时定时观测1次	风向、风速(力)、气温、湿度等	
水位	人工、自记	水位平稳时每日8时、20时(非汛期17时)各观测1次,洪水期或遇水情突变时必须加测,以测得完整水位变化过程为原则。闸坝水库站在闸门启闭前后和水位变化急剧时,应增加测次,以掌握水位转折变化。必须进行水位不确定度估算	1.风大时观测风向、风力、水面起伏度及流向。 2.闸门变动期间,同时观测闸门开启高度、孔数、流态、闸门是否提出水面等	每日8时校测自记水位记录,洪水期适当增加校测次数。定期检测各类水位计,保证正常运行
	遥测	按有关要求定期取存数据		
流量		流量测验应满足流量转折、推算逐日流量和各项特征值的要求,根据高、中、低各级水位情况,合理地分布于各级水位和水情变化过程的转折点处。水位流量关系稳定的站每年测次不少于15次。闸坝站测次以能满足率定分析推求泄水过程为原则	1.每次测流同时观测记录水位、天气、风向、风力及影响水位流量关系变化的有关情况。 2.闸坝站要测记闸门开启高度、孔数、流态及其变动情况。 3.在高中水测流时同时观测比降	水位级划分及测洪方案见附录
含沙量	单样含沙量	以控制含沙量转折变化和建立单断沙关系为原则。含沙量变化很小时,可每4~10d取样1次。每次较大洪峰过程,一般不少于4~8次。洪峰重叠或水沙峰不一致、含沙量变化剧烈时,应增加测次。闸坝站根据闸门变动和含沙量变化情况适当布置测次	水位	较大流域的测站如能分辨出沙峰来源时应予以说明。如河水清澈,可改为目测,含沙量作零处理
	输沙率	根据测站级别每年输沙率测验不少于10~20次,测次分布应能控制流量和含沙量的主要转折变化,原则上每次较大洪峰不少于5次	单样含沙量、流量及水位等	

续表

项目	观测要求	辅助观测项目	备注
水尺零点高程	每年汛期前后各校测 1 次,若水尺发生变动或有可疑变动,应随时校测。新设水尺应随测随校	水位	包括自记水位计高程标点
水准点高程测量	逢 0、逢 5 年份对基本水准点必须进行复测,校核水准点每年校测 1 次,若发现有变动或可疑变动,应及时复测并查明原因		
大断面测量	每年汛期前后施测,在每次洪水后应予加测。较大洪水采用比降面积法或浮标法测流后,必须加测。人工固定河槽在逢 5 年份施测 1 次	水位	
测站地形测量	除设站初期施测 1 次地形,测验河段在河道、地形、地物有明显变化时,必须进行全部或局部复测	水位	
水文调查	包括断面以上(区间)流域基本情况调查、水量调查、暴雨和洪水调查以及专项水文调查		
水温	每日 8 时观测。冬季稳定封冻期,所测水温连续 3~5 d 皆在 0.2 ℃以下时,即可停止观测。当水面有融化迹象时,应即恢复观测。无较长稳定封冻期不应中断观测		
冰情观测	在测验断面出现结冰现象的时期内一般每日 8 时观测 1 次。冰情变化急剧时,应适当增加测次		
墒情监测	基本站在每旬初(1 日、11 日、21 日)早 8 时观测 1 次,取土深度为地面以下 10 cm、20 cm、40 cm 处 3 点土样	旬总雨量统计	旱情严重时应加密、多点观测
气象			
水质监测	按照《水环境监测规范》(SL 219—98)的要求,河道站每年 2 个月取样 1 次,水库站每年丰、平、枯期各取样 1 次,地下水站于 5 月、10 月各取样 1 次,如遇突发性污染事故应及时取样,并报告有关主管部门,以便采取应急措施	按水样送验单要求观测、填写辅助观测项目	有水样采样任务的站,要求当天取样,当天送到指定的单位
其他			

2.2.1.3 水文情报预报工作

（1）水文站报汛必须严格贯彻执行《水文情报预报规范》（GB/T 22482—2008）、《水情信息编码》（SL 330—2011），保证拍报质量，水文站差错率不超过1%，雨量站差错率不超过3%。

（2）水文站要在综合分析近期水位流量关系的基础上，于汛前修订好报汛曲线，并用历史调查洪水做好高水部分的曲线延长，随时根据实测点修订水位流量曲线，保证相应流量的准确性。

（3）汛期与非汛期划分：淮河、长江流域当年5月15日至10月1日为汛期，当年10月2日至次年5月14日为非汛期；海河、黄河流域当年6月1日至10月1日为汛期，当年10月2日至次年5月31日为非汛期。

（4）降水量拍报。雨量报汛段次严格按照每年下发的报汛任务书的要求执行。

（5）水情拍报：

①水情站要严格按照当年下达的报汛任务书的要求拍报。遇到洪水涨洪时要报出洪水全过程，涨水段在二级加报水位以上，至少要报2～3次实测流量，以校正拍报的相应流量。

②水库站凡遇大、中洪水入库时，均要拍报入库流量全过程。

③当发生特大暴雨洪水，河道分洪、决口、扒堤、水库垮坝及大面积内涝时，应及时拍报特殊水情电报，并立即调查情况并上报。

（6）水文预报。大型水库和主要河道控制水文站，要积极开展水文预报。发生大洪水时，及时向当地有关部门通报水情趋势，为防汛抢险和水利调度当好参谋。

2.2.1.4 水文水资源调查

水文调查是水文测验工作的重要组成部分，是收集水文资料的重要环节，水文站应当有计划地进行，以满足水文水资源分析计算的要求。

本站负责本站断面以上至五陵、安阳范围内水文水资源调查任务。

1. 调查要求

（1）对测站流量有较大影响的水利设施，应查清工程指标及其变化等情况，一般影响一次洪水总量或河道同期多年平均径流量达15%～20%时，应与有关部门配合，建立简易观测点或巡测点，达到能推算各月和全年的调节、引用水量的目的。

（2）对测站流量有中等影响的水利设施，应逐个查清工程指标等情况，并每年及时调查其水量，以能估算其年调节、引用水量为原则。一般影响洪峰流量5%以上的水利工程，或引入、引出水量占引水期间水量的5%以上的固定工程，需逐个测算其年调节、引用水量。

（3）对测站流量影响较小的水利设施，一般只统计总个数、总指标，测算总水量。小面积站上游的水利工程设施，其一个或几个工程的控制面积超过集水面积的10%，或引水期的调节水量占河道同期水量的10%以上时，则应做较细致的调查，算清水账。水利设施的工程指标等情况，可直接引用工程管理等部门的资料，在做过普查以后，每年可只对有变动的部分做补充调查。

遇有滞洪、决口等情况，应立即了解其具体位置、发生时间，并尽可能查清其水量。调查应在发生这些情况的短时间内进行，如有困难，也应在当年把情况调查清楚。

当发生特大暴雨、洪水或特别干旱时，应进行暴雨、洪水及必要的枯水调查。

（4）注意观察水的透明度、气味、色度、悬浮物质等物理特性是否异常，是否明显受到污染，当发现突发性污染事故时及时上报上级主管部门，并按上级要求进行监测。

（5）水文站(县局)水文调查成果应按规范规定整理并编写调查报告。

2.调查表

调查地点	水工设施名称	调查时间	调查项目	调查要求	备注

3.省界断面

每月5日前向流域机构上报上月最高、最低、月平均水位,最高、最低、月平均流量和月径流量。

2.2.1.5 资料

1.资料整编

原始资料不得损毁,禁止涂改、誊写。各种整编报表的填写要符合规范规定。

水文站的各项观测资料应严格执行"四随"制度,当月各项资料应于次月5日前完成在站整编,次年1月5日前完成上年度全年资料的在站整编。

水文站应对各种原始数据进行校对,资料在站整编完成后,应写出在站整编说明书,简述测验情况、整编发现的问题及处理意见、合理性检查情况及对资料成果的评价。

2.资料分析

洪水过后要进行大断面冲淤变化分析。突出的流量和沙量测点应进行批判分析。根据上下游控制断面做水量平衡分析。对属站降水量要进行对比分析,发现错日、错量情况及时更正。

通过资料分析掌握测站特性和各水文因素的变化规律,力求定线合理,推算方法正确,符合本站特性。

3.资料保存

水文资料是国家重要的基础信息资源,要注意防火、防盗,保持整洁。资料要存放在资料柜内,指定专人妥善保管,防止丢失。未经审查的资料不得向社会发布。

2.2.1.6 测报设施管理、养护及安全生产

测报设施是保障安全、提高测洪能力和精度、提高测报成果质量的重要设施,测站必须精心养护,发现问题及时维修,并将检查处理情况做好记录。

1.钢丝绳的养护

（1）钢丝绳每年擦油 1～2 次,防止生锈,重点受力部位加强检修。

（2）对钢丝绳与锚碇接头部分涂黄油并经常检查。

2.支架、锚碇的养护

（1）为保持支架直立、结构不变形,保持平衡,使支架各方向的拉力均衡,每年应全面

检查调整 2～3 次,大洪水期应检查 1～2 次。

(2)钢支架每隔 1～2 年进行除锈、油漆养护,除锈后先涂防锈漆,再涂油漆;避雷接地电阻应校测。

(3)汛前及洪水过后要认真检查支架基础有无沉陷、有无位移,联系螺栓是否有松动,混凝土基础有无裂缝等,如不符合要求应及时检修。

(4)每月检查锚碇有无位移,锚碇附近土壤有无裂纹、崩塌、沉陷等现象,夹头是否松动、锚杆是否生锈,发现问题及时处理。

3.驱动设备的养护

1)动力设备

(1)变压器,按供电部门规定,隔一定年限更换变压器油。

(2)柴油机及发电机组,按使用说明书规定进行技术保养。

(3)经常检查电动机发热情况,温升超过 60 ℃时,应采取降温措施,电动机应接地,发现电动机异常时,应停车检查原因,设法排除。

2)绞车

经常保持绞车轴承、转动部件油润,每年汛前应全面检查 1 次,保证正常工作状态。

3)滑轮

经常检查导向滑轮、游轮、行车等运转情况,发现不正常应及时检修,不允许钢丝绳在滑轮上滑动、擦边、跳槽,若有上述问题,应采取措施及时排除,保持油润,运行时注意随时监视各滑轮运转情况。

4)水文缆道

水文缆道每年要进行起点距、水深比测 1～2 次并保存好记录。

4.仪器、仪表的养护

(1)各种仪器、仪表按说明书使用、养护,应保持附件的齐全;流速仪应及时鉴定并保管好鉴定证书。

(2)各种仪器、仪表应放在干燥通风、清洁和不受腐蚀性气体侵蚀的地方。

(3)主要电子、电器仪表应设有接地装置,防止雷电感应短路烧坏仪表。

5.测船的养护

(1)每日观察测船设施有无损毁,平时 5 d 擦洗 1 次,汛期每日擦洗 1 次,发现问题及时排除,保证测流的顺利进行。

(2)木船每年小修 1 次,5 年大修 1 次,钢板船 1～2 年检修 1 次。

(3)机动船平时每 5 d 启动 1 次,维持机械的油润,汛期保证随时能启动运行测流。

6.桥测车的养护

除按机动车正常管理、养护外,还应注意:

(1)应爱护车辆,经常擦洗机件,保持机件润滑、清洁。

(2)桥测车每月发动 2～3 次,检查机件、电路等所有部件的性能,发现问题,应及时检修排除,以保证测流时能随时启动、运行。

7.遥测设备的管理与养护

(1)自记井发生淤积时应及时进行清淤处理。

（2）传感器应经常检查，保持内部干净。

（3）终端机、馈线、天线、太阳能电池板及蓄电瓶等设备应经常检修、维护。太阳能电池板应每月清洗 1 次。

（4）备品备件要有专人管理养护。

8. 通信线路的养护

通信线路要不定期进行检查，发现问题应及时向电信部门及上级汇报，做好线路的抢修工作，确保线路畅通。

9. 安全生产

加强生产安全管理。配置救生衣、安全斧、救生锤、破坏钳等必要的安全生产设施。水上作业时必须穿戴救生衣，桥测时应放置警示标识，保证人身安全。缆道、测船等作业严格按照规程进行操作，严禁违章操作，避免意外发生。办公楼配备防盗防火设施，做好防火、防盗、雷击和安全用电工作，杜绝各类事故发生。

水文站于每年年初向勘测局编报测报设施维修养护经费计划，由勘测局汇总，报省局审定安排，水文站按下达的维修养护任务保质保量完成。

2.2.1.7　属站管理

水文站对属站负有领导责任，积极主动地指导属站进行各项观测、资料整理等工作，做到汛前有布置，汛期有检查，汛后有总结，遇到特殊情况及时处理。对属站所有仪器设备做好维护管理工作。

2.2.1.8　业务学习

每周定期学习以下技术规范和其他新技术操作等。

序号	规范	学习时间
1	《水文缆道测验规范》（SL 443—2009）	
2	《水文测船测验规范》（SL 338—2006）	
3	《水位观测平台技术标准》（SL 384—2007）	
4	《水工建筑物与堰槽测流规范》（SL 537—2011）	
5	《声学多普勒流量测验规范》（SL 337—2006）	
6	《水位观测标准》（GB/T 50138—2010）	
7	《降水量观测规范》（SL 21—2015）	
8	《河流悬移质泥沙测验规范》（GB 50159—2015）	
9	《河流流量测验规范》（GB 50179—2015）	
10	《水文巡测规范》（SL 195—2015）	本站安排周五下午学习
11	《翻斗式雨量计》（GB/T 11832—2002）	
12	《水面蒸发观测规范》（SL 630—2013）	
13	《水文资料整编规范》（SL 247—2012）	
14	《水文数据整理汇编标准》（DB 41/T 1599—2018）	
15	《土壤墒情监测规范》（SL 364—2015）	
16	《水文测量规范》（SL 58—2014）	
17	《水文调查规范》（SL 196—2015）	
18	《水文基本术语和符号标准》（GB/T 50095—2014）	
19	《水文仪器术语及符号》（GB/T 19677—2005）	
20	《河流冰情观测规范》（SL 59—2015）	

2.2.1.9　附录

1."四随"工作制度

	降水量	水位	流量	含沙量
随测算	1.准时量记,当场自校。 2.自记站要按时检查,每日8时换纸,无雨不换纸要加水,有雨注意量记虹吸水量。 3.检查记载规格符号是否正确、齐全。 4.每日8时计算日雨量、蒸发量,旬、月初计算旬、月雨量	1.准时测记水位及附属项目,当场自校。 2.自记水位按时校测、检查。 3.日平均水位次日计算完毕。 4.水准测量当场计算高差,当日计算成果并校核	1.附属观测项目及备注说明当场填记齐全。 2.闸坝站应现场测记有关水力因素。 3.按要求及时测记流量。 4.流量随测随算	1.单样含沙及输沙率测量后,编号与瓶号、滤纸要校对,并填入单沙记载本中,各栏填记齐全。 2.水样处理当日进行(如加沉淀剂、自动滤沙)。 3.烘干称重后立即计算
随拍报	1.从4月2日至11月1日期间全省统一采用自动遥测站雨量信息,11月2日至次年4月1日仍进行人工拍报雨情信息。 2.密切监视本辖区内雨情变化,发现雨量站点1 h降雨量超过50 mm或单日累计降雨量达100 mm以上时,要及时报当地县防办和勘测局水情科	1.严格按照当年下达的防汛抗旱拍报任务通知的要求拍报。有涨水过程时必须加报起涨水情和洪峰流量,及时报出洪水全过程。 2.当洪水上涨超过各级加报标准时,必须立即拍报水情1次,然后按规定段次发报;上次发报后涨幅已超过1 m的,也要及时加报1次;出现洪峰要立即拍报。 3.河道站:三级加报涨水段全部为24段次,落水段12~24段次; 水库站:一级起报水位以上、二级加报水位以下要至少按照1 d 4段次拍报,二级加报水位(汛限水位)以上的涨水段全部按照24段次拍报,落水段按照12~24段次拍报。闸门变动随时报。 4.当发生特大暴雨洪水,河道分洪、决口、扒堤、水库垮坝及大面积内涝时,应及时拍报特殊水情电报,并立即调查情况并上报	1.要在综合分析近期水位流量关系(水库站:输水设备泄流曲线)的基础上,于汛前修订好报汛曲线,并用历史调查洪水做好高水部分的曲线延长;汛期随时根据实测点修订水位流量曲线,保证相应流量的准确性。 2.有拍报旬、月平均流量的河道、闸坝站断流或无出流量时也要拍报旬、月平均流量。 3.河道站:根据洪水大小,在二级加报水位以上至少要报出1~3次实测流量,以校正拍报的相应流量。 水库站:大型水库凡遇洪水入库时,均要拍报入库流量全过程	

	降水量	水位	流量	含沙量
随整理	1. 日、旬、月雨量在发报前要计算校核 1 遍。 2. 自记纸当日完成订正、摘录、计算、复核。 3. 月初 3 d 内原始资料完成 3 遍手,进行月统计	1. 日平均水位次日校核完毕。 2. 自记水位 8 时换纸后摘录订正前一天水位,计算日平均值,并校核。 3. 月初 3 d 内复核原始资料。 4. 水准测量次日复核完毕	1. 单次流量资料测算后即完成校核,当月完成复核。 2. 较大洪峰(700 m^3/s)过后 3 d 内,报出测洪小结	单样含沙量、输沙率计算后当日校核,当月复核
随分析	1. 属站雨量到齐后列表对比检查雨型、雨量。 2. 主要暴雨绘各站暴雨累积曲线对比检查。 3. 发现问题及时处理	1. 应随测随点绘逐时过程线,并进行检查。 2. 日平均水位在逐时线上画横线检查。 3. 山区站及测沙站应画降雨柱状图,检查时间是否相应。 4. 发现问题及时处理	1. 洪水期流量测验要做点流速、垂线流速、水深测量的正确性及垂线布设合理性检查。 2. 点绘水位流量关系线并检查偏离程度。水库闸坝站应点绘在系数曲线上检查。 3. 测次点在水位过程线上,检查测次分布。 4. 发现问题,检查原因,确定改正、重测或舍弃,并写出分析说明	1. 取样后将测次点在水位过程线上(可用不同颜色),检查测次控制合理性。 2. 沙量称重计算后点绘单样含沙量过程线,发现问题立即复烘、复秤。 3. 检查单断沙关系及含沙量横向分布。 4. 发现问题及时处理

2. 使用水尺时的水位观测段次要求

段次要求	2 段	4 段	8 段	逐时
日变化(m)	<0.30	0.30 ~ 1.00	1.00 ~ 2.00	>44.00 的峰顶附近
水位级(m)	<41.00	41.00 ~ 43.00	43.00 ~ 44.00	

3. 水尺观测的不确定度估算

波浪变幅(cm)	≤2	3 ~ 30	≥31
波浪级别	无波浪	一般波浪	较大波浪
随机不确定度			
综合不确定度			
备注	每年在无波浪、一般波浪或较大波浪情况下,且水位基本无变化的 5 ~ 10 min 内连续观读水尺 30 次以上进行计算		

4.流速仪法测流方案的制订

1)水位级划分(单位:m)

水位级	高水	中水	低水	枯水
	40.90 以上	39.50 ～ 40.90	38.80 ～ 39.50	38.80 以下
备注				

2)允许总随机不确定度 X'_Q 与已定系统误差 U_Q

水位级	高水	中水	低水	枯水
X'_Q				
U_Q				

3)常用测流方案

水位级	测流方案 (m,p,t)	最少垂线数 m 方案下限	备注
高水 40.90 m 以上	1)15 3 100 2)10 2 100 3)10 1 60	9	方案的优先级按先后顺序进行排列,故选用方案优选排列在前的。 m—垂线数; p—垂线测点数; t—历时
中水 39.50 ～ 40.90 m	1)10 2 100 2)10 1 100 3)5 1 100	5	
低水 39.50 m 以下	1)5 2 100 2)5 1 100	5	

5.流速系数

分类	水面浮标系数	岸边流速系数	小浮标系数	半深系数	深水浮标系数	电波流速仪系数	ADCP测流系数
系数及确定方法	0.87 经验	0.70 经验		0.90 经验			
试验系数及时间							
备注	如果有试验系数,测流时应采用试验系数						

6.测流方法

方案	涉水	缆道	测船	桥测	电波流速仪	ADCP
水位(m)		所有水位				
备注						

7.测洪小结

当发生流量大于 700 m³/s 的较大洪水时,洪水过后 3 d 内,及时以电子文本形式上报测洪小结至省局站网监测处(电子信箱:hnscyk@126.com)。

2.2.2　濮阳(三)水文站任务书

2.2.2.1　濮阳(三)水文站基本情况

1.位置情况

隶属	河南省濮阳水文水资源勘测局	重要站级别	国家级
流域	黄河	水系	黄河
河名	金堤河	汇入何处	黄河
东经	115°01′12″	北纬	35°40′48″
集水面积	3 237 km²	至河口距离	114 km
级别	二	人员编制	5
测站地址	河南省濮阳县城关镇南堤村	邮政编码	457002
电话号码	0393 – 3221028	电子信箱	
测站编码	41402700	雨量站编码	41427550
报汛站号	41402700	省界断面	否

隶属	河南省濮阳水文水资源勘测局	重点站级别	国家级
流域	海河	水系	马颊河
河名	马颊河	汇入何处	渤海
东经	115°01′12″	北 纬	35°40′48″
集水面积		至河口距离	418 km
级别	二	人员编制	
测站地址	河南省濮阳县城关镇南堤村	邮政编码	457002
电话号码	0393 – 3221028	电子信箱	
测站编码	31100200	雨量站编码	
报汛站号		省界断面	否

2.测站属性

类别	河道站		性质	基本水文站
设站目的	濮阳(三)为金堤河上游缓坡平原区和金堤河低洼地区代表站,采集金堤河濮阳(三)站断面以上长系列水文要素信息,为水资源管理和防汛减灾提供服务。 濮阳站是马颊河控制站,采集马颊河濮阳站断面以上长系列水文要素信息,为水资源管理提供服务			

3. 属站名单

负责管理的基本雨量站、水位站和中小河流巡测站、水位站、雨量站、水量辅助站、生态监测站。

属站类别	测站编码	站名	水系	河名	观测项目	观测段制		降水制表		摘录段制	自记或标准	水量调查表	报汛部门	备注
						非汛期	汛期	(一)或(二)	日表					
基本雨量	41427550	濮阳	黄河	金堤河	降水	2	24	(一)	√	24	自记		省	
基本雨量	41427200	上官村	黄河	柳青河	降水	24	24	(二)	√	24	自记		省	雨雪
基本雨量	31123400	柳屯	徒骇河	徒骇河	降水	24	24	(二)	√	24	自记		省	雨雪
基本雨量	41427400	王辛庄	黄河	金堤河	降水	24	24	(二)	√	24	自记		省	雨雪
基本雨量	41427600	徐镇	黄河	金堤河	降水	24	24	(二)	√	24	自记		省	雨雪
基本雨量	31120100	许村	马颊河	马颊河	降水		24	(二)	√	24	自记		省	汛期
基本雨量	31120150	黄城	马颊河	马颊河	降水	24	24	(二)	√	24	自记		省	雨雪
基本雨量	41426850	丁栾	黄河	黄庄河	降水		24	(二)	√	24	自记		省	汛期
基本雨量	41427000	中辛庄	黄河	黄庄河	降水		24	(二)	√	24	自记		省	汛期
基本雨量	41427450	白道口	黄河	金堤河	降水	24	24	(二)	√	24	自记		省	雨雪
基本雨量	41427500	中召	黄河	金堤河	降水	24	24	(二)	√	24	自记		省	雨雪

2.2.2.2 观测项目及要求

1. 观测项目

测验地点（断面）	测站编码	基本观测项目							辅助观测项目							
		水位	流量	单样含沙量	输沙率	降水	蒸发	水文调查	蒸发辅助	水质	初终霜	水温	冰情	气象	墒情	比降
金堤河（濮阳县南关大桥）	41402700	√	√					√		√		√	√		√	
观测场	41427550					√	√					√				
马颊河（濮阳县二中桥）	31100200	√	√										√			
上官村	41427200					√										
柳屯	31123400					√										
王辛庄	41427400					√										
徐镇	41427600					√										
许村	31120100					√										
黄城	31120150					√										
丁栾	41426850					√										
中辛庄	41427000					√										
白道口	41427450					√										
中召	41427500					√										

2. 巡测间测规定

编码	断面地点	断面名称	巡（间）测项目	巡（间）测要求	巡（间）测时间

3. 整编所需提交成果资料

测站名称	测站编码	降水量									水流沙																			
		逐日降水量表（汛期）	逐日降水量表（常年）	降水量摘录表	各时段最大降水量表（1）	各时段最大降水量表（2）	逐日水面蒸发量表	蒸发场说明表及平面图	水面蒸发量辅助项目月年统计表	降水量站说明表	逐日平均水位表	洪水水位摘录表	实测流量成果表	实测大断面成果表	堰闸流量率定成果表	逐日平均流量表	洪水水文要素摘录表	堰闸水文要素摘录表	水库水文要素摘录表	水电站抽水站流量率定表	悬移质实测输沙率成果表	悬移质逐日平均输沙量表	悬移质逐日平均含沙量表	悬移质洪水含沙量摘录表	冰厚及冰情要素摘录表	逐日水温表	冰情统计表	水文、水位站说明表	水库、堰闸站说明表	区间水利工程基本情况表
金堤河	41402700										√	√	√			√	√								√	√	√	√		√
观测场	41427550		√	√	√		√	√		√																				
马颊河	31100200										√	√	√			√	√								√	√	√	√		√
上官村	41427200	√		√						√																				
柳屯	31123400	√		√						√																				
王辛庄	41427400	√		√						√																				
徐镇	41427600	√		√						√																				
许村	31120100	√								√																				
黄城	31120150	√								√																				
丁栾	41426850	√		√						√																				
中辛庄	41427000	√		√						√																				
白道口	41427450	√		√						√																				
中召	41427500	√		√						√																				
濮阳	41402700										√	√	√			√	√								√	√	√	√		√

4. 观测要求

项目		观测要求	辅助观测项目	备注
降水量	标准	每日8时定时观测1次，1~5月按2段观测，10~12月按2段观测，暴雨时适当加测	初终霜	自记雨量计发生故障或检测时使用标准雨量器，按24段制观测
	自记	每日8时定时观测1次，降水之日20时检查1次，暴雨时适当增加检查次数。6~9月按24段摘录		
	遥测	按有关要求定期取存数据		
陆上水面蒸发		每日8时定时观测1次	风向、风速（力）、气温、湿度等	
水位	人工、自记	水位平稳时每日8时、20时（非汛期17时）各观测1次，洪水期或遇水情突变时必须加测，以测得完整水位变化过程为原则。闸坝水库站在闸门启闭前后和水位变化急剧时，应加测次，以掌握水位转折变化。必须进行水位不确定度估算	1. 风大时观测风向、风力、水面起伏度及流向。 2. 闸门变动期间，同时观测闸门开启高度、孔数、流态、闸门是否提出水面等	每日8时校测自记水位记录，洪水期适当增加校测次数。定期检测各类水位计，保证正常运行
	遥测	按有关要求定期取存数据		

项目		观测要求	辅助观测项目	备注
流量		流量测验应满足流量转折、推算逐日流量和各项特征值的要求,根据高、中、低各级水位情况,合理地分布于各级水位和水情变化过程的转折点处。水位流量关系稳定的站每年测次不少于 15 次。闸坝站测次以能满足率定分析推求泄水过程为原则	1. 每次测流同时观测记录水位、天气、风向、风力及影响水位流量关系变化的有关情况。 2. 闸坝站要测记闸门开启高度、孔数、流态及其变动情况。 3. 在高中水测流时同时观测比降	水位级划分及测洪方案见附录
含沙量	单样含沙量	以控制含沙量转折变化和建立单断沙关系为原则。含沙量变化很小时,可每 d 取样 1 次。每次较大洪峰过程,一般不少于 次。洪峰重叠或水沙峰不一致、含沙量变化剧烈时,应增加测次。闸坝站根据闸门变动和含沙量变化情况适当布置测次	水位	较大流域的测站如能分辨出沙峰来源时应予以说明。如河水清澈,可改为目测,含沙量作零处理
	输沙率	根据测站级别每年输沙率测验不少于 次,测次分布应能控制流量和含沙量的主要转折变化,原则上每次较大洪峰不少于 次	单样含沙量、流量及水位等	
水尺零点高程		每年汛期前后各校测 1 次,在水尺发生变动或有可疑变动,应随时校测。新设水尺应随测随校	水位	包括自记水位计高程标点
水准点高程测量		逢 0、逢 5 年份对基本水准点必须进行复测,校核水准点每年校测 1 次,若发现有变动或可疑变动,应及时复测并查明原因		
大断面测量		每年汛期前后施测,在每次洪水后应予加测。较大洪水采用比降面积法或浮标法测流后,必须加测。人工固定河槽在逢 5 年份施测 1 次	水位	
测站地形测量		除设站初期施测 1 次地形,测验河段在河道、地形、地物有明显变化时,必须进行全部或局部复测	水位	
水文调查		包括断面以上(区间)流域基本情况调查、水量调查、暴雨和洪水调查以及专项水文调查		

项目	观测要求	辅助观测项目	备注
水温	每日 8 时观测。冬季稳定封冻期,所测水温连续 3～5 d 皆在 0.2 ℃以下时,即可停止观测。当水面有融化迹象时,应即恢复观测。无较长稳定封冻期不应中断观测		
冰情观测	在测验断面出现结冰现象的时期内一般每日 8 时观测 1 次。冰情变化急剧时,应适当增加测次		
墒情监测	基本站在每旬初(1 日、11 日、21 日)早 8 时观测 1 次,取土深度为地面以下 10 cm、20 cm、40 cm 处 3 点土样	旬总雨量统计	旱情严重时应加密、多点观测
气象			
水质监测	按照《水环境监测规范》(SL 219—98)的要求,河道站每年 2 个月取样 1 次,水库站每年丰、平、枯期各取样 1 次,地下水站于 5 月、10 月各取样 1 次,如遇突发性污染事故应及时取样,并报告有关主管部门,以便采取应急措施	按水样送验单要求观测、填写辅助观测项目	有水质采样任务的站,要求当天取样,当天送到指定的单位
其他			

2.2.2.3 水文情报预报工作

(1)水文站报汛必须严格贯彻执行《水文情报预报规范》(GB/T 22482—2008)、《水情信息编码》(SL 330—2011),保证拍报质量,水文站差错率不超过 1%,雨量站差错率不超过 3%。

(2)水文站要在综合分析近期水位流量关系的基础上,于汛前修订好报汛曲线,并用历史调查洪水做好高水部分的曲线延长,随时根据实测点修订水位流量曲线,保证相应流量的准确性。

(3)汛期与非汛期划分:淮河、长江流域当年 5 月 15 日至 10 月 1 日为汛期,当年 10 月 2 日至次年 5 月 14 日为非汛期;海河、黄河流域当年 6 月 1 日至 10 月 1 日为汛期,当年 10 月 2 日至次年 5 月 31 日为非汛期。

(4)降水量拍报:

①水文站每年汛前应对所属雨量站下达拍报任务,并加强检查指导。

②雨量报汛段次严格按照每年下发的报汛任务书的要求执行。

(5)水情拍报:

①水情站要严格按照当年下达的报汛任务书的要求拍报。遇到洪水涨洪时要报出洪水全过程,涨水段在二级加报水位以上,至少要报 2～3 次实测流量,以校正拍报的相应流量。

②水库站凡遇大、中洪水入库时,均要拍报入库流量全过程。

③当发生特大暴雨洪水,河道分洪、决口、扒堤、水库垮坝及大面积内涝时,应及时拍

报特殊水情电报,并立即调查情况并上报。

(6)水文预报。大型水库和主要河道控制水文站,要积极开展水文预报。发生大洪水时,及时向当地有关部门通报水情趋势,为防汛抢险和水利调度当好参谋。

2.2.2.4 水文水资源调查

水文调查是水文测验工作的重要组成部分,是收集水文资料的重要环节,水文站应当有计划地进行,以满足水文水资源分析计算的要求。

本站负责本站断面以上至源头范围内水文水资源调查任务。

1.调查要求

(1)对测站流量有较大影响的水利设施,应查清工程指标及其变化等情况,一般影响一次洪水总量或河道同期多年平均径流量达15%~20%时,应与有关部门配合,建立简易观测点或巡测点,达到能推算各月和全年的调节、引用水量的目的。

(2)对测站流量有中等影响的水利设施,应逐个查清工程指标等情况,并每年及时调查其水量,以能估算其年调节、引用水量为原则。一般影响洪峰流量5%以上的水利工程,或引入、引出水量占引水期间水量的5%以上的固定工程,需逐个测算其年调节、引用水量。

(3)对测站流量影响较小的水利设施,一般只统计总个数、总指标,测算总水量。小面积站上游的水利工程设施,其一个或几个工程的控制面积超过集水面积10%,或引水期的调节水量占河道同期水量10%以上时,则应做较细致的调查,算清水账。水利设施的工程指标等情况,可直接引用工程管理等部门的资料,在做过普查以后,每年可只对有变动的部分做补充调查。

遇有滞洪、决口等情况,应立即了解其具体位置、发生时间,并尽可能查清其水量。调查应在发生这些情况的短时间内进行,如有困难,也应在当年把情况调查清楚。

当发生特大暴雨、洪水或特别干旱时,应进行暴雨、洪水及必要的枯水调查。

(4)注意观察水的透明度、气味、色度、悬浮物质等物理特性是否异常,是否明显污染,当发现突发性污染事故时应及时上报上级主管部门,并按上级要求进行监测。

(5)水文站(县局)水文调查成果应按规范规定整理并编写调查报告。

2.调查表

调查地点	水工设施名称	调查时间	调查项目	调查要求	备注

3.省界断面

每月5日前向流域机构上报上月最高、最低、月平均水位,最高、最低、月平均流量和月径流量。

2.2.2.5 资料

1.资料整编

原始资料不得损毁,禁止涂改、誊写。各种整编报表的填写要符合规范规定。

水文站的各项观测资料应严格执行"四随"制度,当月各项资料应于次月5日前完成在站整编,次年1月5日前完成上年度全年资料的在站整编。

水文站应对各种原始数据进行校对,资料在站整编完成后,应写出在站整编说明书,简述测验情况、整编发现的问题及处理意见、合理性检查情况及对资料成果的评价。

2. 资料分析

洪水过后要进行大断面冲淤变化分析。突出的流量和沙量测点应进行批判分析。根据上下游控制断面做水量平衡分析。对属站降水量要进行对比分析,发现错日、错量情况及时更正。

通过资料分析掌握测站特性和各水文因素的变化规律,力求定线合理,推算方法正确,符合本站特性。

3. 资料保存

水文资料是国家重要的基础信息资源,要注意防火、防盗,保持整洁。资料要存放在资料柜内,指定专人妥善保管,防止丢失。未经审查的资料不得向社会发布。

2.2.2.6 测报设施管理、养护及安全生产

测报设施是保障安全、提高测洪能力和精度、提高测报成果质量的重要设施,测站必须精心养护,发现问题及时维修,并将检查处理情况做好记录。

1. 钢丝绳的养护

(1)钢丝绳每年擦油1~2次,防止生锈,重点受力部位加强检修。

(2)对钢丝绳与锚碇接头部分涂黄油并经常检查。

2. 支架、锚碇的养护

(1)为保持支架直立、结构不变形,保持平衡,使支架各方向的拉力均衡,每年应全面检查调整2~3次,大洪水期应检查1~2次。

(2)钢支架每隔1~2年进行除锈、油漆养护,除锈后先涂防锈漆,再涂油漆;避雷接地电阻应校测。

(3)汛前及洪水过后要认真检查支架基础有无沉陷、有无位移,联系螺栓是否有松动,混凝土基础有无裂缝等,如不符合要求应及时检修。

(4)每月检查锚碇有无位移,锚碇附近土壤有无裂纹、崩塌、沉陷等现象,夹头是否松动、锚杆是否生锈,发现问题及时处理。

3. 驱动设备的养护

1)动力设备

(1)变压器,按供电部门规定,隔一定年限更换变压器油。

(2)柴油机及发电机组,按使用说明书规定进行技术保养。

(3)经常检查电动机发热情况,温升超过60℃时,应采取降温措施,电动机应接地,发现电动机异常时,应停车检查原因,设法排除。

2)绞车

经常保持绞车轴承、转动部件油润,每年汛前应全面检查1次,保证正常工作状态。

3)滑轮

经常检查导向滑轮、游轮、行车等运转情况,发现不正常应及时检修,不允许钢丝绳在

滑轮上滑动、擦边、跳槽,若有上述问题,应采取措施及时排除,保持油润,运行时注意随时监视各滑轮运转情况。

4)水文缆道

水文缆道每年要进行起点距、水深比测 1~2 次并保存好记录。

4.仪器、仪表的养护

(1)各种仪器、仪表按说明书使用、养护,应保持附件的齐全;流速仪应及时鉴定并保管好鉴定证书。

(2)各种仪器、仪表应放在干燥通风、清洁和不受腐蚀性气体侵蚀的地方。

(3)主要电子、电器仪表应设有接地装置,防止雷电感应短路烧坏仪表。

5.测船的养护

(1)每日观察测船设施有无损毁,平时 5 d 擦洗 1 次,汛期每日擦洗 1 次,发现问题及时排除,保证测流的顺利进行。

(2)木船每年小修 1 次,5 年大修 1 次,钢板船 1~2 年检修 1 次。

(3)机动船平时每 5 d 启动 1 次,维持机械的油润,汛期保证随时能启动运行测流。

6.桥测车的养护

除按机动车正常管理、养护外,还应注意:

(1)司机应爱护车辆,经常擦洗机件,保持机件润滑、清洁。

(2)桥测车每月发动 2~3 次,检查机件、电路等所有部件的性能,发现问题,应及时检修排除,以保证测流时能随时启动、运行。

7.遥测设备的管理与养护

(1)自记井发生淤积时应及时进行清淤处理。

(2)传感器应经常检查,保持内部干净。

(3)终端机、馈线、天线、太阳能电池板及蓄电瓶等设备应经常检修、维护。太阳能电池板应每月清洗 1 次。

(4)备品备件要有专人管理养护。

8.通信线路的养护

通信线路要不定期地进行检查,发现问题及时向电信部门及上级汇报,做好线路的抢修工作,确保线路畅通。

9.安全生产

加强生产安全管理。配置救生衣、安全斧、救生锤、破坏钳等必要的安全生产设施。水上作业时必须穿戴救生衣,桥测时应放置警示标识,保证人身安全。缆道、测船等作业严格按照规程进行操作,严禁违章操作,避免意外发生。办公楼配备防盗防火设施,做好防火、防盗、雷击和安全用电工作,杜绝各类事故发生。

水文站于每年年初向勘测局编报测报设施维修养护经费计划,由勘测局汇总,报省局审定安排,水文站按下达的维修养护任务保质保量地完成。

2.2.2.7 属站管理

水文站对属站负有领导责任,积极主动指导属站进行各项观测、资料整理等工作,做到汛前有布置,汛期有检查,汛后有总结,遇到特殊情况及时处理。对属站所有仪器设备做好维护管理工作。

2.2.2.8 业务学习

每周定期学习以下技术规范和其他新技术操作等。

序号	规范	学习时间
1	《水文缆道测验规范》（SL 443—2009）	
2	《水文测船测验规范》（SL 338—2006）	
3	《水位观测平台技术标准》（SL 384—2007）	
4	《水工建筑物与堰槽测流规范》（SL 537—2011）	
5	《声学多普勒流量测验规范》（SL 337—2006）	
6	《水位观测标准》（GB/T 50138—2010）	
7	《降水量观测规范》（SL 21—2015）	
8	《河流悬移质泥沙测验规范》（GB 50159—2015）	
9	《河流流量测验规范》（GB 50179—2015）	
10	《水文巡测规范》（SL 195—2015）	本站安排周五下
11	《翻斗式雨量计》（GB/T 11832—2002）	午学习
12	《水面蒸发观测规范》（SL 630—2013）	
13	《水文资料整编规范》（SL 247—2012）	
14	《水文数据整理汇编标准》（DB 41/T 1599—2018）	
15	《土壤墒情监测规范》（SL 364—2015）	
16	《水文测量规范》（SL 58—2014）	
17	《水文调查规范》（SL 196—2015）	
18	《水文基本术语和符号标准》（GB/T 50095—2014）	
19	《水文仪器术语及符号》（GB/T 19677—2005）	
20	《河流冰情观测规范》（SL 59—2015）	

2.2.2.9 附录

1."四随"工作制度

	降水量	水位	流量	含沙量
随测算	1.准时量记,当场自校。 2.自记站要按时检查,每日8时换纸,无雨不换纸要加水,有雨注意量记虹吸水量。 3.检查记载规格符号是否正确、齐全。 4.每日8时计算日雨量、蒸发量,旬、月初计算旬、月雨量。	1.准时测记水位及附属项目,当场自校。 2.自记水位按时校测、检查。 3.日平均水位次日计算完毕。 4.水准测量当场计算高差,当日计算成果并校核。	1.附属观测项目及备注说明当场填记齐全。 2.闸坝站应现场测记有关水力因素。 3.按要求及时测记流量。 4.流量随测随算	1.单样含沙量及输沙率测量后,编号与瓶号、滤纸要校对,并填入单沙记载本中,各栏填记齐全。 2.水样处理当日进行(如加沉淀剂,自动滤沙)。 3.烘干称重后立即计算

	降水量	水位	流量	含沙量
随拍报	1. 从 4 月 2 日至 11 月 1 日期间全省统一采用自动遥测站雨量信息,11 月 2 日至次年 4 月 1 日仍进行人工拍报雨情信息。 2. 密切监视本辖区内雨情变化,发现雨量站点 1 h 降雨量超过 50 mm 或单日累计降雨量达 100 mm 以上时,要及时报当地县防办和勘测局水情科	1. 严格按照当年下达的防汛抗旱拍报任务通知的要求拍报。有涨水过程时必须加报起涨水情和洪峰流量,及时报出洪水全过程。 2. 当洪水上涨超过各级加报标准时,必须立即拍报水情 1 次,然后按规定段次发报;上次发报后涨幅已超过 1 m 的,也要及时加报 1 次;出现洪峰要立即拍报。 3. 河道站:三级加报涨水段全部为 24 段次,落水段 12 ~ 24 段次; 水库站:一级起报水位以上、二级加报水位以下要至少按照 1 d 4 段次拍报,二级加报水位(汛限水位)以上的涨水段全部按照 24 段次拍报,落水段按照 12 ~ 24 段次拍报。闸门变动随时报。 4. 当发生特大暴雨洪水,河道分洪、决口、扒堤、水库垮坝及大面积内涝时,应及时拍报特殊水情电报,并立即调查情况并上报	1. 要在综合分析近期水位流量关系(水库站:输水设备泄流曲线)的基础上,于汛前修订好报汛曲线,并用历史调查洪水做好高水部分的曲线延长;汛期随时根据实测点修订水位流量曲线,保证相应流量的准确性。 2. 有拍报旬、月平均流量的河道、闸坝站断流或无出流量时也要拍报旬、月平均流量。 3. 河道站:根据洪水大小,在二级加报水位以上至少要报出 1 ~ 3 次实测流量,以校正拍报的相应流量; 水库站:大型水库凡遇洪水入库时,均要拍报入库流量全过程	
随整理	1. 日、旬、月雨量在发报前要计算校核 1 遍。 2. 自记纸当日完成订正、摘录、计算、复核。 3. 月初 3 d 内原始资料完成 3 遍手,进行月统计	1. 日平均水位次日校核完毕。 2. 自记水位 8 时换纸后摘录订正前一天水位,计算日平均值,并校核。 3. 月初 3 d 内复核原始资料。 4. 水准测量次日复核完毕	1. 单次流量资料测算后即完成校核,当月完成复核。 2. 较大洪峰(220 m^3/s)过后 3 d 内,报出测洪小结	单样含沙量、输沙率计算后当日校核,当月复核

続表

	降水量	水位	流量	含沙量
随分析	1. 属站雨量到齐后列表对比检查雨型、雨量。 2. 主要暴雨绘各站暴雨累积曲线对比检查。 3. 发现问题及时处理	1. 应随测随点绘逐时过程线,并进行检查。 2. 日平均水位在逐时线上画横线检查。 3. 山区站及测沙站应画降雨柱状图,检查时间是否相应。 4. 发现问题及时处理	1. 洪水期流量测验要做点流速、垂线流速、水深测量的正确性及垂线布设的合理性检查。 2. 点绘水位流量关系线并检查偏离程度。水库闸坝站应点绘在系数曲线上检查。 3. 测次点在水位过程线上,检查测次分布。 4. 发现问题,检查原因,确定改正、重测或舍弃,并写出分析说明	1. 取样后将测次点在水位过程线上(可用不同颜色),检查测次控制合理性。 2. 沙量称重计算后点绘单样含沙量过程线,发现问题立即复烘、复秤。 3. 检查单断沙关系及含沙量横向分布。 4. 发现问题及时处理

2. 使用水尺时的水位观测段次要求

段次要求	2 段	4 段	8 段	逐时
日变化(m)	<0.30	0.30~1.00	1.00~2.00	>52.00 的峰顶附近
水位级(m)	<50.00	50.00~51.00	51.00~52.00	

3. 水尺观测的不确定度估算

波浪变幅(cm)	≤2	3~30	≥31
波浪级别	无波浪	一般波浪	较大波浪
随机不确定度			
综合不确定度			
备注	每年在无波浪、一般波浪或较大波浪情况下,且水位基本无变化的 5~10 min 内连续观读水尺 30 次以上进行计算		

4. 流速仪法测流方案的制订
1) 水位级划分(单位:m)

水位级	高水	中水	低水	枯水
	50.67 以上	49.96~50.67	49.96 以下	
备注				

2) 允许总随机不确定度 X'_Q 与已定系统误差 U_Q

水位级	高水	中水	低水	枯水
X'_Q	6	7	10	
U_Q	$-2 \sim 1$	$-2 \sim 1$	$-2 \sim 1$	

3) 常用测流方案

水位级	测流方案 (m, p, t)	最少垂线数 m 方案下限	备注
高水 50.67 m 以上	1) 15　2　100 2) 10　1　100 3) 5　1　60	5 5 5	方案的优先级按先后顺序进行排列,故选用方案优选排列在前的。 m——垂线数; p——垂线测点数; t——历时
中水 49.96 ~ 50.67 m	1) 10　2　100 2) 10　1　100 3) 5　1　60	5 5 5	
低水 49.96 m 以下	1) 10　2　100 2) 5　1　60	5 5	

5. 流速系数

分类	水面浮标系数	岸边流速系数	小浮标系数	半深系数	深水浮标系数	电波流速仪系数	ADCP测流系数
系数及确定方法	0.85 经验	0.70 经验		0.90 经验			
试验系数及时间							
备注	如果有试验系数,测流时应采用试验系数,濮阳(三)站与濮阳站流速系数一样						

6. 测流方法

方案	涉水	缆道	测船	桥测	浮标	比降
水位(m)				49.00 以上		
备注						

7. 测洪小结

当发生流量大于 220 m^3/s 的较大洪水时,洪水过后 3 d 内,及时以电子文本形式上报测洪小结至省局站网监测处(电子信箱:hnscyk@126.com)。

2.2.3 范县(二)水文站任务书

2.2.3.1 范县(二)水文站基本情况

1. 位置情况

隶属	河南省濮阳水文水资源勘测局	重点站级别	国家级
流域	黄河	水系	黄河
河名	金堤河	汇入何处	黄河
东经	115°28′	北纬	35°50′
集水面积	4 277 km²	至河口距离	63 km
级别	二	人员编制	3
测站地址	河南省濮阳市范县新区建设路	邮政编码	457500
电话号码	0393 – 5262113	电子信箱	
测站编码	41402900	雨量站编码	41427750
报汛站号	41402900	省界断面	是

2. 测站属性

类别	河道站		性质	基本水文站
设站目的	本站为区域代表站,是金堤河入黄河的主要控制站,采集金堤河范县(二)站断面以上长系列水文要素信息,为水资源管理和防汛减灾提供服务			

3. 属站名单

负责管理的基本雨量站、水位站和中小河流巡测站、水位站、雨量站、水量辅助站、生态监测站

属站类别	测站编码	站名	水系	河名	观测项目	观测段制 非汛期	观测段制 汛期	降水制表 (一)或(二)	降水制表 日表	摘录段制	自记或标准	水量调查表	报汛部门	备注
基本雨量	41427750	范县	黄河	金堤河	降水	2	24	(一)	√	24	自记		省	
基本雨量	41427700	濮城	黄河	金堤河	降水	24	24	(二)	√	24	自记		省	雨雪
基本雨量	41427800	龙王庄	黄河	金堤河	降水	24	24	(二)	√	24	自记		省	雨雪
基本雨量	41427900	马楼	黄河	金堤河	降水	24	24	(二)	√	24	自记		省	雨雪

2.2.3.2 观测项目及要求

1. 观测项目

测验地点（断面）	测站编码	基本观测项目							辅助观测项目							
		水位	流量	单样含沙量	输沙率	降水	蒸发	水文调查	蒸发辅助	水质	初终霜	水温	冰情	气象	墒情	比降
金堤河（范县十字坡桥）	41402900	√	√	√				√	√			√			√	
观测场	41427750					√					√					
濮城	41427700					√										
龙王庄	41427800					√										
马楼	41427900					√										

2. 巡测间测规定

编码	断面地点	断面名称	巡(间)测项目	巡(间)测要求	巡(间)测时间
1	山东省莘县樱桃园乡道口村	道口闸	流量	一年不少于 5~10 次	有水时巡测
2	山东省莘县古云乡东池村	东池闸	流量	一年不少于 5~10 次	有水时巡测
3	濮阳县柳屯镇东关	第二濮清南	流量	一年不少于 10~20 次	有水时巡测
4	范县白衣阁乡西李庄	总干排	流量	一年不少于 5~8 次	有水时巡测
5	范县王楼乡张杨陈村	濮城干沟	流量	一年不少于 5~8 次	有水时巡测
6	濮阳县户部寨乡碱王庄	清碱沟	流量	一年不少于 5~8 次	有水时巡测
7	濮阳县户部寨乡吉王庄	房刘庄沟	流量	一年不少于 5~8 次	有水时巡测
8	濮阳县鲁河乡贾庄	胡状沟	流量	一年不少于 5~8 次	有水时巡测

3. 整编所需提交成果资料

前 9 列为“降水量”项，其余列为“水流沙等”项。

站名	测站编码	逐日降水量表（汛期）	逐日降水量表（常年）	降水量摘录表	各时段最大降水量表（1）	各时段最大降水量表（2）	逐日水面蒸发量表	蒸发场说明表及平面图	水面蒸发量辅助项目月年统计表	降水量站说明表	逐日平均水位表	洪水水位摘录表	实测流量成果表	实测大断面成果表	堰闸流量率定成果表	逐日平均流量表	洪水水文要素摘录表	堰闸水文要素摘录表	水电站抽水站流量摘录表	悬移质实测输沙率成果表	悬移质逐日平均含沙量表	悬移质逐日平均输沙率摘录表	冰厚及冰情要素摘录表	冰情统计表	水文、水位站说明表	水库、堰闸站说明表	区间水利工程基本情况表
范县（二）	41402900									√	√		√	√		√	√				√	√	√	√			√
范县	41427750	√	√	√						√																	
濮城	41427700	√	√							√																	
龙王庄	41427800	√	√		√					√																	
马楼	41427900	√	√							√																	

4. 观测要求

项目		观测要求	辅助观测项目	备注
降水量	标准	每日8时定时观测1次，1~5月按2段观测，10~12月按2段观测，暴雨时适当加测	初终霜	自记雨量计发生故障或检测时使用标准雨量器，按24段制观测
	自记	每日8时定时观测1次，降水之日20时检查1次，暴雨时适当增加检查次数。6~9月按24段摘录		
	遥测	按有关要求定期取存数据		
陆上水面蒸发		每日8时定时观测1次	风向、风速（力）、气温、湿度等	
水位	人工、自记	水位平稳时每日8时、20时（非汛期17时）各观测1次，洪水期或遇水情突变时必须加测，以测得完整水位变化过程为原则。闸坝水库站在闸门启闭前后和水位变化急剧时，应增加测次，以掌握水位转折变化。必须进行水位不确定度估算	1. 风大时观测风向、风力、水面起伏度及流向。2. 闸门变动期间，同时观测闸门开启高度、孔数、流态、闸门是否提出水面等	每日8时校测自记水位记录，洪水期适当增加校测次数。定期检测各类水位计，保证正常运行
	遥测	按有关要求定期取存数据		
流量		流量测验应满足流量转折、推算逐日流量和各项特征值的要求，根据高、中、低各级水位情况，合理地分布于各级水位和水情变化过程的转折点处。水位流量关系稳定的站每年测次不少于15次。闸坝站测次以能满足率定分析推求泄水过程为原则	1. 每次测流同时观测记录水位、天气、风向、风力及影响水位流量关系变化的有关情况。2. 闸坝站要测记闸门开启高度、孔数、流态及其变动情况。3. 在高中水测流时同时观测比降	水位级划分及测洪方案见附录
含沙量	单样含沙量	以控制含沙量转折变化和建立单断沙关系为原则。含沙量变化很小时，可每4~10d取样1次。每次较大洪峰过程，一般不少于4~8次。洪峰重叠或水沙峰不一致、含沙量变化剧烈时，应增加测次。闸坝站根据闸门变动和含沙量变化情况适当布置测次	水位	较大流域的测站如能分辨出沙峰来源时应予以说明。如河水清澈，可改为目测，含沙量作零处理
	输沙率	根据测站级别每年输沙率测验不少于次，测次分布应能控制流量和含沙量的主要转折变化，原则上每次较大洪峰不少于次	单样含沙量、流量及水位等	

项目	观测要求	辅助观测项目	备注
水尺零点高程	每年汛期前后各校测 1 次,若水尺发生变动或有可疑变动,应随时校测。新设水尺应随测随校	水位	包括自记水位计高程标点
水准点高程测量	逢 0、逢 5 年份对基本水准点必须进行复测,校核水准点每年校测 1 次,若发现有变动或可疑变动,应及时复测并查明原因		
大断面测量	每年汛期前后施测,在每次洪水后应予加测。较大洪水采用比降面积法或浮标法测流后,必须加测。人工固定河槽在逢 5 年份施测 1 次	水位	
测站地形测量	除设站初期施测 1 次地形,测验河段在河道、地形、地物有明显变化时,必须进行全部或局部复测	水位	
水文调查	包括断面以上(区间)流域基本情况调查、水量调查、暴雨和洪水调查以及专项水文调查		
水温	每日 8 时观测。冬季稳定封冻期,所测水温连续 3~5 d 皆在 0.2 ℃以下时,即可停止观测。当水面有融化迹象时,应即恢复观测。无较长稳定封冻期不应中断观测		
冰情观测	在测验断面出现结冰现象的时期内一般每日 8 时观测 1 次。冰情变化急剧时,应适当增加测次		
墒情监测	基本站在每旬初(1 日、11 日、21 日)早 8 时观测 1 次,取土深度为地面以下 10 cm、20 cm、40 cm 处 3 点土样	旬总雨量统计	旱情严重时应加密、多点观测
气象			
水质监测	按照《水环境监测规范》(SL 219—98)的要求,河道站每年 2 个月取样 1 次,水库站每年丰、平、枯期各取样 1 次,地下水站于 5 月、10 月各取样 1 次,如遇突发性污染事故应及时取样,并报告有关主管部门,以便采取应急措施	按水样送验单要求观测、填写辅助观测项目	有水质采样任务的站,要求当天取样,当天送到指定的单位
其他			

2.2.3.3 水文情报预报工作

(1)水文站报汛必须严格贯彻执行《水文情报预报规范》(GB/T 22482—2008)、《水情信息编码》(SL 330—2011),保证拍报质量,水文站差错率不超过1%,雨量站差错率不超过3%。

(2)水文站要在综合分析近期水位流量关系的基础上,于汛前修订好报汛曲线,并用历史调查洪水做好高水部分的曲线延长,随时根据实测点修订水位流量曲线,保证相应流量的准确性。

(3)汛期与非汛期划分:淮河、长江流域当年5月15日至10月1日为汛期,当年10月2日至次年5月14日为非汛期;海河、黄河流域当年6月1日至10月1日为汛期,当年10月2日至次年5月31日为非汛期。

(4)降水量拍报。雨量报汛段次严格按照每年下发的报汛任务书的要求执行。

(5)水情拍报:

①水情站要严格按照当年下达的报汛任务书的要求拍报。遇到洪水时要报出洪水全过程,涨水段在二级加报水位以上,至少要报2~3次实测流量,以校正拍报的相应流量。

②水库站凡遇大、中洪水入库时,均要拍报入库流量全过程。

③当发生特大暴雨洪水,河道分洪、决口、扒堤、水库垮坝及大面积内涝时,应及时拍报特殊水情电报,并立即调查情况并上报。

(6)水文预报。大型水库和主要河道控制水文站,要积极开展水文预报。发生大洪水时,及时向当地有关部门通报水情趋势,为防汛抢险和水利调度当好参谋。

2.2.3.4　水文水资源调查

水文调查是水文测验工作的重要组成部分,是搜集水文资料的重要环节,水文站应当有计划地进行,以满足水文水资源分析计算的要求。

本站负责本站断面以上至濮阳(三)范围内水文水资源调查任务。

1. 调查要求

(1)对测站流量有较大影响的水利设施,应查清工程指标及其变化等情况,一般影响一次洪水总量或河道同期多年平均径流量达15%~20%时,应与有关部门配合,建立简易观测点或巡测点,达到能推算各月和全年的调节、引用水量的目的。

(2)对测站流量有中等影响的水利设施,应逐个查清工程指标等情况,并每年及时调查其水量,以能估算其年调节、引用水量为原则。一般影响洪峰流量5%以上的水利工程,或引入、引出水量占引水期间水量的5%以上的固定工程,需逐个测算其年调节、引用水量。

(3)对测站流量影响较小的水利设施,一般只统计总个数、总指标,测算总水量。小面积站上游的水利工程设施,其一个或几个工程的控制面积超过集水面积的10%,或引水期的调节水量占河道同期水量的10%以上时,则应做较细致的调查,算清水账。水利设施的工程指标等情况,可直接引用工程管理等部门的资料,在做过普查以后,每年可只对有变动的部分做补充调查。

遇有滞洪、决口等情况,应立即了解其具体位置、发生时间,并尽可能查清其水量。调查应在发生这些情况的短时间内进行,如有困难,也应在当年把情况调查清楚。

当发生特大暴雨、洪水或特别干旱时,应进行暴雨、洪水及必要的枯水调查。

(4)注意观察水的透明度、气味、色度、悬浮物质等物理特性是否异常,是否明显污染,当发现突发性污染事故时应及时上报上级主管部门,并按上级要求进行监测。

(5)水文站(县局)水文调查成果应按规范规定整理并编写调查报告。

2.调查表

调查地点	水工设施名称	调查时间	调查项目	调查要求
山东省莘县樱桃园乡道口村	道口闸		水位	有水时每日8时观测1次
山东省莘县古云乡东池村	东池闸		水位	有水时每日8时观测1次
濮阳县柳屯镇东关	第二濮清南		水位	有水时每日8时观测1次
范县白衣阁乡西李庄	总干排		水位	有水时每日8时观测1次
范县王楼乡张杨陈村	濮城干沟		水位	有水时每日8时观测1次
濮阳县户部寨乡碱王庄	清碱沟		水位	有水时每日8时观测1次
濮阳县户部寨乡吉王庄	房刘庄沟		水位	有水时每日8时观测1次
濮阳县鲁河乡贾庄	胡状沟		水位	有水时每日8时观测1次

3.省界断面

每月5日前向流域机构上报上月最高、最低、月平均水位,最高、最低、月平均流量和月径流量。

2.2.3.5 资料

1.资料整编

原始资料不得损毁,禁止涂改、誊写。各种整编报表的填写要符合规范规定。

水文站的各项观测资料应严格执行"四随"制度,当月各项资料应于次月5日前完成在站整编,次年1月5日前完成上年度全年资料的在站整编。

水文站应对各种原始数据进行校对,资料在站整编完成后,应写出在站整编说明书,简述测验情况、整编发现的问题及处理意见、合理性检查情况及对资料成果的评价。

2.资料分析

洪水过后要进行大断面冲淤变化分析。突出的流量和沙量测点应进行批判分析。根据上下游控制断面做水量平衡分析。对属站降水量要进行对比分析,发现错日、错量情况及时更正。

通过资料分析掌握测站特性和各水文因素的变化规律,力求定线合理,推算方法正确,符合本站特性。

3.资料保存

水文资料是国家重要的基础信息资源,要注意防火、防盗,保持整洁。资料要存放在资料柜内,指定专人妥善保管,防止丢失。未经审查的资料不得向社会发布。

2.2.3.6 测报设施管理、养护及安全生产

测报设施是保障安全、提高测洪能力和精度、提高测报成果质量的重要设施,测站必须精心养护,发现问题及时维修,并将检查处理情况做好记录。

1.钢丝绳的养护

(1)钢丝绳每年擦油1~2次,防止生锈,重点受力部位加强检修。

(2)对钢丝绳与锚碇接头部分涂黄油并经常检查。

2.支架、锚碇的养护

(1)为保持支架直立、结构不变形,保持平衡,使支架各方向的拉力均衡,每年应全面

检查调整 2~3 次,大洪水期应检查 1~2 次。

(2)钢支架每隔 1~2 年进行除锈、油漆养护,除锈后先涂防锈漆,再涂油漆;避雷接地电阻应校测。

(3)汛前及洪水过后要认真检查支架基础有无沉陷、有无位移,联系螺栓是否有松动,混凝土基础有无裂缝等,如不符合要求及时检修。

(4)每月检查锚碇有无位移,锚碇附近土壤有无裂纹、崩塌、沉陷等现象,夹头是否松动、锚杆是否生锈,发现问题及时处理。

3. 驱动设备的养护

1)动力设备

(1)变压器,按供电部门规定,隔一定年限更换变压器油。

(2)柴油机及发电机组,按使用说明书规定进行技术保养。

(3)经常检查电动机发热情况,温升超过 60 ℃ 时,应采取降温措施,电动机应接地,发现电动机异常时,应停车检查原因,设法排除。

2)绞车

经常保持绞车轴承、转动部件油润,每年汛前应全面检查 1 次,保证其正常工作状态。

3)滑轮

经常检查导向滑轮、游轮、行车等运转情况,发现不正常应及时检修,不允许钢丝绳在滑轮上滑动、擦边、跳槽,若有上述问题,应采取措施及时排除,保持油润,运行时注意随时监视各滑轮运转情况。

4)水文缆道

水文缆道每年要进行起点距、水深比测 1~2 次并保存好记录。

4. 仪器、仪表的养护

(1)各种仪器、仪表按说明书使用、养护,应保持附件的齐全;流速仪应及时鉴定并保管好鉴定证书。

(2)各种仪器、仪表应放在干燥通风、清洁和不受腐蚀性气体侵蚀的地方。

(3)主要电子、电器仪表应设有接地装置,防止雷电感应短路烧坏仪表。

5. 测船的养护

(1)每日观察测船设施有无损毁,平时 5 d 擦洗 1 次,汛期每日擦洗 1 次,发现问题及时排除,保证测流的顺利进行。

(2)木船每年小修 1 次,5 年大修 1 次,钢板船 1~2 年检修 1 次。

(3)机动船平时每 5 d 启动 1 次,维持机械的油润,汛期保证随时能启动运行测流。

6. 桥测车的养护

除按机动车正常管理、养护外,还应注意:

(1)司机应爱护车辆,经常擦洗机件,保持机件润滑、清洁。

(2)桥测车每月发动 2~3 次,检查机件、电路等所有部件的性能,发现问题,应及时检修排除,以保证测流时能随时启动、运行。

7. 遥测设备的管理与养护

(1)自记井发生淤积时应及时进行清淤处理。

（2）传感器应经常检查，保持内部干净。

（3）终端机、馈线、天线、太阳能电池板及蓄电瓶等设备应经常检修、维护。太阳能电池板应每月清洗1次。

（4）备品备件要有专人管理养护。

8. 通信线路的养护

通信线路要不定期进行检查，发现问题及时向电信部门及上级汇报，做好线路的抢修工作，确保线路畅通。

9. 安全生产

加强生产安全管理。配置救生衣、安全斧、救生锤、破坏钳等必要的安全生产设施。水上作业时必须穿戴救生衣，桥测时应放置警示标识，保证人身安全。缆道、测船等作业严格按照规程进行操作，严禁违章操作，避免意外发生。办公楼配备防盗防火设施，做好防火、防盗、雷击和安全用电工作，杜绝各类事故发生。

水文站于每年年初向勘测局编报测报设施维修养护经费计划，由勘测局汇总，报省局审定安排，水文站按下达的维修养护任务保质保量完成。

2.2.3.7　属站管理

水文站对属站负有领导责任，积极主动地指导属站进行各项观测、资料整理等工作，做到汛前有布置，汛期有检查，汛后有总结，遇到特殊情况及时处理。对属站所有仪器设备做好维护管理工作。

2.2.3.8　业务学习

每周定期学习以下技术规范和其他新技术操作等。

序号	规范	学习时间
1	《水文缆道测验规范》（SL 443—2009）	
2	《水文测船测验规范》（SL 338—2006）	
3	《水位观测平台技术标准》（SL 384—2007）	
4	《水工建筑物与堰槽测流规范》（SL 537—2011）	
5	《声学多普勒流量测验规范》（SL 337—2006）	
6	《水位观测标准》（GB/T 50138—2010）	
7	《降水量观测规范》（SL 21—2015）	
8	《河流悬移质泥沙测验规范》（GB 50159—2015）	
9	《河流流量测验规范》（GB 50179—2015）	
10	《水文巡测规范》（SL 195—2015）	本站安排每周五下午学习
11	《翻斗式雨量计》（GB/T 11832—2002）	
12	《水面蒸发观测规范》（SL 630—2013）	
13	《水文资料整编规范》（SL 247—2012）	
14	《水文数据整理汇编标准》（DB 41/T 1599—2018）	
15	《土壤墒情监测规范》（SL 364—2015）	
16	《水文测量规范》（SL 58—2014）	
17	《水文调查规范》（SL 196—2015）	
18	《水文基本术语和符号标准》（GB/T 50095—2014）	
19	《水文仪器术语及符号》（GB/T 19677—2005）	
20	《河流冰情观测规范》（SL 59—2015）	

2.2.3.9 附录

1."四随"工作制度

	降水量	水位	流量	含沙量
随测算	1.准时量记,当场自校。 2.自记站要按时检查,每日8时换纸,无雨不换纸要加水,有雨注意量记虹吸水量。 3.检查记载规格符号是否正确、齐全。 4.每日8时计算日雨量、蒸发量,旬、月初计算旬、月雨量	1.准时测记水位及附属项目,当场自校。 2.自记水位按时校测、检查。 3.日平均水位次日计算完毕。 4.水准测量当场计算高差,当日计算成果并校核	1.附属观测项目及备注说明当场填记齐全。 2.闸坝站应现场测记有关水力因素。 3.按要求及时测记流量。 4.流量随测随算	1.单样含沙量及输沙率测量后,编号与瓶号、滤纸要校对,并填入单沙记载本中,各栏填记齐全。 2.水样处理当日进行(如加沉淀剂、自动滤沙)。 3.烘干称重后立即计算
随拍报	1.从4月2日至11月1日期间全省统一采用自动遥测站雨量信息,11月2日至次年4月1日仍进行人工拍报雨情信息。 2.密切监视本辖区内雨情变化,发现雨量站点1 h降雨量超过50 mm或单日累计降雨量100 mm以上时,要及时报当地县防办和勘测局水情科	1.严格按照当年下达的防汛抗旱拍报任务通知的要求拍报。有涨水过程时必须加报起涨水情和洪峰流量,及时报出洪水全过程。 2.当洪水上涨超过各级加报标准时,必须立即拍报水情1次,然后按规定段次发报;上次发报后涨幅已超过1 m的,也要及时加报1次;出现洪峰要立即拍报。 3.河道站:三级加报涨水段全部为24段次,落水段12～24段次; 水库站:一级起报水位以上、二级加报水位以下要至少按照1 d 4段次拍报,二级加报水位(汛限水位)以上的涨水段全部按照24段次拍报,落水段按照12～24段次拍报。闸门变动随时报。 4.当发生特大暴雨洪水,河道分洪、决口、扒堤、水库垮坝及大面积内涝时,应及时拍报特殊水情电报,并立即调查情况并上报	1.要在综合分析近期水位流量关系(水库站:输水设备泄流曲线)的基础上,于汛前修订好报汛曲线,并用历史调查洪水做好高水部分的曲线延长;汛期随时根据实测点修订水位流量曲线,保证相应流量的准确性。 2.有拍报旬、月平均流量的河道、闸坝站断流或无出流量时也要拍报旬、月平均流量。 3.河道站:根据洪水大小,在二级加报水位以上至少要报出1～3次实测流量,以校正拍报的相应流量; 水库站:大型水库凡遇洪水入库时,均要拍报入库流量全过程	

	降水量	水位	流量	含沙量
随整理	1. 日、旬、月雨量在发报前要计算校核一遍。 2. 自记纸当日完成订正、摘录、计算、复核。 3. 月初3d内原始资料完成3遍手,进行月统计	1. 日平均水位次日校核完毕。 2. 自记水位8时换纸后摘录订正前一天水位,计算日平均值,并校核。 3. 月初3d内复核原始资料。 4. 水准测量次日复核完毕	1. 单次流量资料测算后即完成校核,当月完成复核。 2. 较大洪峰(230 m³/s)过后3d内,报出测洪小结	单样含沙量、输沙率计算后当日校核,当月复核
随分析	1. 属站雨量到齐后列表对比检查雨型、雨量。 2. 主要暴雨绘各站暴雨累积曲线对比检查。 3. 发现问题及时处理	1. 应随测随点绘逐时过程线,并进行检查。 2. 日平均水位在逐时线上画横线检查。 3. 山区站及测沙站应画降雨柱状图,检查时间是否相应。 4. 发现问题及时处理	1. 洪水期流量测验要做点流速、垂线流速、水深测量的正确性及垂线布设的合理性检查。 2. 点绘水位流量关系线并检查偏离程度。水库闸坝站应点绘在系数曲线上检查。 3. 测次点在水位过程线上,检查测次分布。 4. 发现问题,检查原因,确定改正、重测或舍弃,并写出分析说明	1. 取样后将测次点在水位过程线上(可用不同颜色),检查测次控制合理性。 2. 沙量称重计算后点绘单样含沙量过程线,发现问题立即复烘、复秤。 3. 检查单断沙关系及含沙量横向分布。 4. 发现问题及时处理

2. 使用水尺时的水位观测段次要求

段次要求	2 段	4 段	8 段	逐时
日变化(m)	<0.30	0.30~1.00	1.00~2.00	>47.00 的峰顶附近
水位级(m)	<45.00	45.00~46.00	46.00~47.00	

3. 水尺观测的不确定度估算

波浪变幅(cm)	≤2	3~30	≥31
波浪级别	无波浪	一般波浪	较大波浪
随机不确定度			
综合不确定度			
备注	每年在无波浪、一般波浪或较大波浪情况下,且水位基本无变化的5~10 min内连续观读水尺30次以上进行计算		

4. 流速仪法测流方案的制订

1) 水位级划分(单位:m)

水位级	高水	中水	低水	枯水
	45.30 以上	44.00 ～45.30	44.00 以下	
备注				

2) 允许总随机不确定度 X'_Q 与已定系统误差 U_Q

水位级	高水	中水	低水	枯水
X'_Q	6	7	10	
U_Q	−2 ～1	−2 ～1	−2 ～1	

3) 常用测流方案

水位级	测流方案 (m,p,t)	最少垂线数 m 方案下限	备注
高水 45.30 m 以上	1) 15　2　100 2) 10　1　100 3) 5　1　60	5	方案的优先级按先后顺序进行排列,故选用方案优选排列在前的。
中水 44.00 ～45.30 m	1) 15　2　100 2) 10　1　100 3) 5　2　100	5	m—垂线数; p—垂线测点数; t—历时
低水 44.00 m 以下	1) 5　1　100 2) 5　2　60	5	

5. 流速系数

分类	水面浮标系数	岸边流速系数	小浮标系数	半深系数	深水浮标系数	电波流速仪系数	ADCP测流系数
系数及确定方法	0.82	0.70		0.90			
	经验	经验		经验			
试验系数及时间							
备注	如果有试验系数,测流时应采用试验系数						

6. 测流方法

方案	涉水	缆道	测船	桥测	电波流速仪	ADCP
水位(m)				43.46 以上	44.00 以上	44.00 以上
备注						

7. 测洪小结

当发生流量大于 230 m³/s 的较大洪水时,洪水过后 3 d 内,及时以电子文本形式上报测洪小结至省局站网监测处(电子信箱:hnscyk@ 126. com)。

2.2.4 南乐水文站任务书

2.2.4.1 南乐水文站基本情况

1. 位置情况

隶属	河南省濮阳水文水资源勘测局	重点站级别	国家级
流域	海河	水系	马颊河
河名	马颊河	汇入何处	渤海
东经	115°15′10″	北纬	36°06′04″
集水面积	1 166 km²	至河口距离	374 km
级别	二	人员编制	1
测站地址	河南省南乐县谷金楼乡后平邑村	邮政编码	
电话号码	0393 - 6842008	电子信箱	
测站编码	31100300	雨量站编码	31120300
报汛站号	31100300	省界断面	是

2. 测站属性

类别	河道站	性质	基本水文站
设站目的	本站为区域代表站,是马颊河主要控制站,采集马颊河南乐站断面以上长系列水文要素,为水资源管理和防汛减灾服务		

3. 属站名单

负责管理的基本雨量站、水位站和中小河流巡测站、水位站、雨量站、水量辅助站、生态监测站。

属站类别	测站编码	站名	水系	河名	观测项目	观测段制		降水制表			摘录段制	自记或标准	水量调查表	报汛部门	备注
						非汛期	汛期	(一)或(二)	日表						
基本雨量	31120300	南乐	马颊河	马颊河	降水	2	24	(一)	√	24	自记		省	
基本雨量	31120200	清丰	马颊河	马颊河	降水	24	24	(一)	√	24	自记		省	雨雪
基本雨量	31123550	仙庄	徒骇河	徒骇河	降水	24	24	(二)	√	24	自记		省	雨雪
基本雨量	31120250	大流	马颊河	马颊河	降水		24	(二)	√	24	自记		省	汛期

2.2.4.2 观测项目及要求

1. 观测项目

测验地点（断面）	测站编码	基本观测项目							辅助观测项目							
		水位	流量	单样含沙量	输沙率	降水	蒸发	水文调查	蒸发辅助	水质	初终霜	水温	冰情	气象	墒情	比降
马颊河（后平邑）	31100300	√	√					√		√			√			
观测场	31120300					√	√				√					
清丰	31120200					√										
仙庄	31123550					√										
大流	31120250					√										

2. 巡测间测规定

编码	断面地点	断面名称	巡（间）测项目	巡（间）测要求	巡（间）测时间

3. 整编所需提交成果资料

站名	测站编码	降水量									水流沙等																	
		逐日降水量表（汛期）	逐日降水量表（常年）	降水量摘录表	各时段最大降水量表（1）	各时段最大降水量表（2）	逐日水面蒸发量表	蒸发场说明表及平面图	水面蒸发量辅助项目月年统计表	降水量站说明表	逐日平均水位表	洪水水位摘录表	实测流量成果表	实测大断面成果表	堰闸流量率定成果表	逐日平均流量表	洪水水文要素摘录表	堰闸水文要素摘录表	水库水文要素摘录表	水电站抽水流量率定表	悬移质实测输沙率成果表	悬移质逐日平均输沙率表	悬移质逐日平均含沙量表	逐日水温表	冰厚及冰情要素摘录表	冰情统计表	水文、水位站说明表	水库、堰闸站说明表	区间水利工程基本情况表
马颊河（后平邑）	31100300									√	√		√	√		√									√	√	√		√
观测场	31120300		√	√	√		√	√		√																			
清丰	31120200		√	√	√					√																			
仙庄	31123550		√		√					√																			
大流	31120250	√	√		√					√																			

104

4.观测要求

项目		观测要求	辅助观测项目	备注
降水量	标准	每日8时定时观测1次,1~5月按2段观测,10~12月按2段观测,暴雨时适当加测	初终霜	自记雨量计发生故障或检测时使用标准雨量器,按24段制观测
	自记	每日8时定时观测1次,降水之日20时检查1次,暴雨时适当增加检查次数。6~9月按24段摘录		
	遥测	按有关要求定期取存数据		
陆上水面蒸发		每日8时定时观测1次	风向、风速(力)、气温、湿度等	
水位	人工、自记	水位平稳时每日8时、20时(非汛期17时)各观测1次,洪水期或遇水情突变时必须加测,以测得完整水位变化过程为原则。闸坝水库站在闸门启闭前后和水位变化急剧时,应增加测次,以掌握水位转折变化。必须进行水位不确定度估算	1.风大时观测风向、风力、水面起伏度及流向。 2.闸门变动期间,同时观测闸门开启高度、孔数、流态、闸门是否提出水面等	每日8时校测自记水位记录,洪水期适当增加校测次数。定期检测各类水位计,保证正常运行
	遥测	按有关要求定期取存数据		
流量		流量测验应满足流量转折、推算逐日流量和各项特征值的要求,根据高、中、低各级水位情况,合理地分布于各级水位和水情变化过程的转折点处。水位流量关系稳定的站每年测次不少于15次。闸坝站测次以能满足率定分析推求泄水过程为原则	1.每次测流同时观测记录水位、天气、风向、风力及影响水位流量关系变化的有关情况。 2.闸坝站要记录闸门开启高度、孔数、流态及其变动情况。 3.在高中水测流时同时观测比降	水位级划分及测洪方案见附录
含沙量	单样含沙量	以控制含沙量转折变化和建立单断沙关系为原则。含沙量变化很小时,可每 d取样1次。每次较大洪峰过程,一般不少于 次。洪峰重叠或水沙峰不一致、含沙量变化剧烈时,应增加测次。闸坝站根据闸门变动和含沙量变化情况适当布置测次	水位	较大流域的测站如能分辨出沙峰来源应予以说明。如河水清澈,可改为目测,含沙量作零处理
	输沙率	根据测站级别每年输沙率测验不少于8次,测次分布应能控制流量和含沙量的主要转折变化,原则上每次较大洪峰不少于8次	单样含沙量、流量及水位等	

続表

项目	观测要求	辅助观测项目	备注
水尺零点高程	每年汛期前后各校测1次,若水尺发生变动或有可疑变动,应随时校测。新设水尺应随测随校	水位	包括自记水位计高程标点
水准点高程测量	逢0、逢5年份对基本水准点必须进行复测,校核水准点每年校测1次,若发现有变动或可疑变动,应及时复测并查明原因		
大断面测量	每年汛期前后施测,在每次洪水后应予加测。较大洪水采用比降面积法或浮标法测流后,必须加测。人工固定河槽在逢5年份施测1次	水位	
测站地形测量	除设站初期施测1次地形,测验河段在河道、地形、地物有明显变化时,必须进行全部或局部复测	水位	
水文调查	包括断面以上(区间)流域基本情况调查、水量调查、暴雨和洪水调查以及专项水文调查		
水温	每日8时观测。冬季稳定封冻期,所测水温连续3~5 d皆在0.2℃以下时,即可停止观测。当水面有融化迹象时,应即恢复观测。无较长稳定封冻期不应中断观测		
冰情观测	在测验断面出现结冰现象的时期内一般每日8时观测1次。冰情变化急剧时,应适当增加测次		
墒情监测	基本站在每旬初(1日、11日、21日)早8时观测1次,取土深度为地面以下10 cm、20 cm、40 cm处3点土样	旬总雨量统计	旱情严重时应加密、多点观测
气象			
水质监测	按照《水环境监测规范》(SL 219—98)的要求,河道站每年2个月取样1次,水库站每年丰、平、枯期各取样1次,地下水站于5月、10月各取样1次,如遇突发性污染事故应及时取样,并报告有关主管部门,以便采取应急措施	按水样送验单要求观测、填写辅助观测项目	有水质采样任务的站,要求当天取样,当天送到指定的单位
其他			

2.2.4.3 水文情报预报工作

(1)水文站报汛必须严格贯彻执行《水文情报预报规范》(GB/T 22482—2008)、《水情信息编码》(SL 330—2011),保证拍报质量,水文站差错率不超过1%,雨量站差错率不超过3%。

(2)水文站要在综合分析近期水位流量关系的基础上,于汛前修订好报汛曲线,并用历史调查洪水做好高水部分的曲线延长,随时根据实测点修订水位流量曲线,保证相应流量的准确性。

(3)汛期与非汛期划分。淮河、长江流域当年5月15日至10月1日为汛期,当年10月2日至次年5月14日为非汛期;海河、黄河流域当年6月1日至10月1日为汛期,当年10月2日至次年5月31日为非汛期。

(4)降水量拍报。雨量报汛段次严格按照每年下发的报汛任务书的要求执行。

(5)水情拍报:

①水情站要严格按照当年下达的报汛任务书的要求拍报。遇到洪水涨洪时要报出洪水全过程,涨水段在二级加报水位以上,至少要报2~3次实测流量,以校正拍报的相应流量。

②水库站凡遇大、中洪水入库时,均要拍报入库流量全过程。

③当发生特大暴雨洪水,河道分洪、决口、扒堤、水库垮坝及大面积内涝时,应及时拍报特殊水情电报,并立即调查情况并上报。

(6)水文预报。大型水库和主要河道控制水文站,要积极开展水文预报。发生大洪水时,及时向当地有关部门通报水情趋势,为防汛抢险和水利调度当好参谋。

2.2.4.4 水文水资源调查

水文调查是水文测验工作的重要组成部分,是收集水文资料的重要环节,水文站应当有计划地进行,以满足水文水资源分析计算的要求。

本站负责本站断面以上至濮阳站断面范围内水文水资源调查任务。

1. 调查要求

(1)对测站流量有较大影响的水利设施,应查清工程指标及其变化等情况,一般影响一次洪水总量或河道同期多年平均径流量达15%~20%时,应与有关部门配合,建立简易观测点或巡测点,达到能推算各月和全年的调节、引用水量的目的。

(2)对测站流量有中等影响的水利设施,应逐个查清工程指标等情况,并每年及时调查其水量,以能估算其年调节、引用水量为原则。一般影响洪峰流量5%以上的水利工程,或引入、引出水量占引水期间水量的5%以上的固定工程,需逐个测算其年调节、引用水量。

(3)对测站流量影响较小的水利设施,一般只统计总个数、总指标,测算总水量。小面积站上游的水利工程设施,其一个或几个工程的控制面积超过集水面积的10%,或引水期的调节水量占河道同期水量的10%以上时,则应做较细致的调查,算清水账。水利设施的工程指标等情况,可直接引用工程管理等部门的资料,在做过普查以后,每年可只对有变动的部分做补充调查。

遇有滞洪、决口等情况,应立即了解其具体位置、发生时间,并尽可能查清其水量。调查应在发生这些情况的短时间内进行,如有困难,也应在当年把情况调查清楚。

当发生特大暴雨、洪水或特别干旱时,应进行暴雨、洪水及必要的枯水调查。

(4)注意观察水的透明度、气味、色度、悬浮物质等物理特性是否异常,是否有明显污染,当发现突发性污染事故时及时上报上级主管部门,并按上级要求进行监测。

(5)水文站(县局)水文调查成果应按规范规定整理并编写调查报告。

2.调查表

调查地点	水工设施名称	调查时间	调查项目	调查要求	备注

3.省界断面

每月5日前向流域机构上报上月最高、最低、月平均水位,最高、最低、月平均流量和月径流量。

2.2.4.5 资料

1.资料整编

原始资料不得损毁,禁止涂改、誊写。各种整编报表的填写要符合规范规定。

水文站的各项观测资料应严格执行"四随"制度,当月各项资料应于次月5日前完成在站整编,次年1月5日前完成上年度全年资料的在站整编。

水文站应对各种原始数据进行校对,资料在站整编完成后,应写出在站整编说明书,简述测验情况、整编发现的问题及处理意见、合理性检查情况及对资料成果的评价。

2.资料分析

洪水过后要进行大断面冲淤变化分析。突出的流量和沙量测点应进行批判分析。根据上下游控制断面做水量平衡分析。对属站降水量要进行对比分析,发现错日、错量情况及时更正。

通过资料分析掌握测站特性和各水文因素的变化规律,力求定线合理,推算方法正确,符合本站特性。

3.资料保存

水文资料是国家重要的基础信息资源,要注意防火、防盗,保持整洁。资料要存放在资料柜内,指定专人妥善保管,防止丢失。未经审查的资料不得向社会发布。

2.2.4.6 测报设施管理、养护及安全生产

测报设施是保障安全、提高测洪能力和精度、提高测报成果质量的重要设施,测站必须精心养护,发现问题及时维修,并将检查处理情况做好记录。

1.钢丝绳的养护

(1)钢丝绳每年擦油1~2次,防止生锈,重点受力部位加强检修。

(2)对钢丝绳与锚碇接头部分涂黄油并经常检查。

2.支架、锚碇的养护

(1)为保持支架直立、结构不变形,保持平衡,使支架各方向的拉力均衡,每年应全面

检查调整 2~3 次,大洪水期应检查 1~2 次。

(2)钢支架每隔 1~2 年进行除锈、油漆养护,除锈后先涂防锈漆,再涂油漆;避雷接地电阻应校测。

(3)汛前及洪水过后要认真检查支架基础有无沉陷、有无位移,联系螺栓是否有松动,混凝土基础有无裂缝等,如不符合要求及时检修。

(4)每月检查锚碇有无位移,锚碇附近土壤有无裂纹、崩塌、沉陷等现象,夹头是否松动、锚杆是否生锈,发现问题及时处理。

3. 驱动设备的养护

1)动力设备

(1)变压器,按供电部门规定,隔一定年限更换变压器油。

(2)柴油机及发电机组,按使用说明书规定进行技术保养。

(3)经常检查电动机发热情况,温升超过 60 ℃时,应采取降温措施,电动机应接地,发现电动机异常时,应停车检查原因,设法排除。

2)绞车

经常保持绞车轴承、转动部件油润,每年汛前应全面检查 1 次,保证正常工作状态。

3)滑轮

经常检查导向滑轮、游轮、行车等运转情况,发现不正常应及时检修,不允许钢丝绳在滑轮上滑动、擦边、跳槽,若有上述问题,应采取措施及时排除,保持油润,运行时注意随时监视各滑轮运转情况。

4)水文缆道

水文缆道每年要进行起点距、水深比测 1~2 次并保存好记录。

4. 仪器、仪表的养护

(1)各种仪器、仪表按说明书使用、养护,应保持附件的齐全;流速仪应及时鉴定并保管好鉴定证书。

(2)各种仪器、仪表应放在干燥通风、清洁和不受腐蚀性气体侵蚀的地方。

(3)主要电子、电器仪表应设有接地装置,防止雷电感应短路烧坏仪表。

5. 测船的养护

(1)每日观察测船设施有无损毁,平时 5 d 擦洗 1 次,汛期每日擦洗 1 次,发现问题及时排除,保证测流的顺利进行。

(2)木船每年小修 1 次,5 年大修 1 次,钢板船 1~2 年检修 1 次。

(3)机动船平时每 5 d 启动 1 次,维持机械的油润,汛期保证随时能启动运行测流。

6. 桥测车的养护

除按机动车正常管理、养护外,还应注意:

(1)应爱护车辆,经常擦洗机件,保持机件润滑、清洁。

(2)桥测车每月发动 2~3 次,检查机件、电路等所有部件的性能,发现问题,应及时检修排除,以保证测流时能随时启动、运行。

7. 遥测设备的管理与养护

(1)自记井发生淤积时应及时进行清淤处理。

（2）传感器应经常检查，保持内部干净。

（3）终端机、馈线、天线、太阳能电池板及蓄电瓶等设备应经常检修、维护。太阳能电池板应每月清洗 1 次。

（4）备品备件要有专人管理养护。

8.通信线路的养护

通信线路要不定期地进行检查，发现问题及时向电信部门及上级汇报，做好线路的抢修工作，确保线路畅通。

9.安全生产

加强生产安全管理。配置救生衣、安全斧、救生锤、破坏钳等必要的安全生产设施。水上作业时必须穿戴救生衣，桥测时应放置警示标识，保证人身安全。缆道、测船等作业严格按照规程进行操作，严禁违章操作，避免意外发生。办公楼配备防盗防火设施，做好防火、防盗、雷击和安全用电工作，杜绝各类事故发生。

水文站于每年年初向勘测局编报测报设施维修养护经费计划，由勘测局汇总，报省局审定安排，水文站按下达的维修养护任务保质保量完成。

2.2.4.7 属站管理

水文站对属站负有领导责任，积极主动地指导属站进行各项观测、资料整理等工作，做到汛前有布置，汛期有检查，汛后有总结，遇到特殊情况及时处理。对属站所有仪器设备做好维护管理工作。

2.2.4.8 业务学习

每周定期学习以下技术规范和其他新技术操作等。

序号	规范	学习时间
1	《水文缆道测验规范》（SL 443—2009）	
2	《水文测船测验规范》（SL 338—2006）	
3	《水位观测平台技术标准》（SL 384—2007）	
4	《水工建筑物与堰槽测流规范》（SL 537—2011）	
5	《声学多普勒流量测验规范》（SL 337—2006）	
6	《水位观测标准》（GB/T 50138—2010）	
7	《降水量观测规范》（SL 21—2015）	
8	《河流悬移质泥沙测验规范》（GB 50159—2015）	
9	《河流流量测验规范》（GB 50179—2015）	
10	《水文巡测规范》（SL 195—2015）	本站安排每周五下午学习
11	《翻斗式雨量计》（GB/T 11832—2002）	
12	《水面蒸发观测规范》（SL 630—2013）	
13	《水文资料整编规范》（SL 247—2012）	
14	《水文数据整理汇编标准》（DB 41/T 1599—2018）	
15	《土壤墒情监测规范》（SL 364—2015）	
16	《水文测量规范》（SL 58—2014）	
17	《水文调查规范》（SL 196—2015）	
18	《水文基本术语和符号标准》（GB/T 50095—2014）	
19	《水文仪器术语及符号》（GB/T 19677—2005）	
20	《河流冰情观测规范》（SL 59—2015）	

2.2.4.9 附录

1."四随"工作制度

	降水量	水位	流量	含沙量
随测算	1. 准时量记,当场自校。 2. 自记站要按时检查,每日 8 时换纸,无雨不换纸要加水,有雨注意量记虹吸水量。 3. 检查记载规格符号是否正确、齐全。 4. 每日 8 时计算日雨量、蒸发量,旬、月初计算旬、月雨量	1. 准时测记水位及附属项目,当场自校。 2. 自记水位按时校测、检查。 3. 日平均水位次日计算完毕。 4. 水准测量当场计算高差,当日计算成果并校核	1. 附属观测项目及备注说明当场填记齐全。 2. 闸坝站应现场测记有关水力因素。 3. 按要求及时测记流量。 4. 流量随测随算	1. 单样含沙量及输沙率测量后,编号与瓶号、滤纸要校对,并填入单沙记载本中,各栏填记齐全。 2. 水样处理当日进行(如加沉淀剂、自动滤沙)。 3. 烘干称重后立即计算
随拍报	1. 从 4 月 2 日至 11 月 1 日期间全省统一采用自动遥测站雨量信息,11 月 2 日至次年 4 月 1 日仍进行人工拍报雨情信息。 2. 密切监视本辖区内雨情变化,发现雨量站点 1 h 降雨量超过 50 mm 或单日累计降雨量 100 mm 以上时,要及时报当地县防办和勘测局水情科	1. 严格按照当年下达的防汛抗旱拍报任务通知的要求拍报。有涨水过程时必须加报起涨水情和洪峰流量,及时报出洪水全过程。 2. 当洪水上涨超过各级加报标准时,必须立即拍报水情 1 次,然后按规定段次发报;上次发报后涨幅已超过 1 m 的,也要及时加报 1 次;出现洪峰要立即拍报。 3. 河道站:三级加报涨水段全部为 24 段次,落水段 12 ~ 24 段次; 水库站:一级起报水位以上、二级加报水位以下要至少按照 1 d 4 段次拍报,二级加报水位(汛限水位)以上的涨水段全部按照 24 段次拍报,落水段按照 12 ~ 24 段次拍报。闸门变动随时报。 4. 当发生特大暴雨洪水,河道分洪、决口、扒堤、水库垮坝及大面积内涝时,应及时拍报特殊水情电报,并立即调查情况并上报	1. 要在综合分析近期水位流量关系(水库站:输水设备泄流曲线)的基础上,于汛前修订好报汛曲线,并用历史调查洪水做好高水部分的曲线延长;汛期随时根据实测点修订水位流量曲线,保证相应流量的准确性。 2. 有拍报旬、月平均流量的河道、闸坝站断流或无出流量时也要拍报旬、月平均流量。 3. 河道站:根据洪水大小,在二级加报水位以上至少要报出 1 ~ 3 次实测流量,以校正拍报的相应流量; 水库站:大型水库凡遇洪水入库时,均要拍报入库流量全过程	

	降水量	水位	流量	含沙量
随整理	1. 日、旬、月雨量在发报前要计算校核1遍。 2. 自记纸当日完成订正、摘录、计算、复核。 3. 月初3d内原始资料完成3遍手,进行月统计	1. 日平均水位次日校核完毕。 2. 自记水位8时换纸后摘录订正前一天水位,计算日平均值,并校核。 3. 月初3d内复核原始资料。 4. 水准测量次日复核完毕	1. 单次流量资料测算后即完成校核,当月完成复核。 2. 较大洪峰(75 m³/s)过后3d内,报出测洪小结	单样含沙量、输沙率计算后当日校核,当月复核
随分析	1. 属站雨量到齐后列表对比检查雨型、雨量。 2. 主要暴雨绘各站暴雨累积曲线对比检查。 3. 发现问题及时处理	1. 应随测随点绘逐时过程线,并进行检查。 2. 日平均水位在逐时线上画横线检查。 3. 山区站及测沙站应画降雨柱状图,检查时间是否相应。 4. 发现问题及时处理	1. 洪水期流量测验要做点流速、垂线流速、水深测量的正确性及垂线布设合理性检查。 2. 点绘水位流量关系线并检查偏离程度。水库闸坝站应点绘在系数曲线上检查。 3. 测次点在水位过程线上,检查测次分布。 4. 发现问题,检查原因,确定改正、重测或舍弃,并写出分析说明	1. 取样后将测次点在水位过程线上(可用不同颜色),检查测次控制合理性。 2. 沙量称重计算后点绘单样含沙量过程线,发现问题立即复烘、复秤。 3. 检查单断沙关系及含沙量横向分布。 4. 发现问题及时处理

2. 使用水尺时的水位观测段次要求

段次要求	2 段	4 段	8 段	逐时
日变化(m)	<0.30	0.30~1.00	1.00~2.00	>46.00 的峰顶附近
水位级(m)	<42.50	42.50~44.00	44.00~46.00	

3. 水尺观测的不确定度估算

波浪变幅(cm)	≤2	3~30	≥31
波浪级别	无波浪	一般波浪	较大波浪
随机不确定度			
综合不确定度			
备注	每年在无波浪、一般波浪或较大波浪情况下,且水位基本无变化的5~10 min内连续观读水尺30次以上进行计算		

4. 流速仪法测流方案的制订

1）水位级划分（单位：m）

水位级	高水	中水	低水	枯水
	46.00 以上	44.00	42.50 以下	以下
备注				

2）允许总随机不确定度 X'_Q 与已定系统误差 U_Q

水位级	高水	中水	低水	枯水
X'_Q				
U_Q				

3）常用测流方案

水位级	测流方案 (m,p,t)	最少垂线数 m 方案下限	备注
高水 46.00 m 以上	1）15 3 100 2）10 2 100 3）10 1 60	10	方案的优先级按先后顺序进行排列,故选用方案优选排列在前的。 m—垂线数； p—垂线测点数； t—历时
中水 42.50～44.00 m	1）10 2 100 2）10 1 100 3）5 1 100	5	
低水 42.50 m 以下	1）5 2 100 2）5 1 100	5	

5. 流速系数

分类	水面浮标系数	岸边流速系数	小浮标系数	半深系数	深水浮标系数	电波流速仪系数	ADCP测流系数
系数及确定方法	0.85	0.70		0.92			
	经验	经验		经验			
试验系数及时间							
备注	如果有试验系数,测流时应采用试验系数						

6. 测流方法

方案	涉水	缆道	测船	桥测	浮标	比降
水位(m)	42.50 m 以下			42.50 m 以上		
备注						

7. 测洪小结

当发生流量大于 75 m^3/s 的较大洪水时,洪水过后 3 d 内,及时以电子文本形式上报测洪小结至省局站网监测处(电子信箱:hnscyk@126.com)。

2.3 鹤壁地区水文站

2.3.1 淇门水文站任务书

2.3.1.1 淇门水文站基本情况

1. 位置情况

隶属	河南省鹤壁水文水资源勘测局	重要站级别	国家重要站
流域	海河	水系	南运河
河名	卫河	汇入何处	南运河
东经	114°17′57″	北纬	35°29′58″
集水面积	8 427 km²	至河口距离	242 km
级别	一	人员编制	3
测站地址	河南省浚县新镇镇小李庄	邮政编码	456282
电话号码	0392 - 5885601	电子信箱	hbqmswz@163.com
测站编码	31003700	雨量站编码	31023700
报汛站号	31003700	省界断面	否

2. 测站属性

类 别	河道站		性 质	基本水文站
设站目的	本站为卫河重要控制站,是卫河中游主要控制站。采集断面以上长系列水文要素信息,为卫河流域和蓄滞洪区防洪调度提供水文情报预报,为区域水资源管理提供服务			

3. 属站名单

负责管理的基本雨量站、水位站和中小河流巡测站、水位站、雨量站、水量辅助站、生态监测站。

属站类别	测站编码	站名	水系	河名	观测项目	观测段制 非汛期	观测段制 汛期	降水制表 (一)或(二)	降水制表 日表	摘录段制	自记或标准	水量调查表	报汛部门	备注
基本雨量	31023700	淇门	南运河	卫河	降水	2	24	(一)	√	24	自记		省	
基本雨量	31023950	白寺	南运河	卫河	降水	24	24	(二)	√	24	自记		省	雨雪
基本雨量	31024100	迎阳铺	南运河	卫河	降水		24	(二)	√	24	自记		省	

2.3.1.2　观测项目及要求

1. 观测项目

测验地点（断面）	测站编码	基本观测项目							辅助观测项目							
		水位	流量	单样含沙量	输沙率	降水	蒸发	水文调查	蒸发辅助	水质	初终霜	水温	冰情	气象	墒情	比降
淇门	31003700	√	√	√				√	√			√			√	
淇门	31023700					√	√			√						
白寺	31023950					√										
迎阳铺	31024100					√										

2. 巡测间测规定

编码	断面地点	断面名称	巡（间）测项目	巡（间）测要求	巡（间）测时间
31003705	河南省鹤壁市浚县小河镇王湾村	王湾	水位、流量	每周一上报上周流量	每周1次
31003706	河南省鹤壁市浚县小河镇柴湾村	柴湾	水位、流量	每周一上报上周流量	每周1次

3. 整编所需提交成果资料

测站编码	测站名称	逐日降水量表（汛期）	逐日降水量表（常年）	降水量摘录表	各时段最大降水量表（1）	各时段最大降水量表（2）	逐日水面蒸发量表	蒸发场说明表及平面图	水面蒸发量辅助项目月年统计表	降水量站说明表	逐日平均水位表	洪水水位摘录表	实测流量成果表	实测大断面成果表	堰闸流量率定表	逐日平均流量表	洪水水文要素摘录表	堰闸水文要素摘录表	水库水文要素摘录表	水电站抽水站流量率定表	悬移质实测输沙率成果表	悬移质逐日平均输沙率表	悬移质洪水含沙量摘录表	悬移质逐日平均含沙量表	逐日水温表	冰厚及冰情要素摘录表	冰情统计表	水文、水位站说明表	水库、堰闸站说明表	区间水利工程基本情况表
31003700	淇门										√		√	√		√	√				√	√			√	√	√			√
31023700	淇门	√	√	√	√	√				√																				
31023950	白寺	√	√		√					√																				
31024100	迎阳铺	√	√		√																									

4. 观测要求

项目		观测要求	辅助观测项目	备注
降水量	标准	每日8时定时观测1次,1~5月按2段观测,10~12月按2段观测,暴雨时适当加测	初终霜	自记雨量计发生故障或检测时使用标准雨量器,按24段制观测
	自记	每日8时定时观测1次,降水之日20时检查1次,暴雨时适当增加检查次数。6~9月按24段摘录		
	遥测	按有关要求定期取存数据		
陆上水面蒸发		每日8时定时观测1次	风向、风速(力)、气温、湿度等	
水位	人工、自记	水位平稳时每日8时、20时(17时)观测,洪水期或遇水情突变时必须加测,以测得完整水位变化过程为原则。闸坝水库站在闸门启闭前后和水位变化急剧时,应增加测次,以掌握水位转折变化。必须进行水位不确定度估算	1.风大时观测风向、风力、水面起伏度及流向。 2.闸门变动期间,同时观测闸门开启高度、孔数、流态、闸门是否提出水面等	每日8时校测自记水位记录,洪水期适当增加校测次数。定期检测各类水位计,保证正常运行
	遥测	按有关要求定期取存数据		
流量		流量测验应满足流量转折、推算逐日流量和各项特征值的要求,根据高、中、低各级水位情况,合理地分布于各级水位和水情变化过程的转折点处。水位流量关系稳定的站每年测次不少于15次。闸坝站测次以能满足率定分析推求泄水过程为原则	1.每次测流同时观测记录水位、天气、风向、风力及影响水位流量关系变化的有关情况。 2.闸坝站要测记闸门开启高度、孔数、流态及其变动情况。 3.在高中水测流时同时观测比降	水位级划分及测洪方案见附录
含沙量	单样含沙量	以控制含沙量转折变化和建立单断沙关系为原则。含沙量变化很小时,可每4~10d取样1次。每次较大洪峰过程,一般不少于4~8次。洪峰重叠或水沙不一致、含沙量变化剧烈时,应增测次。闸坝站根据闸门变动和含沙量变化情况适当布置测次	水位	较大流域的测站如能分辨出沙峰来源应予以说明。如河水清澈,可改为目测,含沙量作零处理
	输沙率	根据测站级别每年输沙率测验不少于10~20次,测次分布应能控制流量和含沙量的主要转折变化,原则上每次较大洪峰不少于5次	单样含沙量、流量及水位等	

项目	观测要求	辅助观测项目	备注
水尺零点高程	每年汛期前后各校测 1 次,若水尺发生变动或有可疑变动,应随时校测。新设水尺应随测随校	水位	包括自记水位计高程标点
水准点高程测量	逢 0、逢 5 年份对基本水准点必须进行复测,校核水准点每年校测 1 次,若发现有变动或可疑变动,应及时复测并查明原因		
大断面测量	每年汛期前后测,在每次洪水后应予加测。较大洪水采用比降面积法或浮标法测流后,必须加测。人工固定河槽在逢 5 年份施测 1 次	水位	
测站地形测量	除设站初期施测 1 次地形,测验河段在河道、地形、地物有明显变化时,必须进行全部或局部复测	水位	
水文调查	包括断面以上(区间)流域基本情况调查、水量调查、暴雨和洪水调查以及专项水文调查		
水温	每日 8 时观测。冬季稳定封冻期,所测水温连续 3~5 d 皆在 0.2 ℃ 以下时,即可停止观测。当水面有融化迹象时,应即恢复观测。无较长稳定封冻期不应中断观测		
冰情观测	在测验断面出现结冰现象的时期内一般每日 8 时观测 1 次。冰情变化急剧时,应适当增加测次		
墒情监测	基本站在每旬初(1 日、11 日、21 日)早 8 时观测 1 次,取土深度为地面以下 10 cm、20 cm、40 cm 处 3 点土样	旬总雨量统计	旱情严重时应加密、多点观测
气象			
水质监测	按照《水环境监测规范》(SL 219—98)和当年《河南省水功能区及大型水库水质监测实施方案》的要求采送样。如遇突发性污染事故应及时取样,并报告有关主管部门,以便采取应急措施	按水样送验单要求观测、填写辅助观测项目	有水质采样任务的站,要求当天取样,当天送到指定的单位
其他			

2.3.1.3　水文情报预报工作

（1）水文站报汛必须严格贯彻执行《水文情报预报规范》（GB 22482—2008）、《水情信息编码标准》（SL 330—2011），保证拍报质量，水文站差错率不超过 1% ，雨量站差错率不超过 3% 。

（2）水文站要在综合分析近期水位流量关系的基础上，于汛前修订好报汛曲线，并用历史调查洪水做好高水部分的曲线延长，随时根据实测点修订水位流量曲线，保证相应流量的准确性。

（3）汛期与非汛期划分：淮河、长江流域当年 5 月 15 日至 10 月 1 日为汛期，当年 10 月 2 日至次年 5 月 14 日为非汛期；海河、黄河流域当年 6 月 1 日至 10 月 1 日为汛期，当年 10 月 2 日至次年 5 月 31 日为非汛期。

（4）降水量拍报。水文站 11 月 2 日至次年 4 月 1 日人工拍报雨雪情信息，其他时间由遥测雨量采集系统自动拍报降水量信息。

（5）水情拍报：

①水情站要严格按照当年下达的报汛任务书的要求拍报。遇到洪水涨洪时要报出洪水全过程，涨水段在二级加报水位以上，至少要报 2 ~ 3 次实测流量，以校正拍报的相应流量。

②水库站凡遇大、中洪水入库时，均要拍报入库流量全过程。

③当发生特大暴雨洪水，河道分洪、决口、扒堤、水库垮坝及大面积内涝时，应及时拍报特殊水情电报，并立即调查情况并上报。

（6）水文预报。大型水库和主要河道控制水文站，要积极开展水文预报。发生大洪水时，及时向当地有关部门通报水情趋势，为防汛抢险和水利调度当好参谋。

2.3.1.4　水文水资源调查

水文调查是水文测验工作的重要组成部分，是收集水文资料的重要环节，水文站应当有计划地进行，以满足水文水资源分析计算的要求。

本站负责<u>本</u>断面以上至<u>汲县</u>站范围内水文水资源的调查任务。

1. 调查要求

（1）对测站流量有较大影响的水利设施，应查清工程指标及其变化等情况，一般影响一次洪水总量或河道同期多年平均径流量达 15% ~ 20% 时，应与有关部门配合，建立简易观测点或巡测点，达到能推算各月和全年的调节、引用水量的目的。

（2）对测站流量有中等影响的水利设施，应逐个查清工程指标等情况，并每年及时调查其水量，以能估算其年调节、引用水量为原则。一般影响洪峰流量 5% 以上的水利工程，或引入、引出水量占引水期间水量的 5% 以上的固定工程，需逐个测算其年调节、引用水量。

（3）对测站流量影响较小的水利设施，一般只统计总个数、总指标，测算总水量。小面积站上游的水利工程设施，其一个或几个工程的控制面积超过集水面积 10% ，或引水期的调节水量占河道同期水量 10% 以上时，则应做较细致的调查，算清水账。水利设施的工程指标等情况，可直接引用工程管理等部门的资料，在做过普查以后，每年可只对有变动的部分做补充调查。

遇有滞洪、决口等情况，应立即了解其具体位置、发生时间，并尽可能查清其水量。调查应在发生这些情况的短时间内进行,如有困难,也应在当年把情况调查清楚。

当发生特大暴雨、洪水或特别干旱时,应进行暴雨、洪水及必要的枯水调查。

(4)注意观察水的透明度、气味、色度、悬浮物质等物理特性是否异常,是否明显污染,当发现突发性污染事故时及时上报上级主管部门,并按上级要求进行监测。

(5)水文站(县局)水文调查成果应按规范规定整理并编写调查报告。

2. 调查表

调查地点	水工设施名称	调查时间	调查项目	调查要求	备注

3. 省界断面

每月 5 日前向流域机构上报上月最高、最低、月平均水位,最高、最低、月平均流量和月径流量。

2.3.1.5 资料

1. 资料整编

原始资料不得损毁,禁止涂改、誊写。各种整编报表的填写要符合规范规定。

水文站的各项观测资料应严格执行"四随"制度,当月各项资料应于次月 5 日前完成在站整编,次年 1 月 5 日前完成上年度全年资料的在站整编。

水文站应对各种原始数据进行校对,资料在站整编完成后,应写出在站整编说明书,简述测验情况、整编发现的问题及处理意见、合理性检查情况及对资料成果的评价。

2. 资料分析

洪水过后要进行大断面冲淤变化分析。突出的流量和沙量测点应进行批判分析。根据上下游控制断面做水量平衡分析。对属站降水量要进行对比分析,发现错日、错量情况及时更正。

通过资料分析掌握测站特性和各水文因素的变化规律,力求定线合理,推算方法正确,符合本站特性。

3. 资料保存

水文资料是国家重要的基础信息资源,要注意防火、防盗,保持整洁。资料要存放在资料柜内,指定专人妥善保管,防止丢失。未经审查的资料不得向社会发布。

2.3.1.6 测报设施管理、养护及安全生产

测报设施是保障安全、提高测洪能力和精度、提高测报成果质量的重要设施,测站必须精心养护,发现问题及时维修,并将检查处理情况做好记录。

1. 钢丝绳的养护

(1)钢丝绳每年擦油 1~2 次,防止生锈,重点受力部位加强检修。

(2)对钢丝绳与锚碇接头部分涂黄油并经常检查。

2. 支架、锚碇的养护

(1)为保持支架直立、结构不变形,保持平衡,使支架各方向的拉力均衡,每年应全面

检查调整 2~3 次,大洪水期应检查 1~2 次。

(2)钢支架每隔 1~2 年进行除锈、油漆养护,除锈后先涂防锈漆,再涂油漆;避雷接地电阻应校测。

(3)汛前及洪水过后要认真检查支架基础有无沉陷、有无位移,联系螺栓是否有松动,混凝土基础有无裂缝等,如不符合要求及时检修。

(4)每月检查锚碇有无位移,锚碇附近土壤有无裂纹、崩塌、沉陷等现象,夹头是否松动、锚杆是否生锈,发现问题及时处理。

3.驱动设备的养护

1)动力设备

(1)变压器,按供电部门规定,隔一定年限更换变压器油。

(2)柴油机及发电机组,按使用说明书规定进行技术保养。

(3)经常检查电动机发热情况,温升超过 60 ℃ 时,应采取降温措施,电动机应接地,发现电动机异常时,应停车检查原因,设法排除。

2)绞车

经常保持绞车轴承、转动部件油润,每年汛前应全面检查 1 次,保证其正常工作状态。

3)滑轮

经常检查导向滑轮、游轮、行车等运转情况,发现不正常应及时检修,不允许钢丝绳在滑轮上滑动、擦边、跳槽,若有上述问题,应采取措施及时排除,保持油润,运行时注意随时监视各滑轮运转情况。

4)水文缆道

水文缆道每年要进行起点距、水深比测 1~2 次并保存好记录。

4.仪器、仪表的养护

(1)各种仪器、仪表按说明书使用、养护,应保持附件的齐全;流速仪应及时鉴定并保管好鉴定证书。

(2)各种仪器、仪表应放在干燥通风、清洁和不受腐蚀性气体侵蚀的地方。

(3)主要电子、电器仪表应设有接地装置,防止雷电感应短路烧坏仪表。

5.测船的养护

(1)每日观察测船设施有无毁损,平时 5 d 擦洗 1 次,汛期每日擦洗 1 次,发现问题及时排除,保证测流的顺利进行。

(2)木船每年小修 1 次,5 年大修 1 次,钢板船 1~2 年检修 1 次。

(3)机动船平时每 5 d 启动 1 次,维持机械的油润,汛期保证随时能启动运行测流。

6.桥测车的养护

除按机动车正常管理、养护外,还应注意:

(1)司机应爱护车辆,经常擦洗机件,保持机件润滑、清洁。

(2)桥测车每月发动 2~3 次,检查机件、电路等所有部件的性能,发现问题,应及时检修排除,以保证测流时能随时启动、运行。

7.遥测设备的管理与养护

(1)自记井发生淤积时应及时进行清淤处理。

（2）传感器应经常检查，保持内部干净。

（3）终端机、馈线、天线、太阳能电池板及蓄电瓶等设备应经常检修、维护。太阳能电池板应每月清洗 1 次。

（4）备品备件要有专人管理养护。

8. 通信线路的养护

通信线路要不定期进行检查，发现问题及时向电信部门及上级汇报，做好线路的抢修工作，确保线路畅通。

9. 安全生产

加强生产安全管理。配置救生衣、安全斧、救生锤、破坏钳等必要的安全生产设施。水上作业时必须穿戴救生衣，桥测时应放置警示标识，保证人身安全。缆道、测船等作业严格按照规程进行操作，严禁违章操作，避免意外发生。办公楼配备防盗防火设施，做好防火、防盗、雷击和安全用电工作，杜绝各类事故发生。

水文站于每年年初向勘测局编报测报设施维修养护经费计划，由勘测局汇总，报省局审定安排，水文站按下达的维修养护任务保质保量完成。

2.3.1.7 属站管理

水文站对属站负有领导责任，积极主动地指导属站进行各项观测、资料整理等工作，做到汛前有布置，汛期有检查，汛后有总结，遇到特殊情况及时处理。对属站所有仪器设备做好维护管理工作。

2.3.1.8 业务学习

每周定期学习以下技术规范和其他新技术操作等。

序号	规范	学习时间
1	《水文缆道测验规范》（SL 443—2009）	
2	《水文测船测验规范》（SL 338—2006）	
3	《水位观测平台技术标准》（SL 384—2007）	
4	《水工建筑物与堰槽测流规范》（SL 537—2011）	
5	《声学多普勒流量测验规范》（SL 337—2006）	
6	《水位观测标准》（GB/T 50138—2010）	
7	《降水量观测规范》（SL 21—2015）	
8	《河流悬移质泥沙测验规范》（GB/T 50159—2015）	
9	《河流流量测验规范》（GB 50179—2015）	
10	《水文巡测规范》（SL 195—2015）	本站安排每周
11	《翻斗式雨量计》（GB/T 11832—2002）	三、周四下午学习
12	《水面蒸发观测规范》（SL 630—2013）	
13	《水文资料整编规范》（SL 247—2012）	
14	《水文数据整理汇编标准》（DB 41/T 1599—2018）	
15	《土壤墒情监测规范》（SL 364—2015）	
16	《水文测量规范》（SL 58—2014）	
17	《水文调查规范》（SL 196—2015）	
18	《水文基本术语和符号标准》（GB/T 50095—2014）	
19	《水文仪器术语及符号》（GB/T 19677—2005）	
20	《河流冰情观测规范》（SL 59—2015）	

2.3.1.9 附录

1."四随"工作制度

	降水量	水位	流量	含沙量
随测算	1. 准时量记,当场自校。 2. 自记站要按时检查,每日8时换纸,无雨不换纸要加水,有雨注意量记虹吸水量。 3. 检查记载规格符号是否正确、齐全。 4. 每日8时计算日雨量、蒸发量,旬、月初计算旬、月雨量	1. 准时测记水位及附属项目,当场自校。 2. 自记水位按时校测、检查。 3. 日平均水位次日计算完毕。 4. 水准测量当场计算高差,当日计算成果并校核	1. 附属观测项目及备注说明当场填记齐全。 2. 闸坝站应现场测记有关水力因素。 3. 按要求及时测记流量。 4. 流量随测随算	1. 单样含沙量及输沙率测量后,编号与瓶号、滤纸要校对,并填入单沙记载本中,各栏填记齐全。 2. 水样处理当日进行(如加沉淀剂、自动滤沙)。 3. 烘干称重后立即计算
随拍报	1. 从4月2日至11月1日期间全省统一采用自动遥测站雨量信息,11月2日至次年4月1日仍进行人工拍报雨情信息。 2. 密切监视本辖区内雨情变化,发现雨量站点1h降雨量超过50mm或单日累计降雨量100mm以上时,要及时报当地县防办和勘测局水情科	1. 严格按照当年下达的防汛抗旱拍报任务通知的要求拍报。有涨水过程时必须加报起涨水情和洪峰流量,及时报出洪水全过程。 2. 当洪水上涨超过各级加报标准时,必须立即拍报水情1次,然后按规定段次发报;上次发报后涨幅已超过1m的,也要及时加报1次;出现洪峰要立即拍报。 3. 河道站:三级加报涨水段全部为24段次,落水段12~24段次; 水库站:一级起报水位以上、二级加报水位以下要至少按照1d4段次拍报,二级加报水位(汛限水位)以上的涨水段全部按照24段次拍报,落水段按照12~24段次拍报。闸门变动随时报。 4. 当发生特大暴雨洪水,河道分洪、决口、扒堤、水库垮坝及大面积内涝时,应及时拍报特殊水情电报,并立即调查情况并上报	1. 要在综合分析近期水位流量关系(水库站:输水设备泄流曲线)的基础上,于汛前修订好报汛曲线,并用历史调查洪水做好高水部分的曲线延长;汛期随时根据实测点修订水位流量曲线,保证相应流量的准确性。 2. 有拍报旬、月平均流量的河道、闸坝站断流或无出流量时也要拍报旬、月平均流量。 3. 河道站:根据洪水大小,在二级加报水位以上至少要报出1~3次实测流量,以校正拍报的相应流量; 水库站:大型水库凡遇洪水入库时,均要拍报入库流量全过程	

	降水量	水位	流量	含沙量
随整理	1. 日、旬、月雨量在发报前要计算校核1遍。 2. 自记纸当日完成订正、摘录、计算、复核。 3. 月初3 d内原始资料完成3遍手,进行月统计	1. 日平均水位次日校核完毕。 2. 自记水位8时换纸后摘录订正前一天水位,计算日平均值,并校核。 3. 月初3 d内复核原始资料。 4. 水准测量次日复核完毕	1. 单次流量资料测算后即完成校核,当月完成复核。 2. 较大洪峰100 m³/s或较高水位62.50 m过后3 d内,报出测洪小结	单样含沙量、输沙率计算后当日校核,当月复核
随分析	1. 属站雨量到齐后列表对比检查雨型、雨量。 2. 主要暴雨绘各站暴雨累积曲线对比检查。 3. 发现问题及时处理	1. 应随测随点绘逐时过程线,并进行检查。 2. 日平均水位在逐时线上画横线检查。 3. 山区站及测沙站应画降雨柱状图,检查时间是否相应。 4. 发现问题及时处理	1. 洪水期流量测验要做点流速、垂线流速、水深测量的正确性及垂线布设的合理性检查。 2. 点绘水位流量关系线并检查偏离程度。水库闸坝站应点绘在系数曲线上检查。 3. 测次点在水位过程线上,检查测次分布。 4. 发现问题,检查原因,确定改正、重测或舍弃,并写出分析说明	1. 取样后将测次点在水位过程线上(可用不同颜色),检查测次控制合理性。 2. 沙量称重计算后点绘单样含沙量过程线,发现问题立即复烘、复秤。 3. 检查单断沙关系及含沙量横向分布。 4. 发现问题及时处理

2. 使用水尺时的水位观测段次要求

段次要求	2 段	4 段	8 段	逐时
日变化(m)	<0.10	0.10 ~ 0.50	>0.50	>65.50 的峰顶附近
水位级(m)	<62.50	62.50 ~ 64.50	>64.50	

3. 水尺观测的不确定度估算

波浪变幅(cm)	≤2	3 ~ 30	≥31
波浪级别	无波浪	一般波浪	较大波浪
随机不确定度			
综合不确定度			
备注	每年在无波浪、一般波浪或较大波浪情况下,且水位基本无变化的5 ~ 10 min内连续观读水尺30次以上进行计算		

4.流速仪法测流方案的制订

1）水位级划分（单位：m）

水位级	高水	中水	低水	枯水
	64.50 以上	62.50～64.50	60.20～62.50	60.20 以下
备注				

2）允许总随机不确定度 X'_Q 与已定系统误差 U_Q

水位级	高水	中水	低水	枯水
X'_Q	5	6	9	
U_Q	-2～1	-2～1	-2～1	

3）常用测流方案

水位级	测流方案 (m,p,t)	最少垂线数 m 方案下限	备注
高水 64.50 m 以上	1）15　2　100 2）10　1　100 3）5　1　60	12 7 5	方案的优先级按先后顺序进行排列,故选用方案优选排列在前的。 m—垂线数; p—垂线测点数; t—历时
中水 62.50～64.50 m	1）15　1　100 2）10　2　100 3）10　1　100	12 7 7	
低水 62.50 m 以下	1）10　1　100 2）5　1　100	7 5	

5.流速系数

分类	水面浮标系数	岸边流速系数	小浮标系数	半深系数	深水浮标系数	电波流速仪系数	ADCP测流系数
系数及确定方法	0.85 经验	0.70 经验					
试验系数及时间							
备注	如果有试验系数,测流时应采用试验系数						

6.测流方法

方案	涉水	缆道	ADCP	桥测	电波流速仪	浮标
水位(m)	60.20 以下	60.20～67.00	60.20～67.00	66.50 以下	66.50 以下	67.00 以上
备注						

7.测洪小结

当发生水位大于 62.50 m 的较大洪水时,洪水过后 3 d 内,及时以电子文本形式上报测洪小结至省局站网监测处(电子信箱:hnscyk@126.com)。

2.3.2 盘石头水库水文站任务书

2.3.2.1 盘石头水库水文站基本情况

1.位置情况

隶属	河南省鹤壁水文水资源勘测局	重要站级别	国家重要站
流域	海河	水系	南运河
河名	淇河	汇入何处	共产主义渠
东经	114°03′36″	北纬	35°50′36″
集水面积	1 915 km²	至河口距离	73 km
级别	一	人员编制	3
测站地址	河南省鹤壁市淇滨区大河涧乡盘石头水库	邮政编码	458006
电话号码	0392 – 2575900	电子信箱	pstswz@163.com
测站编码	31005650	雨量站编码	31023550
报汛站号	31005650	省界断面	否

2.测站属性

类别	水库站		性 质	基本水文站
设站目的	本站为区域代表站,是淇河中上游的重要控制站。采集断面以上长系列水文要素信息,为防汛减灾和水库运行管理提供水文情报预报,并为区域水资源管理服务			

3.属站名单

负责管理的基本雨量站、水位站和中小河流巡测站、水位站、雨量站、水量辅助站、生态监测站。

属站类别	测站编码	站名	水系	河名	观测项目	观测段制 非汛期	观测段制 汛期	降水制表 (一)或(二)	降水制表 日表	摘录段制	自记或标准	水量调查表	报汛部门	备注
基本雨量	31023550	盘石头	南运河	淇河	降水	2	24	(一)	√	24	自记		省	
基本雨量	31024150	鹤壁	南运河	汤河	降水	24	24	(一)	√	24	自记		省	雨雪
基本雨量	31024850	施家沟	南运河	安阳河	降水	24	24	(二)	√	12	自记		省	
巡测站	31006450	杨邑水库	南运河	汤河	降水水位流量	24	24				自记		省	
巡测站	31006080	白龙庙水库	南运河	淇河	降水水位流量	24	24				自记		省	
生态监测	31005640	黄花营	南运河	淇河	水位流量									

2.3.2.2 观测项目及要求

1. 观测项目

测验地点（断面）	测站编码	基本观测项目							辅助观测项目							
		水位	流量	单样含沙量	输沙率	降水	蒸发	水文调查	蒸发辅助	水质	初终霜	水温	冰情	气象	墒情	比降
坝上	31005650	√						√		√		√	√			
坝下	31005660	√	√													
工农渠	31005661	√	√													
盘石头	31023550					√	√					√				
鹤壁	31024150					√										
施家沟	31024850					√										

2. 巡测间测规定

编码	断面地点	断面名称	巡（间）测项目	巡（间）测要求	巡（间）测时间
31006080	河南省鹤壁市淇滨区上峪乡白龙庙村	白龙庙水库	水位、流量	校对遥测水位、率定水位流量关系线	平水期2个月1次，洪水期加密
31006450	河南省鹤壁市鹤山区中山街道杨邑村	杨邑水库	水位、流量	校对遥测水位、率定水位流量关系线	平水期2个月1次，洪水期加密
31005640	河南省鹤壁市淇滨区大河涧乡盘石头水库大坝上游3 km	黄花营	流量	每周一上报上周流量	每周1次

3. 整编所需提交成果资料

测站编码	测站名称	逐日降水量表（汛期）	逐日降水量表（常年）	降水量摘录表	各时段最大降水量表（1）	各时段最大降水量表（2）	逐日水面蒸发量表	蒸发场说明表及平面图	水面蒸发量辅助项目月年统计表	降水量站说明表	逐日平均水位表	洪水水位摘录表	实测流量成果表	实测大断面成果表	逐日平均流量表	洪水水文要素摘录表	堰闸流量率定成果表	堰闸水文要素摘录表	水库水文要素摘录表	水电站抽水流量摘录表	悬移质实测输沙率成果表	悬移质逐日平均输沙量表	悬移质逐日平均含沙量表	悬移质洪水含沙量摘录表	逐日水温表	冰厚及冰情要素摘录表	冰情统计表	水文、永位站说明表	水库、堰间站说明表	区间水利工程基本情况表
31005650	坝上									√															√	√	√	√		√
31005660	坝下									√	√		√	√	√															
31005661	工农渠									√					√															
31005665	出库总量														√					√										
31023550	盘石头	√	√	√	√					√																				
31024150	鹤壁	√	√	√						√																				
31024850	施家沟	√			√					√																				

4. 观测要求

项目		观测要求	辅助观测项目	备注
降水量	标准	每日 8 时定时观测 1 次,1~5 月按 2 段观测,10~12 月按 2 段观测,暴雨时适当加测	初终霜	自记雨量计发生故障或检测时使用标准雨量器,按 24 段制观测
	自记	每日 8 时定时观测 1 次,降水之日 20 时检查 1 次,暴雨时适当增加检查次数。6~9 月按 24 段摘录		
	遥测	按有关要求定期取存数据		
陆上水面蒸发		每日 8 时定时观测 1 次	风向、风速(力)、气温、湿度等	
水位	人工、自记	水位平稳时每日 8 时、20 时(17 时)观测,洪水期或遇水情突变时必须加测,以测得完整水位变化过程为原则。闸坝水库站在闸门启闭前后和水位变化急剧时,应增加测次,以掌握水位转折变化。必须进行水位不确定度估算	1. 风大时观测风向、风力、水面起伏度及流向。2. 闸门变动期间,同时观测闸门开启高度、孔数、流态、闸门是否提出水面等	每日 8 时校测自记水位记录,洪水期适当增加校测次数。定期检测各类水位计,保证正常运行
	遥测	按有关要求定期取存数据		
流量		流量测验应满足流量转折、推算逐日流量和各项特征值的要求,根据高、中、低各级水位情况,合理地分布于各级水位和水情变化过程的转折点处。水位流量关系稳定的站每年测次不少于 15 次。闸坝站测次以能满足率定分析推求泄水过程为原则	1. 每次测流的同时观测记录水位、天气、风向、风力及影响水位流量关系变化的有关情况。2. 闸坝站要测记闸门开启高度、孔数、流态及其变动情况。3. 在高、中水测流时同时观测比降	水位级划分及测洪方案见附录
含沙量	单样含沙量	以控制含沙量转折变化和建立单断沙关系为原则。含沙量变化很小时,可每 4~10 d 取样 1 次。每次较大洪峰过程,一般不少于 4~8 次。洪峰重叠或水沙峰不一致、含沙量变化剧烈时,应增加测次。闸坝站根据闸门变动和含沙量变化情况适当布置测次	水位	较大流域的测站如能分辨出沙峰来源时应予以说明。如河水清澈,可改为目测,含沙量作零处理
	输沙率	根据测站级别每年输沙率测验不少于 10~20 次,测次分布应能控制流量和含沙量的主要转折变化,原则上每次较大洪峰不少于 5 次	单样含沙量、流量及水位等	

续表

项目	观测要求	辅助观测项目	备注
水尺零点高程	每年汛期前后各校测 1 次，若水尺发生变动或有可疑变动，应随时校测。新设水尺应随测随校	水位	包括自记水位计高程标点
水准点高程测量	逢 0、逢 5 年份对基本水准点必须进行复测，校核水准点每年校测 1 次，若发现有变动或可疑变动，应及时复测并查明原因		
大断面测量	每年汛期前后施测，在每次洪水后应予加测。较大洪水采用比降面积法或浮标法测流后，必须加测。人工固定河槽在逢 5 年份施测 1 次	水位	
测站地形测量	除设站初期施测 1 次地形，测验河段在河道、地形、地物有明显变化时，必须进行全部或局部复测	水位	
水文调查	包括断面以上（区间）流域基本情况调查、水量调查、暴雨和洪水调查以及专项水文调查		
水温	每日 8 时观测。冬季稳定封冻期，所测水温连续 3~5 d 皆在 0.2 ℃以下时，即可停止观测。当水面有融化迹象时，应即恢复观测。无较长稳定封冻期不应中断观测		
冰情观测	在测验断面出现结冰现象的时期内一般每日 8 时观测 1 次。冰情变化急剧时，应适当增加测次		
墒情监测	基本站在每旬初（1 日、11 日、21 日）早 8 时观测 1 次，取土深度为地面以下 10 cm、20 cm、40 cm 处 3 点土样	旬总雨量统计	旱情严重时应加密、多点观测
气象			
水质监测	按照《水环境监测规范》（SL 219—98）和当年《河南省水功能区及大型水库水质监测实施方案》的要求采样。如遇突发性污染事故应及时取样，并报告有关主管部门，以便采取应急措施	按水样送验单要求观测、填写辅助观测项目	有水质采样任务的站，要求当天取样，当天送到指定的单位
其他			

2.3.2.3 水文情报预报工作

(1)水文站报汛必须严格贯彻执行《水文情报预报规范》(GB/T 22482—2008)、《水情信息编码标准》(SL 330—2011),保证拍报质量,水文站差错率不超过 1%,雨量站差错率不超过 3%。

(2)水文站要在综合分析近期水位流量关系的基础上,于汛前修订好报汛曲线,并用历史调查洪水做好高水部分的曲线延长,随时根据实测点修订水位流量曲线,保证相应流量的准确性。

(3)汛期与非汛期划分:淮河、长江流域当年 5 月 15 日至 10 月 1 日为汛期,当年 10 月 2 日至次年 5 月 14 日为非汛期;海河、黄河流域当年 6 月 1 日至 10 月 1 日为汛期,当年 10 月 2 日至次年 5 月 31 日为非汛期。

(4)降水量拍报。水文站 11 月 2 日至次年 4 月 1 日人工拍报雨雪情信息,其他时间由遥测雨量采集系统自动拍报降水量信息。

(5)水情拍报:

①水情站要严格按照当年下达的报汛任务书的要求拍报。遇到洪水涨洪时要报出洪水全过程,涨水段在二级加报水位以上,至少要报 2~3 次实测流量,以校正拍报的相应流量。

②水库站凡遇大、中洪水入库时,均要拍报入库流量全过程。

③当发生特大暴雨洪水,河道分洪、决口、扒堤、水库垮坝及大面积内涝时,应及时拍报特殊水情电报,并立即调查情况并上报。

(6)水文预报。大型水库和主要河道控制水文站,要积极开展水文预报。发生大洪水时,及时向当地有关部门通报水情趋势,为防汛抢险和水利调度当好参谋。

2.3.2.4 水文水资源调查

水文调查是水文测验工作的重要组成部分,是收集水文资料的重要环节,水文站应当有计划地进行,以满足水文水资源分析计算的要求。

本站负责<u>本</u>断面以上至<u>洪河三郊口水库、淅河弓上水库</u>范围内水文水资源调查任务。

1. 调查要求

(1)对测站流量有较大影响的水利设施,应查清工程指标及其变化等情况,一般影响一次洪水总量或河道同期多年平均径流量达 15%~20% 时,应与有关部门配合,建立简易观测点或巡测点,达到能推算各月和全年的调节、引用水量的目的。

(2)对测站流量有中等影响的水利设施,应逐个查清工程指标等情况,并每年及时调查其水量,以能估算其年调节、引用水量为原则。一般影响洪峰流量 5% 以上的水利工程,或引入、引出水量占引水期间水量的 5% 以上的固定工程,需逐个测算其年调节、引用水量。

(3)对测站流量影响较小的水利设施,一般只统计总个数、总指标,测算总水量。小面积站上游的水利工程设施,其一个或几个工程的控制面积超过集水面积的 10%,或引水期的调节水量占河道同期水量的 10% 以上时,则应做较细致的调查,算清水账。水利设施的工程指标等情况,可直接引用工程管理等部门的资料,在做过普查以后,每年可只对有变动的部分做补充调查。

遇有滞洪、决口等情况,应立即了解其具体位置、发生时间,并尽可能查清其水量。调查应在发生这些情况的短时间内进行,如有困难,也应在当年把情况调查清楚。

当发生特大暴雨、洪水或特别干旱时,应进行暴雨、洪水及必要的枯水调查。

(4)注意观察水的透明度、气味、色度、悬浮物质等物理特性是否异常,是否明显受到污染,当发现突发性污染事故时及时上报上级主管部门,并按上级要求进行监测。

(5)水文站(县局)水文调查成果应按规范规定整理并编写调查报告。

2.调查表

调查地点	水工设施名称	调查时间	调查项目	调查要求	备注

3.省界断面

每月5日前向流域机构上报上月最高、最低、月平均水位,最高、最低、月平均流量和月径流量。

2.3.2.5 资料

1.资料整编

原始资料不得损毁,禁止涂改、誊写。各种整编报表的填写要符合规范规定。

水文站的各项观测资料应严格执行"四随"制度,当月各项资料应于次月5日前完成在站整编,次年1月5日前完成上年度全年资料的在站整编。

水文站应对各种原始数据进行校对,资料在站整编完成后,应写出在站整编说明书,简述测验情况、整编发现的问题及处理意见、合理性检查情况及对资料成果的评价。

2.资料分析

洪水过后要进行大断面冲淤变化分析。突出的流量和沙量测点应进行批判分析。根据上下游控制断面做水量平衡分析。对属站降水量要进行对比分析,发现错日、错量情况及时更正。

通过资料分析掌握测站特性和各水文因素的变化规律,力求定线合理,推算方法正确,符合本站特性。

3.资料保存

水文资料是国家重要的基础信息资源,要注意防火、防盗,保持整洁。资料要存放在资料柜内,指定专人妥善保管,防止丢失。未经审查的资料不得向社会发布。

2.3.2.6 测报设施管理、养护及安全生产

测报设施是保障安全、提高测洪能力和精度、提高测报成果质量的重要设施,测站必须精心养护,发现问题及时维修,并将检查处理情况做好记录。

1.钢丝绳的养护

(1)钢丝绳每年擦油1~2次,防止生锈,重点受力部位加强检修。

(2)对钢丝绳与锚碇接头部分涂黄油并经常检查。

2.支架、锚碇的养护

(1)为保持支架直立、结构不变形,保持平衡,使支架各方向的拉力均衡,每年应全面

检查调整 2～3 次,大洪水期应检查 1～2 次。

(2)钢支架每隔 1～2 年进行除锈、油漆养护,除锈后先涂防锈漆,再涂油漆;避雷接地电阻应校测。

(3)汛前及洪水过后要认真检查支架基础有无沉陷、有无位移,联系螺栓是否有松动,混凝土基础有无裂缝等,如不符合要求及时检修。

(4)每月检查锚碇有无位移,锚碇附近土壤有无裂纹、崩塌、沉陷等现象,夹头是否松动、锚杆是否生锈,发现问题及时处理。

3. 驱动设备的养护

1)动力设备

(1)变压器,按供电部门规定,隔一定年限更换变压器油。

(2)柴油机及发电机组,按使用说明书规定进行技术保养。

(3)经常检查电动机发热情况,温升超过 60 ℃时,应采取降温措施,电动机应接地,发现电动机异常时,应停车检查原因,设法排除。

2)绞车

经常保持绞车轴承、转动部件油润,每年汛前应全面检查 1 次,保证其正常工作状态。

3)滑轮

经常检查导向滑轮、游轮、行车等运转情况,发现不正常应及时检修,不允许钢丝绳在滑轮上滑动、擦边、跳槽,若有上述问题,应采取措施及时排除,保持油润,运行时注意随时监视各滑轮运转情况。

4)水文缆道

水文缆道每年要进行起点距、水深比测 1～2 次并保存好记录。

4. 仪器、仪表的养护

(1)各种仪器、仪表按说明书使用、养护,应保持附件的齐全;流速仪应及时鉴定并保管好鉴定证书。

(2)各种仪器、仪表应放在干燥通风、清洁和不受腐蚀性气体侵蚀的地方。

(3)主要电子、电器仪表应设有接地装置,防止雷电感应短路烧坏仪表。

5. 测船的养护

(1)每日观察测船设施有无毁损,平时 5 d 擦洗 1 次,汛期每日擦洗 1 次,发现问题及时排除,保证测流的顺利进行。

(2)木船每年小修 1 次,5 年大修 1 次,钢板船 1～2 年检修 1 次。

(3)机动船平时每 5 d 启动 1 次,维持机械的油润,汛期保证随时能启动运行测流。

6. 桥测车的养护

除按机动车正常管理、养护外,还应注意:

(1)司机应爱护车辆,经常擦洗机件,保持机件润滑、清洁。

(2)桥测车每月发动 2～3 次,检查机件、电路等所有部件的性能,发现问题,应及时检修排除,以保证测流时能随时启动、运行。

7. 遥测设备的管理与养护

(1)自记井发生淤积时应及时进行清淤处理。

（2）传感器应经常检查,保持内部干净。

（3）终端机、馈线、天线、太阳能电池板及蓄电瓶等设备应经常检修、维护。太阳能电池板应每月清洗 1 次。

（4）备品备件要有专人管理养护。

8. 通信线路的养护

通信线路要不定期地进行检查,发现问题及时向电信部门及上级汇报,做好线路的抢修工作,确保线路畅通。

9. 安全生产

加强生产安全管理。配置救生衣、安全斧、救生锤、破坏钳等必要的安全生产设施。水上作业时必须穿戴救生衣,桥测时应放置警示标识,保证人身安全。缆道、测船等作业严格按照规程进行操作,严禁违章操作,避免意外发生。办公楼配备防盗防火设施,做好防火、防盗、雷击和安全用电工作,杜绝各类事故发生。

水文站于每年年初向勘测局编报测报设施维修养护经费计划,由勘测局汇总,报省局审定安排,水文站按下达的维修养护任务保质保量完成。

2.3.2.7 属站管理

水文站对属站负有领导责任,积极主动地指导属站进行各项观测、资料整理等工作,做到汛前有布置,汛期有检查,汛后有总结,遇到特殊情况及时处理。对属站所有仪器设备做好维护管理工作。

2.3.2.8 业务学习

每周定期学习以下技术规范和其他新技术操作等。

序号	规范	学习时间
1	《水文缆道测验规范》(SL 443—2009)	
2	《水文测船测验规范》(SL 338—2006)	
3	《水位观测平台技术标准》(SL 384—2007)	
4	《水工建筑物与堰槽测流规范》(SL 537—2011)	
5	《声学多普勒流量测验规范》(SL 337—2006)	
6	《水位观测标准》(GB/T 50138—2010)	
7	《降水量观测规范》(SL 21—2015)	
8	《河流悬移质泥沙测验规范》(GB/T 50159—2015)	
9	《河流流量测验规范》(GB 50179—2015)	
10	《水文巡测规范》(SL 195—2015)	本站安排每周
11	《翻斗式雨量计》(GB/T 11832—2002)	三、周四下午学习
12	《水面蒸发观测规范》(SL 630—2013)	
13	《水文资料整编规范》(SL 247—2012)	
14	《水文数据整理汇编标准》(DB 41/T 1599—2018)	
15	《土壤墒情监测规范》(SL 364—2015)	
16	《水文测量规范》(SL 58—2014)	
17	《水文调查规范》(SL 196—2015)	
18	《水文基本术语和符号标准》(GB/T 50095—2014)	
19	《水文仪器术语及符号》(GB/T 19677—2005)	
20	《河流冰情观测规范》(SL 59—2015)	

2.3.2.9 附录

1."四随"工作制度

	降水量	水位	流量	含沙量
随测算	1.准时量记,当场自校。 2.自记站要按时检查,每日8时换纸,无雨不换纸要加水,有雨注意量记虹吸水量。 3.检查记载规格符号是否正确、齐全。 4.每日8时计算日雨量、蒸发量,旬、月初计算旬、月雨量	1.准时测记水位及附属项目,当场自校。 2.自记水位按时校测、检查。 3.日平均水位次日计算完毕。 4.水准测量当场计算高差,当日计算成果并校核	1.附属观测项目及备注说明当场填记齐全。 2.闸坝站应现场测记有关水力因素。 3.按要求及时测记流量。 4.流量随测随算	1.单样含沙量及输沙率测量后,编号与瓶号、滤纸要校对,并填入单沙记载本中,各栏填记齐全。 2.水样处理当日进行(如加沉淀剂、自动滤沙)。 3.烘干称重后立即计算
随拍报	1.从4月2日至11月1日期间全省统一采用自动遥测站雨量信息,11月2日至次年4月1日仍进行人工拍报雨情信息。 2.密切监视本辖区内雨情变化,发现雨量站点1 h降雨量超过50 mm或单日累计降雨量100 mm以上时,要及时报当地县防办和勘测局水情科	1.严格按照当年下达的防汛抗旱拍报任务通知的要求拍报。有涨水过程时必须加报起涨水情和洪峰流量,及时报出洪水全过程。 2.当洪水上涨超过各级加报标准时,必须立即拍报水情1次,然后按规定段次发报;上次发报后涨幅已超过1 m的,也要及时加报1次;出现洪峰要立即拍报。 3.河道站:三级加报涨水段全部为24段次,落水段12~24段次。 水库站:一级起报水位以上、二级加报水位以下要至少按照1 d 4段次拍报,二级加报水位(汛限水位)以上的涨水段全部按照24段次拍报,落水段按照12~24段次拍报。闸门变动随时报。 4.当发生特大暴雨洪水,河道分洪、决口、扒堤、水库垮坝及大面积内涝时,应及时拍报特殊水情电报,并立即调查情况并上报	1.要在综合分析近期水位流量关系(水库站:输水设备泄流曲线)的基础上,于汛前修订好报汛曲线,并用历史调查洪水做好高水部分的曲线延长;汛期随时根据实测点修订水位流量曲线,保证相应流量的准确性。 2.有拍报旬、月平均流量的河道、闸坝站断流或无出流量时也要拍报旬、月平均流量。 3.河道站:根据洪水大小,在二级加报水位以上至少要报出1~3次实测流量,以校正拍报的相应流量。 水库站:大型水库凡遇洪水入库时,均要拍报入库流量全过程	

	降水量	水位	流量	含沙量
随整理	1. 日、旬、月雨量在发报前要计算校核1遍。 2. 自记纸当日完成订正、摘录、计算、复核。 3. 月初3 d内原始资料完成3遍手,进行月统计	1. 日平均水位次日校核完毕。 2. 自记水位8时换纸后摘录订正前一天水位,计算日平均值,并校核。 3. 月初3 d内复核原始资料。 4. 水准测量次日复核完毕	1. 单次流量资料测算后即完成校核,当月完成复核。 2. 水库出库流量(100 m³/s)过后3 d内,报出测洪小结	单样含沙量、输沙率计算后当日校核,当月复核
随分析	1. 属站雨量到齐后列表对比检查雨型、雨量。 2. 主要暴雨绘各站暴雨累积曲线对比检查。 3. 发现问题及时处理	1. 应随测随点绘逐时过程线,并进行检查。 2. 日平均水位在逐时线上画横线检查。 3. 山区站及测沙站应画降雨柱状图,检查时间是否相应。 4. 发现问题及时处理	1. 洪水期流量测验要做点流速、垂线流速、水深测量的正确性及垂线布设的合理性检查。 2. 点绘水位流量关系线并检查偏离程度。水库闸坝站应点绘在系数曲线上检查。 3. 测次点在水位过程线上,检查测次分布。 4. 发现问题,检查原因,确定改正、重测或舍弃,并写出分析说明	1. 取样后将测次点在水位过程线上(可用不同颜色),检查测次控制合理性。 2. 沙量称重计算后点绘单样含沙量过程线,发现问题立即复烘、复秤。 3. 检查单断沙关系及含沙量横向分布。 4. 发现问题及时处理

2. 使用水尺时的水位观测段次要求

段次要求	2 段	4 段	8 段	逐时
日变化(m)	<0.10	0.10~0.50	>0.50	
水位级(m)				

3. 水尺观测的不确定度估算

波浪变幅(cm)	≤2	3~30	≥31
波浪级别	无波浪	一般波浪	较大波浪
随机不确定度			
综合不确定度			
备注	每年在无波浪、一般波浪或较大波浪情况下,且水位基本无变化的5~10 min内连续观读水尺30次以上进行计算		

4. 流速仪法测流方案的制定

1) 水位级划分(单位:m)

水位级	高水	中水	低水	枯水
备注				

2) 允许总随机不确定度 X'_Q 与已定系统误差 U_Q

水位级	高水	中水	低水	枯水
X'_Q	6	7	10	
U_Q	$-2 \sim 1$	$-2 \sim 1$	$-2 \sim 1$	

3) 常用测流方案

流速仪测流方案	测流方案 (m,p,t)	最少垂线数 m 方案下限	备注
工农渠	1)5　5　100 2)5　2　100 3)5　1　100	5 5 5	方案的优先级按先后顺序进行排列,故选用方案优选排列在前的。
坝下	1)10　1　100 2)10　1　60 3)10　1　30	7 7 7	m—垂线数; p—垂线测点数; t—历时

5. 流速系数

分类	水面浮标系数	岸边流速系数	小浮标系数	半深系数	深水浮标系数	电波流速仪系数	ADCP测流系数
系数及确定方法	0.85 经验	0.70 经验					
试验系数及时间							
备注	如果有试验系数,测流时应采用试验系数						

6. 测流方法

方案	涉水	缆道	测船	桥测	浮标	比降
水位(m)		以下			以上	
备注						

7. 测洪小结

当发生较大洪水时,洪水过后 3 d 内,及时以电子文本形式上报测洪小结至省局站网监测处(电子信箱:hnscyk@126.com)。

2.3.3 新村水文站任务书

2.3.3.1 新村水文站基本情况

1. 位置情况

隶属	河南省鹤壁水文水资源勘测局	重要站级别	省级
流域	海河	水系	南运河
河名	淇河	汇入何处	共产主义渠
东经	114°13′54″	北纬	35°45′33″
集水面积	2 118 km²	至河口距离	43 km
级别	二	人员编制	3
测站地址	河南省鹤壁市淇滨区金山街道辛村	邮政编码	458032
电话号码	0392－3313401	电子信箱	xincunswz@163.com
测站编码	31005700	雨量站编码	31023650
报汛站号	31005700	省界断面	否

2. 测站属性

类别	河道站		性质	基本水文站
设站目的	本站为区域代表站,是淇河中下游的主要控制站。采集淇河新村站断面以上长系列水文要素信息,为水资源管理和防汛减灾提供服务			

3. 属站名单

负责管理的基本雨量站、水位站和中小河流巡测站、水位站、雨量站、水量辅助站、生态监测站。

属站类别	测站编码	站名	水系	河名	观测项目	观测段制 非汛期	观测段制 汛期	降水制表 (一)或(二)	降水制表 日表	摘录段制	自记或标准	水量调查表	报汛部门	备注
基本雨量	31023650	新村	南运河	淇河	降水	2	24	(一)	√	24	自记		省	
基本雨量	31022300	前嘴	南运河	思德河	降水	24	24	(二)	√	24	自记		省	雨雪
基本雨量	31022400	朝歌	南运河	思德河	降水	24	24	(一)	√	24	自记		省	雨雪
基本雨量	31023600	大柏峪	南运河	淇河	降水	24	24	(二)	√	24	自记		省	雨雪
基本雨量	31022350	赵庄	南运河	赵家渠	降水		24	(二)	√	24	自记		省	汛期站
基本雨量	31024250	申屯	南运河	永通河	降水		24	(二)	√	24	自记		省	汛期站
基本水位	31005705	朱家	南运河	朱家	水位、流量								省	

2.3.3.2 观测项目及要求

1. 观测项目

测验地点（断面）	测站编码	基本观测项目							辅助观测项目							
		水位	流量	单样含沙量	输沙率	降水	蒸发	水文调查	蒸发辅助	水质	初终霜	水温	冰情	气象	墒情	比降
新村	31005700	√	√	√				√	√			√		√		
新村基上	31005701	√	√													
朱家	31005705	√	√													
新村	31023650					√	√					√				
前嘴	31022300					√										
朝歌	31022400					√										
大柏峪	31023600					√										
赵庄	31022350					√										
申屯	31024250					√										

2. 巡测间测规定

编码	断面地点	断面名称	巡（间）测项目	巡（间）测要求	巡（间）测时间
31005530	河南省鹤壁市淇县庙口乡石棚村	夺丰水库	水位、流量	校对遥测水位、率定水位流量关系线	平水期2月1次，洪水期加密
31005540	河南省鹤壁市淇县灵山街道牛心岗村	红卫水库	水位、流量	校对遥测水位、率定水位流量关系线	平水期2月1次，洪水期加密
31005560	河南省鹤壁市淇县桥盟街道余庄村	余庄	水位、流量	校对遥测水位、率定水位流量关系线	平水期2月1次，洪水期加密
31006110	河南省鹤壁市淇滨区钜桥镇刘洼村	刘洼	水位、流量	校对遥测水位、率定水位流量关系线	平水期2月1次，洪水期加密
31006505	河南省鹤壁市山城区石林镇耿寺村	耿寺	水位、流量	每周一上报上周流量	每周1次

3. 整编所需提交成果资料

测站编码	测站名称	逐日降水量表（汛期）	逐日降水量表（常年）	降水量摘录表	各时段最大降水量表(1)	各时段最大降水量表(2)	逐日水面蒸发量表	蒸发场说明表及平面图	水面蒸发量辅助项目月年统计表	降水量站说明表	逐日平均水位表	洪水水位摘录表	实测流量成果表	实测大断面成果表	堰闸流量率定成果表	逐日平均流量表	洪水水文要素摘录表	堰闸水文要素摘录表	水库水文要素摘录表	水电站抽水站流量率定表	悬移质实测输沙率成果表	悬移质逐日平均输沙率表	悬移质逐日平均含沙量表	悬移质洪水含沙量摘录表	逐日水温表	冰厚及冰情统计表	冰情统计表	水文、水位站说明表	水库、堰闸站说明表	区间水利工程基本情况表
31005700	新村										√	√	√			√							√			√		√		√
31005705	朱家										√	√	√			√														
31023650	新村	√	√		√	√																								
31022300	前嘴		√		√																									
31022350	赵庄	√			√																									
31022400	朝歌		√		√																									
31023600	大柏峪		√		√																									
31024250	申屯	√			√																									

4.观测要求

项目		观测要求	辅助观测项目	备注
降水量	标准	每日8时定时观测1次,1~5月按2段观测,10~12月按2段观测,暴雨时适当加测	初终霜	自记雨量计发生故障或检测时使用标准雨量器,按24段制观测
	自记	每日8时定时观测1次,降水之日20时检查1次,暴雨时适当增加检查次数。6~9月按24段摘录		
	遥测	按有关要求定期取存数据		
陆上水面蒸发		每日8时定时观测1次	风向、风速(力)、气温、湿度等	
水位	人工、自记	水位平稳时每日8时、20时(17时)观测,洪水期或遇水情突变时必须加测,以测得完整水位变化过程为原则。闸坝水库站在闸门启闭前后和水位变化急剧时,应增加测次,以掌握水位转折变化。必须进行水位不确定度估算	1.风大时观测风向、风力、水面起伏度及流向。 2.闸门变动期间,同时观测闸门开启高度、孔数、流态、闸门是否提出水面等	每日8时校测自记水位记录,洪水期适当增加校测次数。定期检测各类水位计,保证正常运行
	遥测	按有关要求定期取存数据		
流量		流量测验应满足流量转折、推算逐日流量和各项特征值的要求,根据高、中、低各级水位情况,合理地分布于各级水位和水情变化过程的转折点处。水位流量关系稳定的站每年测次不少于15次。闸坝站测次以能满足率定分析推求泄水过程为原则	1.每次测流的同时观测记录水位、天气、风向、风力及影响水位流量关系变化的有关情况。 2.闸坝站要测记闸门开启高度、孔数、流态及其变动情况。 3.在高、中水测流时同时观测比降	水位级划分及测洪方案见附录
含沙量	单样含沙量	以控制含沙量转折变化和建立单断沙关系为原则。含沙量变化很小时,可每4~10 d取样1次。每次较大洪峰过程,一般不少于4~8次。洪峰重叠或水沙峰不一致、含沙量变化剧烈时,应增加测次。闸坝站根据闸门变动和含沙量变化情况适当布置测次	水位	较大流域的测站如能分辨出沙峰来源时应予以说明。如河水清澈,可改为目测,含沙量作零处理
	输沙率	根据测站级别每年输沙率测验不少于10~20次,测次分布应能控制流量和含沙量的主要转折变化,原则上每次较大洪峰不少于5次	单样含沙量、流量及水位等	

项目	观测要求	辅助观测项目	备注
水尺零点高程	每年汛期前后各校测 1 次,若水尺发生变动或有可疑变动,应随时校测。新设水尺应随测随校	水位	包括自记水位计高程标点
水准点高程测量	逢 0、逢 5 年份对基本水准点必须进行复测,校核水准点每年校测 1 次,若发现有变动或可疑变动,应及时复测并查明原因		
大断面测量	每年汛期前后施测,在每次洪水后应予加测。较大洪水采用比降面积法或浮标法测流后,必须加测。人工固定河槽在逢 5 年份施测 1 次	水位	
测站地形测量	除设站初期施测 1 次地形,测验河段在河道、地形、地物有明显变化时,必须进行全部或局部复测	水位	
水文调查	包括断面以上(区间)流域基本情况调查、水量调查、暴雨和洪水调查以及专项水文调查		
水温	每日 8 时观测。冬季稳定封冻期,所测水温连续 3 ~ 5 d 皆在 0.2 ℃以下时,即可停止观测。当水面有融化迹象时,应即恢复观测。无较长稳定封冻期不应中断观测		
冰情观测	在测验断面出现结冰现象的时期内一般每日 8 时观测 1 次。冰情变化急剧时,应适当增加测次		
墒情监测	基本站在每旬初(1 日、11 日、21 日)早 8 时观测 1 次,取土深度为地面以下 10 cm、20 cm、40 cm 处 3 点土样	旬总雨量统计	旱情严重时应加密、多点观测
气象			
水质监测	按照《水环境监测规范》(SL 219—98)和当年《河南省水功能区及大型水库水质监测实施方案》的要求采送样。如遇突发性污染事故应及时取样,并报告有关主管部门,以便采取应急措施	按水样送验单要求观测、填写辅助观测项目	有水质采样任务的站,要求当天取样,当天送到指定的单位
其他			

2.3.3.3　水文情报预报工作

（1）水文站报汛必须严格贯彻执行《水文情报预报规范》（GB/T 22482—2008）、《水情信息编码标准》（SL 330—2011），保证拍报质量，水文站差错率不超过1%，雨量站差错率不超过3%。

（2）水文站要在综合分析近期水位流量关系的基础上，于汛前修订好报汛曲线，并用历史调查洪水做好高水部分的曲线延长，随时根据实测点修订水位流量曲线，保证相应流量的准确性。

（3）汛期与非汛期划分：淮河、长江流域当年5月15日至10月1日为汛期，当年10月2日至次年5月14日为非汛期；海河、黄河流域当年6月1日至10月1日为汛期，当年10月2日至次年5月31日为非汛期。

（4）降水量拍报。水文站11月2日至次年4月1日人工拍报雨雪情信息，其他时间由遥测雨量采集系统自动拍报降水量信息。

（5）水情拍报：

①水情站要严格按照当年下达的报汛任务书的要求拍报。遇到洪水涨洪时要报出洪水全过程，涨水段在二级加报水位以上，至少要报2~3次实测流量，以校正拍报的相应流量。

②水库站凡遇大、中洪水入库时，均要拍报入库流量全过程。

③当发生特大暴雨洪水，河道分洪、决口、扒堤、水库垮坝及大面积内涝时，应及时拍报特殊水情电报，并立即调查情况并上报。

（6）水文预报。大型水库和主要河道控制水文站，要积极开展水文预报。发生大洪水时，及时向当地有关部门通报水情趋势，为防汛抢险和水利调度当好参谋。

2.3.3.4　水文水资源调查

水文调查是水文测验工作的重要组成部分，是收集水文资料的重要环节，水文站应当有计划地进行，以满足水文水资源分析计算的要求。

本站负责本断面以上至盘石头水库范围内水文水资源调查任务。

1. 调查要求

（1）对测站流量有较大影响的水利设施，应查清工程指标及其变化等情况，一般影响一次洪水总量或河道同期多年平均径流量达15%~20%时，应与有关部门配合，建立简易观测点或巡测点，达到能推算各月和全年的调节、引用水量的目的。

（2）对测站流量有中等影响的水利设施，应逐个查清工程指标等情况，并每年及时调查其水量，以能估算其年调节、引用水量为原则。一般影响洪峰流量5%以上的水利工程，或引入、引出水量占引水期间水量的5%以上的固定工程，需逐个测算其年调节、引用水量。

（3）对测站流量影响较小的水利设施，一般只统计总个数、总指标，测算总水量。小面积站上游的水利工程设施，其一个或几个工程的控制面积超过集水面积的10%，或引水期的调节水量占河道同期水量的10%以上时，则应做较细致的调查，算清水账。水利设施的工程指标等情况，可直接引用工程管理等部门的资料，在做过普查以后，每年可只对有变动的部分做补充调查。

遇有滞洪、决口等情况，应立即了解其具体位置、发生时间，并尽可能地查清其水量。调查应在发生这些情况的短时间内进行，如有困难，也应在当年把情况调查清楚。

当发生特大暴雨、洪水或特别干旱时，应进行暴雨、洪水及必要的枯水调查。

（4）注意观察水的透明度、气味、色度、悬浮物质等物理特性是否异常，是否有明显污染，当发现突发性污染事故时及时上报上级主管部门，并按上级要求进行监测。

（5）水文站（县局）水文调查成果应按规范规定整理并编写调查报告。

2. 调查表

调查地点	水工设施名称	调查时间	调查项目	调查要求

3. 省界断面

每月 5 日前向流域机构上报上月最高、最低、月平均水位，最高、最低、月平均流量和月径流量。

2.3.3.5 资料

1. 资料整编

原始资料不得损毁，禁止涂改、誉写。各种整编报表的填写要符合规范规定。

水文站的各项观测资料应严格执行"四随"制度，当月各项资料应于次月 5 日前完成在站整编，次年 1 月 5 日前完成上年度全年资料的在站整编。

水文站应对各种原始数据进行校对，资料在站整编完成后，应写出在站整编说明书，简述测验情况、整编发现的问题及处理意见、合理性检查情况及对资料成果的评价。

2. 资料分析

洪水过后要进行大断面冲淤变化分析。突出的流量和沙量测点应进行批判分析。根据上下游控制断面做水量平衡分析。对属站降水量要进行对比分析，发现错日、错量情况及时更正。

通过资料分析掌握测站特性和各水文因素的变化规律，力求定线合理，推算方法正确，符合本站特性。

3. 资料保存

水文资料是国家重要的基础信息资源，要注意防火、防盗，保持整洁。资料要存放在资料柜内，指定专人妥善保管，防止丢失。未经审查的资料不得向社会发布。

2.3.3.6 测报设施管理、养护及安全生产

测报设施是保障安全、提高测洪能力和精度、提高测报成果质量的重要设施，测站必须精心养护，发现问题及时维修，并将检查处理情况做好记录。

1. 钢丝绳的养护

（1）钢丝绳每年擦油 1～2 次，防止生锈，重点受力部位加强检修。

（2）对钢丝绳与锚碇接头部分涂黄油并经常检查。

2. 支架、锚碇的养护

（1）为保持支架直立、结构不变形，保持平衡，使支架各方向的拉力均衡，每年应全面检查调整 2～3 次，大洪水期应检查 1～2 次。

（2）钢支架每隔 1～2 年进行除锈、油漆养护,除锈后先涂防锈漆,再涂油漆;避雷接地电阻应校测。

（3）汛前及洪水过后要认真检查支架基础有无沉陷、有无位移,联系螺栓是否有松动,混凝土基础有无裂缝等,如不符合要求应及时检修。

（4）每月检查锚碇有无位移,锚碇附近土壤有无裂纹、崩塌、沉陷等现象,夹头是否松动、锚杆是否生锈,发现问题及时处理。

3. 驱动设备的养护

1）动力设备

（1）变压器,按供电部门规定,隔一定年限更换变压器油。

（2）柴油机及发电机组,按使用说明书规定进行技术保养。

（3）经常检查电动机发热情况,温升超过 60 ℃ 时,应采取降温措施,电动机应接地,发现电动机异常时,应停车检查原因,设法排除。

2）绞车

经常保持绞车轴承、转动部件油润,每年汛前应全面检查 1 次,保证其正常工作状态。

3）滑轮

滑轮经常检查导向滑轮、游轮、行车等运转情况,发现不正常应及时检修,不允许钢丝绳在滑轮上滑动、擦边、跳槽,若有上述问题,应采取措施及时排除,保持油润,运行时注意随时监视各滑轮运转情况。

4）水文缆道

水文缆道每年要进行起点距、水深比测 1～2 次并保存好记录。

4. 仪器、仪表的养护

（1）各种仪器、仪表按说明书使用、养护,应保持附件的齐全;流速仪应及时鉴定并保管好鉴定证书。

（2）各种仪器、仪表应放在干燥通风、清洁和不受腐蚀性气体侵蚀的地方。

（3）主要电子、电器仪表应设有接地装置,防止雷电感应短路烧坏仪表。

5. 测船的养护

（1）每日观察测船设施有无毁损,平时 5 d 擦洗 1 次,汛期每日擦洗 1 次,发现问题及时排除,保证测流的顺利进行。

（2）木船每年小修 1 次,5 年大修 1 次,钢板船 1～2 年检修 1 次。

（3）机动船平时每 5 d 启动 1 次,维持机械的油润,汛期保证随时能启动运行测流。

6. 桥测车的养护

除按机动车正常管理、养护外,还应注意:

（1）司机应爱护车辆,经常擦洗机件,保持机件润滑、清洁。

（2）桥测车每月发动 2～3 次,检查机件、电路等所有部件的性能,发现问题,应及时检修排除,以保证测流时能随时启动、运行。

7. 遥测设备的管理与养护

（1）自记井发生淤积时应及时进行清淤处理。

（2）传感器应经常检查,保持内部干净。

（3）终端机、馈线、天线、太阳能电池板及蓄电瓶等设备应经常检修、维护。太阳能电池板应每月清洗 1 次。

（4）备品备件要有专人管理养护。

8. 通信线路的养护

通信线路要不定期进行检查，发现问题及时向电信部门及上级汇报，做好线路的抢修工作，确保线路畅通。

9. 安全生产

加强生产安全管理。配置救生衣、安全斧、救生锤、破坏钳等必要的安全生产设施。水上作业时必须穿戴救生衣，桥测时应放置警示标识，保证人身安全。缆道、测船等作业严格按照规程进行操作，严禁违章操作，避免意外发生。办公楼配备防盗防火设施，做好防火、防盗、雷击和安全用电工作，杜绝各类事故发生。

水文站于每年年初向勘测局编报测报设施维修养护经费计划，由勘测局汇总，报省局审定安排，水文站按下达的维修养护任务保质保量完成。

2.3.3.7　属站管理

水文站对属站负有领导责任，积极主动地指导属站进行各项观测、资料整理等工作，做到汛前有布置，汛期有检查，汛后有总结，遇到特殊情况应及时处理。对属站所有仪器设备做好维护管理工作。

2.3.3.8　业务学习

每周定期学习以下技术规范和其他新技术操作等。

序号	规范	学习时间
1	《水文缆道测验规范》（SL 443—2009）	
2	《水文测船测验规范》（SL 338—2006）	
3	《水位观测平台技术标准》（SL 384—2007）	
4	《水工建筑物与堰槽测流规范》（SL 537—2011）	
5	《声学多普勒流量测验规范》（SL 337—2006）	
6	《水位观测标准》（GB/T 50138—2010）	
7	《降水量观测规范》（SL 21—2015）	
8	《河流悬移质泥沙测验规范》（GB/T 50159—2015）	
9	《河流流量测验规范》（GB 50179—2015）	
10	《水文巡测规范》（SL 195—2015）	本站安排每周三、周四下午学习
11	《翻斗式雨量计》（GB/T 11832—2002）	
12	《水面蒸发观测规范》（SL 630—2013）	
13	《水文资料整编规范》（SL 247—2012）	
14	《水文数据整理汇编标准》（DB 41/T 1599—2018）	
15	《土壤墒情监测规范》（SL 364—2015）	
16	《水文测量规范》（SL 58—2014）	
17	《水文调查规范》（SL 196—2015）	
18	《水文基本术语和符号标准》（GB/T 50095—2014）	
19	《水文仪器术语及符号》（GB/T 19677—2005）	
20	《河流冰情观测规范》（SL 59—2015）	

2.3.3.9 附录

1."四随"工作制度

	降水量	水位	流量	含沙量
随测算	1. 准时量记,当场自校。 2. 自记站要按时检查,每日8时换纸,无雨不换纸要加水,有雨注意量记虹吸水量。 3. 检查记载规格符号是否正确、齐全。 4. 每日8时计算日雨量、蒸发量,旬、月初计算旬、月雨量	1. 准时测记水位及附属项目,当场自校。 2. 自记水位按时校测、检查。 3. 日平均水位次日计算完毕。 4. 水准测量当场计算高差,当日计算成果并校核	1. 附属观测项目及备注说明当场填记齐全。 2. 闸坝站应现场测记有关水力因素。 3. 按要求及时测记流量。 4. 流量随测随算	1. 单样含沙量及输沙率测量后,编号与瓶号、滤纸要校对,并填入单沙记载本中,各栏填记齐全。 2. 水样处理当日进行(如加沉淀剂、自动滤沙)。 3. 烘干称重后立即计算
随拍报	1. 从4月2日至11月1日期间全省统一采用自动遥测站雨量信息,11月2日至次年4月1日仍进行人工拍报雨情信息。 2. 密切监视本辖区内雨情变化,发现雨量站点1 h降雨量超过50 mm或单日累计降雨量100 mm以上时,要及时报当地县防办和勘测局水情科	1. 严格按照当年下达的防汛抗旱拍报任务通知的要求拍报。有涨水过程时必须加报起涨水情和洪峰流量,及时报出洪水全过程。 2. 当洪水上涨超过各级加报标准时,必须立即拍报水情1次,然后按规定段次发报;上次发报后涨幅已超过1 m的,也要及时加报1次;出现洪峰要立即拍报。 3. 河道站:三级加报涨水段全部为24段次,落水段12~24段次; 水库站:一级起报水位以上、二级加报水位以下要至少按照1 d 4段次拍报,二级加报水位(汛限水位)以上的涨水段全部按照24段次拍报,落水段按照12~24段次拍报。闸门变动随时报。 4. 当发生特大暴雨洪水、河道分洪、决口、扒堤、水库垮坝及大面积内涝时,应及时拍报特殊水情电报,并立即调查情况并上报	1. 要在综合分析近期水位流量关系(水库站:输水设备泄流曲线)的基础上,于汛前修订好报汛曲线,并用历史调查洪水做好高水部分的曲线延长;汛期随时根据实测点修订水位流量曲线,保证相应流量的准确性。 2. 有拍报旬、月平均流量的河道、闸坝站断流或无出流量时也要拍报旬、月平均流量。 3. 河道站:根据洪水大小,在二级加报水位以上至少要报出1~3次实测流量,以校正拍报的相应流量; 水库站:大型水库凡遇洪水入库时,均要拍报入库流量全过程	

	降水量	水位	流量	含沙量
随整理	1. 日、旬、月雨量在发报前要计算校核1遍。 2. 自记纸当日完成订正、摘录、计算、复核。 3. 月初3 d内原始资料完成3遍手,进行月统计	1. 日平均水位次日校核完毕。 2. 自记水位8时换纸后摘录订正前一天水位,计算日平均值,并校核。 3. 月初3 d内复核原始资料。 4. 水准测量次日复核完毕	1. 单次流量资料测算后即完成校核,当月完成复核。 2. 较大洪峰100 m³/s或较高水位98.70 m过后3 d内,报出测洪小结	单样含沙量、输沙率计算后当日校核,当月复核
随分析	1. 属站雨量到齐后列表对比检查雨型、雨量。 2. 主要暴雨绘各站暴雨累积曲线对比检查。 3. 发现问题及时处理	1. 应随测随点绘逐时过程线,并进行检查。 2. 日平均水位在逐时线上画横线检查。 3. 山区站及测沙站应画降雨柱状图,检查时间是否相应。 4. 发现问题及时处理	1. 洪水期流量测验要做点流速、垂线流速、水深测量的正确性及垂线布设的合理性检查。 2. 点绘水位流量关系线并检查偏离程度。水库闸坝站应点绘在系数曲线上检查。 3. 测次点在水位过程线上,检查测次分布。 4. 发现问题,检查原因,确定改正、重测或舍弃,并写出分析说明	1. 取样后将测次点在水位过程线上(可用不同颜色),检查测次控制合理性。 2. 沙量称重计算后点绘单样含沙量过程线,发现问题立即复烘、复秤。 3. 检查单断沙关系及含沙量横向分布。 4. 发现问题及时处理

2. 使用水尺时的水位观测段次要求

段次要求	2 段	4 段	8 段	逐时
日变化(m)	<0.10	0.10~0.50	>0.50	>98.50 的峰顶附近
水位级(m)	<97.40	97.40~98.00	>98.00	

3. 水尺观测的不确定度估算

波浪变幅(cm)	≤2	3~30	≥31
波浪级别	无波浪	一般波浪	较大波浪
随机不确定度			
综合不确定度			
备注	每年在无波浪、一般波浪或较大波浪情况下,且水位基本无变化的5~10 min内连续观读水尺30次以上进行计算		

4. 流速仪法测流方案的制订

1）水位级划分（单位：m）

水位级	高水	中水	低水	枯水
	99.10 以上	98.50～99.10	97.50～98.50	97.50 以下
备注				

2）允许总随机不确定度 X'_Q 与已定系统误差 U_Q

水位级	高水	中水	低水	枯水
X'_Q	6	7	10	
U_Q	−2～1	−2～1	−2～1	

3）常用测流方案

水位级	测流方案 (m, p, t)	最少垂线数 m 方案下限	备注
高水　99.10 m 以上	1）10　2　30	7	方案的优先级按先后顺序进行排列，故选用方案优选排列在前的。
	2）10　1　30	7	
	3）5　1　30	5	
中水　98.50～99.10 m	1）10　2　100	7	m—垂线数；
	2）10　2　60	7	p—垂线测点数；
	3）5　1　100	5	t—历时
低水　97.50～98.50 m	1）10　2　60	7	
	2）5　1　100	5	

5. 流速系数

分类	水面浮标系数	岸边流速系数	小浮标系数	半深系数	深水浮标系数	电波流速仪系数	ADCP测流系数
系数及确定方法	0.85	0.70					
	经验	经验					
试验系数及时间							
备注	如果有试验系数，测流时应采用试验系数						

6. 测流方法

方案	涉水	缆道	测船	桥测	浮标	比降
水位(m)		99.00 以下			99.00 以上	
备注						

7. 测洪小结

当发生水位大于 98.70 m 的较大洪水时，洪水过后 3 d 内，及时以电子文本形式上报测洪小结至省局站网监测处（电子信箱：hnscyk@126.com）。

2.3.4 刘庄(二)水文站任务书

2.3.4.1 刘庄(二)水文站基本情况

1.位置情况

隶属	河南省鹤壁水文水资源勘测局	重要站级别	省级
流域	海河	水系	南运河
河名	共产主义渠	汇入何处	卫河
东经	114°17′31″	北纬	35°30′07″
集水面积	8 427 km²	至河口距离	43 km
级别	二	人员编制	3
测站地址	河南省浚县新镇镇刘庄村	邮政编码	456282
电话号码	0392－5886528	电子信箱	liuzhuangSWZ@163.com
测站编码	31006410	雨量站编码	
报汛站号	31006410	省界断面	否

2.测站属性

类别	河道站	性质	基本水文站
设站目的	本站为区域代表站,是共产主义渠下游的主要控制站。采集断面以上长系列水文信息要素,为卫河流域和蓄滞洪区防洪调度提供水文情报预报,为区域水资源管理服务		

3.属站名单

负责管理的基本雨量站、水位站和中小河流巡测站、水位站、雨量站、水量辅助站、生态监测站。

属站类别	测站编码	站名	水系	河名	观测项目	观测段制 非汛期	汛期	降水制表 (一)或(二)	日表	摘录段制	自记或标准	水量调查表	报汛部门	备注
基本雨量	31024000	屯子	南运河	卫河	降水	24	24	(二)	√	24	自记		省	
基本雨量	31025420	湾子	南运河	硝河	降水	24	24	(二)	√	24	自记		省	雨雪

2.3.4.2 观测项目及要求

1. 观测项目

测验地点（断面）	水文编码	基本观测项目								辅助观测项目						
		水位	流量	单样含沙量	输沙率	降水	蒸发	水文调查	蒸发辅助	水质	初终霜	水温	冰情	气象	墒情	比降
刘庄（二）	31006410	√	√	√				√		√			√			
湾子	31025420					√										
屯子	31024000					√										

2. 巡测间测规定

编码	断面地点	断面名称	巡（间）测项目	巡（间）测要求	巡（间）测时间
31003705	河南省鹤壁市浚县小河镇王湾村	王湾	水位、流量	每周一上报上周流量	每周1次
31003706	河南省鹤壁市浚县小河镇柴湾村	柴湾	水位、流量	每周一上报上周流量	每周1次

3. 整编所需提交成果资料

测站编码	测站名称	逐日降水量表（汛期）	逐日降水量表（常年）	降水量摘录表	各时段最大降水量表(1)	各时段最大降水量表(2)	逐日水面蒸发量表	蒸发场说明表及平面图	水面蒸发量辅助项目月年统计表	降水量站说明表	逐日平均水位表	洪水水位摘录表	实测流量成果表	实测大断面成果表	堰闸流量率定成果表	逐日平均流量表	洪水水文要素摘录表	堰闸水文要素摘录表	水电站抽水站流量率定表	水库站水文要素摘录表	悬移质实测输沙率成果表	悬移质逐日平均输沙率表	悬移质逐日平均含沙量表	悬移质洪水含沙量摘录表	逐日水温表	冰厚及冰情要素统计表	水文、堰闸站冰情统计表	水库、水位站冰情说明表	区间水利工程基本情况表
31006410	刘庄												√	√		√	√				√				√	√	√		√
31024000	屯子	√			√																								
31025420	湾子		√		√																								

· 148 ·

4. 观测要求

项目		观测要求	辅助观测项目	备注
降水量	标准	每日 8 时定时观测 1 次,1~5 月按 2 段观测,10~12 月按 2 段观测,暴雨时适当加测	初终霜	自记雨量计发生故障或检测时使用标准雨量器,按 24 段制观测
	自记	每日 8 时定时观测 1 次,降水之日 20 时检查 1 次,暴雨时适当增加检查次数。6~9 月按 24 段摘录		
	遥测	按有关要求定期取存数据		
陆上水面蒸发		每日 8 时定时观测 1 次	风向、风速(力)、气温、湿度等	
水位	人工、自记	水位平稳时每日 8 时、20 时(17 时)观测,洪水期或遇水情突变时必须加测,以测得完整水位变化过程为原则。闸坝水库站在闸门启闭前后和水位变化急剧时,应增加测次,以掌握水位转折变化。必须进行水位不确定度估算	1. 风大时观测风向、风力、水面起伏度及流向。 2. 闸门变动期间,同时观测闸门开启高度、孔数、流态、闸门是否提出水面等	每日 8 时校测自记水位记录,洪水期适当增加校测次数。定期检测各类水位计,保证正常运行
	遥测	按有关要求定期取存数据		
流量		流量测验应满足流量转折、推算逐日流量和各项特征值的要求,根据高、中、低各级水位情况,合理地分布于各级水位和水情变化过程的转折点处。水位流量关系稳定的站每年测次不少于 15 次。闸坝站测次以能满足率定分析推求泄水过程为原则	1. 每次测流同时观测记录水位、天气、风向、风力及影响水位流量关系变化的有关情况。 2. 闸坝站要测记闸门开启高度、孔数、流态及其变动情况。 3. 在高、中水测流时同时观测比降	水位级划分及测洪方案见附录
含沙量	单样含沙量	以控制含沙量转折变化和建立单断沙关系为原则。含沙量变化很小时,可每 4~10 日取样 1 次。每次较大洪峰过程,一般不少于 4~8 次。洪峰重叠或水沙峰不一致、含沙量变化剧烈时,应增加测次。闸坝站根据闸门变动和含沙量变化情况适当布置测次	水位	较大流域的测站如能分辨出沙峰来源时应以予说明。如河水清澈,可改为目测,含沙量作零处理
	输沙率	根据测站级别每年输沙率测验不少于 10~20 次,测次分布应能控制流量和含沙量的主要转折变化,原则上每次较大洪峰不少于 5 次	单样含沙量、流量及水位等	

续表

项目	观测要求	辅助观测项目	备注
水尺零点高程	每年汛期前后各校测 1 次,若水尺发生变动或有可疑变动,应随时校测。新设水尺应随测随校	水位	包括自记水位计高程标点
水准点高程测量	逢 0、逢 5 年份对基本水准点必须进行复测,校核水准点每年校测 1 次,若发现有变动或可疑变动,应及时复测并查明原因		
大断面测量	每年汛期前后施测,在每次洪水后应予加测。较大洪水采用比降面积法或浮标法测流后,必须加测。人工固定河槽在逢 5 年份施测 1 次	水位	
测站地形测量	除设站初期施测 1 次地形,测验河段在河道、地形、地物有明显变化时,必须进行全部或局部复测	水位	
水文调查	包括断面以上(区间)流域基本情况调查、水量调查、暴雨和洪水调查以及专项水文调查		
水温	每日 8 时观测。冬季稳定封冻期,所测水温连续 3~5 d 皆在 0.2 ℃以下时,即可停止观测。当水面有融化迹象时,应即恢复观测。无较长稳定封冻期不应中断观测		
冰情观测	在测验断面出现结冰现象的时期内一般每日 8 时观测 1 次。冰情变化急剧时,应适当增加测次		
墒情监测	基本站在每旬初(1 日、11 日、21 日)早 8 时观测 1 次,取土深度为地面以下 10 cm、20 cm、40 cm 处 3 点土样	旬总雨量统计	旱情严重时应加密、多点观测
气象			
水质监测	按照《水环境监测规范》(SL 219—98)和当年《河南省水功能区及大型水库水质监测实施方案》的要求采送样。如遇突发性污染事故应及时取样,并报告有关主管部门,以便采取应急措施	按水样送验单要求观测、填写辅助观测项目	有水质采样任务的站,要求当天取样,当天送到指定的单位
其他			

2.3.4.3　水文情报预报工作

（1）水文站报汛必须严格贯彻执行《水文情报预报规范》（GB/T 22482—2008）、《水情信息编码标准》（SL 330—2011），保证拍报质量，水文站差错率不超过1%，雨量站差错率不超过3%。

（2）水文站要在综合分析近期水位流量关系的基础上，于汛前修订好报汛曲线，并用历史调查洪水做好高水部分的曲线延长，随时根据实测点修订水位流量曲线，保证相应流量的准确性。

（3）汛期与非汛期划分：淮河、长江流域当年5月15日至10月1日为汛期，当年10月2日至次年5月14日为非汛期；海河、黄河流域当年6月1日至10月1日为汛期，当年10月2日至次年5月31日为非汛期。

（4）水情拍报：

①水情站要严格按照当年下达的报汛任务书的要求拍报。遇到洪水涨洪时要报出洪水全过程，涨水段在二级加报水位以上，至少要报2～3次实测流量，以校正拍报的相应流量。

②水库站凡遇大、中洪水入库时，均要拍报入库流量全过程。

③当发生特大暴雨洪水，河道分洪、决口、扒堤、水库垮坝及大面积内涝时，应及时拍报特殊水情电报，并立即调查情况并上报。

（5）水文预报。大型水库和主要河道控制水文站，要积极开展水文预报。发生大洪水时，及时向当地有关部门通报水情趋势，为防汛抢险和水利调度当好参谋。

2.3.4.4　水文水资源调查

水文调查是水文测验工作的重要组成部分，是收集水文资料的重要环节，水文站应当有计划地进行，以满足水文水资源分析计算的要求。

本站负责本断面以上至黄土岗站、新村站范围内水文水资源调查任务。

1.调查要求

（1）对测站流量有较大影响的水利设施，应查清工程指标及其变化等情况，一般影响一次洪水总量或河道同期多年平均径流量达15%～20%时，应与有关部门配合，建立简易观测点或巡测点，达到能推算各月和全年的调节、引用水量的目的。

（2）对测站流量有中等影响的水利设施，应逐个查清工程指标等情况，并每年及时调查其水量，以能估算其年调节、引用水量为原则。一般影响洪峰流量5%以上的水利工程，或引入、引出水量占引水期间水量的5%以上的固定工程，需逐个测算其年调节、引用水量。

（3）对测站流量影响较小的水利设施，一般只统计总个数、总指标，测算总水量。小面积站上游的水利工程设施，其一个或几个工程的控制面积超过集水面积的10%，或引水期的调节水量占河道同期水量的10%以上时，则应做较细致的调查，算清水账。水利设施的工程指标等情况，可直接引用工程管理等部门的资料，在做过普查以后，每年可只对有变动的部分做补充调查。

遇有滞洪、决口等情况，应立即了解其具体位置、发生时间，并尽可能查清其水量。调查应在发生这些情况的短时间内进行，如有困难，也应在当年把情况调查清楚。

当发生特大暴雨、洪水或特别干旱时，应进行暴雨、洪水及必要的枯水调查。

（4）注意观察水的透明度、气味、色度、悬浮物质等物理特性是否异常，是否明显污染,当发现突发性污染事故时应及时上报上级主管部门,并按上级要求进行监测。

（5）水文站（县局）水文调查成果应按规范规定整理并编写调查报告。

2. 调查表

调查地点	水工设施名称	调查时间	调查项目	调查要求

3. 省界断面

每月 5 日前向流域机构上报上月最高、最低、月平均水位,最高、最低、月平均流量和月径流量。

2.3.4.5　资料

1. 资料整编

原始资料不得损毁,禁止涂改、誊写。各种整编报表的填写要符合规范规定。

水文站的各项观测资料应严格执行"四随"制度,当月各项资料应于次月 5 日前完成在站整编,次年 1 月 5 日前完成上年度全年资料的站整编。

水文站应对各种原始数据进行校对,资料在站整编完成后,应写出在站整编说明书,简述测验情况、整编发现的问题及处理意见、合理性检查情况及对资料成果的评价。

2. 资料分析

洪水过后要进行大断面冲淤变化分析。突出的流量和沙量测点应进行批判分析。根据上下游控制断面做水量平衡分析。对属站降水量要进行对比分析,发现错日、错量情况及时更正。

通过资料分析掌握测站特性和各水文因素的变化规律,力求定线合理,推算方法正确,符合本站特性。

3. 资料保存

水文资料是国家重要的基础信息资源,要注意防火、防盗,保持整洁。资料要存放在资料柜内,指定专人妥善保管,防止丢失。未经审查的资料不得向社会发布。

2.3.4.6　测报设施管理、养护及安全生产

测报设施是保障安全、提高测洪能力和精度、提高测报成果质量的重要设施,测站必须精心养护,发现问题及时维修,并将检查处理情况做好记录。

1. 钢丝绳的养护

（1）钢丝绳每年擦油 1～2 次,防止生锈,重点受力部位加强检修。

（2）对钢丝绳与锚碇接头部分涂黄油并经常检查。

2. 支架、锚碇的养护

（1）为保持支架直立、结构不变形,保持平衡,使支架各方向的拉力均衡,每年应全面检查调整 2～3 次,大洪水期应检查 1～2 次。

（2）钢支架每隔 1～2 年进行除锈、油漆养护,除锈后先涂防锈漆,再涂油漆;避雷接

地电阻应校测。

(3)汛前及洪水过后要认真检查支架基础有无沉陷、位移,联系螺栓是否有松动,混凝土基础有无裂缝等,如不符合要求及时检修。

(4)每月检查锚碇有无位移,锚碇附近土壤有无裂纹、崩塌、沉陷等现象,夹头是否松动、锚杆是否生锈,发现问题及时处理。

3.驱动设备的养护

1)动力设备

(1)变压器,按供电部门规定,隔一定年限更换变压器油。

(2)柴油机及发电机组,按使用说明书规定进行技术保养。

(3)经常检查电动机发热情况,温升超过 60 ℃时,应采取降温措施,电动机应接地,发现电动机异常时,应停车检查原因,设法排除。

2)绞车

经常保持绞车轴承、转动部件油润,每年汛前应全面检查 1 次,保证其正常工作状态。

3)滑轮

经常检查导向滑轮、游轮、行车等运转情况,发现不正常应及时检修,不允许钢丝绳在滑轮上滑动、擦边、跳槽,若有上述问题,应采取措施及时排除,保持油润,运行时注意随时监视各滑轮运转情况。

4)水文缆道

水文缆道每年要进行起点距、水深比测 1~2 次并保存好记录。

4.仪器、仪表的养护

(1)各种仪器、仪表按说明书使用、养护,应保持附件的齐全;流速仪应及时鉴定并保管好鉴定证书。

(2)各种仪器、仪表应放在干燥通风、清洁和不受腐蚀性气体侵蚀的地方。

(3)主要电子、电器仪表应设有接地装置,防止雷电感应短路烧坏仪表。

5.测船的养护

(1)每日观察测船设施有无毁损,平时 5 d 擦洗 1 次,汛期每日擦洗 1 次,发现问题及时排除,保证测流的顺利进行。

(2)木船每年小修 1 次,5 年大修 1 次,钢板船 1~2 年检修 1 次。

(3)机动船平时每 5 d 启动 1 次,维持机械的油润,汛期保证随时能启动运行测流。

6.桥测车的养护

除按机动车正常管理、养护外,还应注意:

(1)司机应爱护车辆,经常擦洗机件,保持机件润滑、清洁。

(2)桥测车每月发动 2~3 次,检查机件、电路等所有部件的性能,发现问题,应及时检修排除,以保证测流时能随时启动、运行。

7.遥测设备的管理与养护

(1)自记井发生淤积时应及时进行清淤处理。

(2)传感器应经常检查,保持内部干净。

(3)终端机、馈线、天线、太阳能电池板及蓄电瓶等设备应经常检修、维护。太阳能电

池板应每月清洗 1 次。

（4）备品备件要有专人管理养护。

8. 通信线路的养护

通信线路要不定期进行检查，发现问题及时向电信部门及上级汇报，做好线路的抢修工作，确保线路畅通。

9. 安全生产

加强生产安全管理。配置救生衣、安全斧、救生锤、破坏钳等必要的安全生产设施。水上作业时必须穿戴救生衣，桥测时应放置警示标识，保证人身安全。缆道、测船等作业严格按照规程进行操作，严禁违章操作，避免意外发生。办公楼配备防盗防火设施，做好防火、防盗、雷击和安全用电工作，杜绝各类事故发生。

水文站于每年年初向勘测局编报测报设施维修养护经费计划，由勘测局汇总，报省局审定安排，水文站按下达的维修养护任务保质保量完成。

2.3.4.7 属站管理

水文站对属站负有领导责任，积极主动地指导属站进行各项观测、资料整理等工作，做到汛前有布置，汛期有检查，汛后有总结，遇到特殊情况应及时处理。对属站所有仪器设备做好维护管理工作。

2.3.4.8 业务学习

每周定期学习以下技术规范和其他新技术操作等。

序号	规范	学习时间
1	《水文缆道测验规范》（SL 443—2009）	
2	《水文测船测验规范》（SL 338—2006）	
3	《水位观测平台技术标准》（SL 384—2007）	
4	《水工建筑物与堰槽测流规范》（SL 537—2011）	
5	《声学多普勒流量测验规范》（SL337—2006）	
6	《水位观测标准》（GB/T 50138—2010）	
7	《降水量观测规范》（SL 21—2015）	
8	《河流悬移质泥沙测验规范》（GB/T 50159—2015）	
9	《河流流量测验规范》（GB 50179—2015）	
10	《水文巡测规范》（SL 195—2015）	本站安排每周三、周四下午学习
11	《翻斗式雨量计》（GB/T 11832—2002）	
12	《水面蒸发观测规范》（SL 630—2013）	
13	《水文资料整编规范》（SL 247—2012）	
14	《水文数据整理汇编标准》（DB 41/T 1599—2018）	
15	《土壤墒情监测规范》（SL 364—2015）	
16	《水文测量规范》（SL 58—2014）	
17	《水文调查规范》（SL 196—2015）	
18	《水文基本术语和符号标准》（GB/T 50095—2014）	
19	《水文仪器术语及符号》（GB/T 19677—2005）	
20	《河流冰情观测规范》（SL 59—2015）	

2.3.4.9 附录

1."四随"工作制度

	降水量	水位	流量	含沙量
随测算	1. 准时量记,当场自校。 2. 自记站要按时检查,每日8时换纸,无雨不换纸要加水,有雨注意量记虹吸水量。 3. 检查记载规格符号是否正确、齐全。 4. 每日8时计算日雨量、蒸发量,旬、月初计算旬、月雨量	1. 准时测记水位及附属项目,当场自校。 2. 自记水位按时校测、检查。 3. 日平均水位次日计算完毕。 4. 水准测量当场计算高差,当日计算成果并校核	1. 附属观测项目及备注说明当场填记齐全。 2. 闸坝站应现场测记有关水力因素。 3. 按要求及时测记流量。 4. 流量随测随算	1. 单样含沙量及输沙率测量后,编号与瓶号、滤纸要校对,并填入单沙记载本中,各栏填记齐全。 2. 水样处理当日进行(如加沉淀剂、自动滤沙)。 3. 烘干称重后立即计算
随拍报	1. 从4月2日至11月1日期间全省统一采用自动遥测站雨量信息,11月2日至次年4月1日仍进行人工拍报雨情信息。 2. 密切监视本辖区内雨情变化,发现雨量站点1 h降雨量超过50 mm或单日累计降雨量达100 mm以上时,要及时报当地县防办和勘测局水情科	1. 严格按照当年下达的防汛抗旱拍报任务通知的要求拍报。有涨水过程时必须加报起涨水情和洪峰流量,及时报出洪水全过程。 2. 当洪水上涨超过各级加报标准时,必须立即拍报水情1次,然后按规定段次发报;上次发报后涨幅已超过1 m的,也要及时加报1次;出现洪峰要立即拍报。 3. 河道站:三级加报涨水段全部为24段次,落水段12~24段次; 水库站:一级起报水位以上、二级加报水位以下要至少按照1 d 4段次拍报,二级加报水位(汛限水位)以上的涨水段全部按照24段次拍报,落水段按照12~24段次拍报。闸门变动随时报。 4. 当发生特大暴雨洪水,河道分洪、决口、扒堤、水库垮坝及大面积内涝时,应及时拍报特殊水情电报,并立即调查情况并上报	1. 要在综合分析近期水位流量关系(水库站:输水设备泄流曲线)的基础上,于汛前修订好报汛曲线,并用历史调查洪水做好高水部分的曲线延长;汛期随时根据实测点修订水位流量曲线,保证相应流量的准确性。 2. 有拍报旬、月平均流量的河道、闸坝站断流或无出流量时也要拍报旬、月平均流量; 3. 河道站:根据洪水大小,在二级加报水位以上至少要报出1~3次实测流量,以校正拍报的相应流量; 水库站:大型水库凡遇洪水入库时,均要拍报入库流量全过程	

续表

	降水量	水位	流量	含沙量
随整理	1. 日、旬、月雨量在发报前要计算校核1遍。 2. 自记纸当日完成订正、摘录、计算、复核。 3. 月初3 d内原始资料完成3遍手,进行月统计	1. 日平均水位次日校核完毕。 2. 自记水位8时换纸后摘录订正前一天水位,计算日平均值,并校核。 3. 月初3 d内复核原始资料。 4. 水准测量次日复核完毕	1. 单次流量资料测算后即完成校核,当月完成复核。 2. 较大洪峰100 m³/s或较高水位62.50 m过后3 d内,报出测洪小结	单样含沙量、输沙率计算后当日校核,当月复核
随分析	1. 属站雨量到齐后列表对比检查雨型、雨量。 2. 主要暴雨绘各站暴雨累积曲线对比检查。 3. 发现问题及时处理	1. 应随测随点绘逐时过程线,并进行检查。 2. 日平均水位在逐时线上画横线检查。 3. 山区站及测沙站应画降雨柱状图,检查时间是否相应。 4. 发现问题及时处理	1. 洪水期流量测验要做点流速、垂线流速、水深测量的正确性及垂线布设的合理性检查。 2. 点绘水位流量关系线并检查偏离程度。水库闸坝站应点绘在系数曲线上检查。 3. 测次点在水位过程线上,检查测次分布。 4. 发现问题,检查原因,确定改正、重测或舍弃,并写出分析说明	1. 取样后将测次点在水位过程线上(可用不同颜色),检查测次控制的合理性。 2. 沙量称重计算后点绘单样含沙量过程线,发现问题立即复烘、复秤。 3. 检查单断沙关系及含沙量横向分布。 4. 发现问题及时处理

2. 使用水尺时的水位观测段次要求

段次要求	2 段	4 段	8 段	逐时
日变化(m)	<0.10	0.10~0.50	>0.50	>65.50 的峰顶附近
水位级(m)	<62.50	62.50~64.50	>64.50	

3. 水尺观测的不确定度估算

波浪变幅(cm)	≤2	3~30	≥31
波浪级别	无波浪	一般波浪	较大波浪
随机不确定度			
综合不确定度			
备注	每年在无波浪、一般波浪或较大波浪情况下,且水位基本无变化的5~10 min 内连续观读水尺30次以上进行计算		

4.流速仪法测流方案的制订

1)水位级划分(单位:m)

水位级	高水	中水	低水	枯水
	64.50 以上	62.50～64.50	61.50～62.50	61.50 以下
备注				

2)允许总随机不确定度 X'_Q 与已定系统误差 U_Q

水位级	高水	中水	低水	枯水
X'_Q	6	7	10	
U_Q	−2～1	−2～1	−2～1	

3)常用测流方案

水位级	测流方案 (m,p,t)	最少垂线数 m 方案下限	备注
高水 64.50 m 以上	1)10　2　60 2)10　1　60 3)5　1　60	7 7 5	方案的优先级按先后顺序进行排列,故选用方案优选排列在前的。 m—垂线数; p—垂线测点数; t—历时
中水 62.50～64.50 m	1)15　2　60 2)10　1　100 3)5　1　60	10 7 5	
低水 61.50～62.50 m	1)15　2　100 2)10　1　100	10 7	

5.流速系数

分类	水面浮标系数	岸边流速系数	小浮标系数	半深系数	深水浮标系数	电波流速仪系数	ADCP测流系数
系数及确定方法	0.85 经验	0.70 经验					
试验系数及时间							
备注			如果有试验系数,测流时应采用试验系数				

6.测流方法

方案	涉水	缆道	ADCP	电波流速仪	浮标	桥测
水位(m)	61.50 以下	61.50～66.24			66.24 以上	
备注						

7.测洪小结

当发生水位大于 62.50 m 的较大洪水时,洪水过后 3 d 内,及时以电子文本形式上报测洪小结至省局站网监测处(电子信箱:hnscyk@126.com)。

2.4 新乡地区水文站

2.4.1 黄土岗(二)水文站任务书

2.4.1.1 黄土岗(二)水文站基本情况

1. 位置情况

隶属	河南省新乡水文水资源勘测局	重点站级别	省级
流域	海河	水系	南运河
河名	共产主义渠	汇入何处	卫河
东经	114°04′	北 纬	35°24′
集水面积	5 050 km²	至河口距离	70 km
级别	二	人员编制	3
测站地址	河南省卫辉市城郊乡下园村	邮政编码	453100
电话号码	0373 – 4431521	电子信箱	
测站编码	31006302	雨量站编码	
报汛站号	31006302	省界断面	否

2. 测站属性

类别	河道站	性质	基本水文站
设站目的	本站为区域代表站,是共产主义渠的控制站。长期采集共产主义渠黄土岗(二)站断面以上长系列水文要素信息,为水资源管理和防汛减灾服务		

3. 属站名单

负责管理的基本雨量站、水位站和中小河流巡测站、水位站、雨量站、水量辅助站、生态监测站。

属站类别	测站编码	站名	水系	河名	观测项目	观测段制		降水制表		摘录段制	自记或标准	水量调查表	报汛部门	备注
						非汛期	汛期	(一)或(二)	日表					

2.4.1.2 观测项目及要求

1. 观测项目

测验地点（断面）	测站编码	基本观测项目							辅助观测项目							
		水位	流量	单样含沙量	输沙率	降水	蒸发	水文调查	蒸发辅助	水质	初终霜	水温	冰情	气象	墒情	比降
基本水尺断面	31006302	✓	✓					✓					✓			

2. 巡测间测规定

编码	断面地点	断面名称	巡（间）测项目	巡（间）测要求	巡（间）测时间

3. 整编所需提交成果资料

测站名称	测站编码	降水量									水流沙																			
		逐日降水量表（汛期）	逐日降水量表（常年）	降水量摘录表	各时段最大降水量表(1)	各时段最大降水量表(2)	逐日水面蒸发量表	蒸发场说明表及平面图	水面蒸发量辅助项目月年统计表	降水量站说明表	逐日平均水位表	洪水水位摘录表	实测流量成果表	实测大断面成果表	堰闸流量定成果表	逐日平均流量表	洪水水文要素摘录表	堰闸水文要素摘录表	水库水文要素摘录表	水电站抽水流量率定表	悬移质实测输沙率成果表	悬移质逐日平均输沙率表	悬移质逐日平均含沙量表	悬移质洪水含沙量摘录表	逐日水温表	冰厚及冰情要素摘录表	冰情统计表	水文、水位站说明表	水库、堰闸站说明表	区间水利工程基本情况表
黄土岗（二）	31006302										✓		✓	✓		✓	✓								✓	✓	✓			✓

4.观测要求

项目		观测要求	辅助观测项目	备注
降水量	标准	每日8时定时观测1次,1~5月按2段观测,10~12月按2段观测,暴雨时适当加测	初终霜	自记雨量计发生故障或检测时使用标准雨量器,按24段制观测
	自记	每日8时定时观测1次,降水之日20时检查1次,暴雨时适当增加检查次数。6~9月按24段摘录		
	遥测	按有关要求定期取存数据		
陆上水面蒸发		每日8时定时观测1次	风向、风速(力)、气温、湿度等	
水位	人工、自记	水位平稳时每日8时观测1次,洪水期或遇水情突变时必须加测,以测得完整水位变化过程为原则。闸坝水库站在闸门启闭前后和水位变化急剧时,应增加测次,以掌握水位转折变化。必须进行水位不确定度估算	1.风大时观测风向、风力、水面起伏度及流向。2.闸门变动期间,同时观测闸门开启高度、孔数、流态、闸门是否提出水面等	每日8时校测自记水位记录,洪水期适当增加校测次数。定期检测各类水位计,保证正常运行
	遥测	按有关要求定期取存数据		
流量		流量测验应满足流量转折、推算逐日流量和各项特征值的要求,根据高、中、低各级水位情况,合理地分布于各级水位和水情变化过程的转折点处。水位流量关系稳定的站每年测次不少于15次。闸坝站测次以能满足率定分析推求泄水过程为原则	1.每次测流同时观测记录水位、天气、风向、风力及影响水位流量关系变化的有关情况。2.闸坝站要测记闸门开启高度、孔数、流态及其变动情况。3.在高中水测流时同时观测比降	水位级划分及测洪方案见附录
含沙量	单样含沙量	以控制含沙量转折变化和建立单断沙关系为原则。含沙量变化很小时,可每4~10d取样1次。每次较大洪峰过程,一般不少于4~8次。洪峰重叠或水沙峰不一致、含沙量变化剧烈时,应增加测次。闸坝站根据闸门变动和含沙量变化情况适当布置测次	水位	较大流域的测站如能分辨出沙峰来源时应予以说明。如河水清澈,可改为目测,含沙量作零处理
	输沙率	根据测站级别每年输沙率测验不少于10~20次,测次分布应能控制流量和含沙量的主要转折变化,原则上每次较大洪峰不少于5次	单样含沙量、流量及水位等	
水尺零点高程		每年汛期前后各校测1次,若水尺发生变动或有可疑变动,应随时校测。新设水尺应随测随校	水位	包括自记水位计高程标点
水准点高程测量		逢0、逢5年份对基本水准点必须进行复测,校核水准点每年校测1次,若发现有变动或可疑变动,应及时复测并查明原因		

项目	观测要求	辅助观测项目	备注
大断面测量	每年汛期前后施测,在每次洪水后应予加测。较大洪水采用比降面积法或浮标法测流后,必须加测。人工固定河槽在逢 5 年份施测 1 次	水位	
测站地形测量	除设站初期施测 1 次地形,测验河段在河道、地形、地物有明显变化时,必须进行全部或局部复测	水位	
水文调查	包括断面以上(区间)流域基本情况调查、水量调查、暴雨和洪水调查以及专项水文调查		
水温	每日 8 时观测。冬季稳定封冻期,所测水温连续 3~5 d 皆在 0.2 ℃以下时,即可停止观测。当水面有融化迹象时,应即恢复观测。无较长稳定封冻期不应中断观测		
冰情观测	在测验断面出现结冰现象的时期内一般每日 8 时观测 1 次。冰情变化急剧时,应适当增加测次		
墒情监测	基本站在每旬初(1 日、11 日、21 日)早 8 时观测 1 次,取土深度为地面以下 10 cm、20 cm、40 cm 处 3 点土样	旬总雨量统计	旱情严重时应加密、多点观测
气象			
水质监测	按照《水环境监测规范》(SL 219—98)的要求,河道站每年 2 个月取样 1 次,水库站每年丰、平、枯期各取样 1 次,地下水站于 5 月、10 月各取样 1 次,如遇突发性污染事故应及时取样,并报告有关主管部门,以便采取应急措施	按水样送验单要求观测、填写辅助观测项目	有水质采样任务的站,要求当天取样,当天送到指定的单位
其他			

2.4.1.3　水文情报预报工作

(1)水文站报汛必须严格贯彻执行《水文情报预报规范》(GB/T 22482—2008)、《水情信息编码标准》(SL 330—2011),保证拍报质量,水文站差错率不超过 1%,雨量站差错率不超过 3%。

(2)水文站要在综合分析近期水位流量关系的基础上,于汛前修订好报汛曲线,并用历史调查洪水做好高水部分的曲线延长,随时根据实测点修订水位流量曲线,保证相应流量的准确性。

(3)汛期与非汛期划分:淮河、长江流域当年 5 月 15 日至 10 月 1 日为汛期,当年 10 月 2 日至次年 5 月 14 日为非汛期;海河、黄河流域当年 6 月 1 日至 10 月 1 日为汛期,当年 10 月 2 日至次年 5 月 31 日为非汛期。

(4)降水量拍报。雨量报汛段次严格按照每年下发的报汛任务书的要求执行。

（5）水情拍报：

①水情站要严格按照当年下达的报汛任务书的要求拍报。遇到洪水时要报出洪水全过程，涨水段在二级加报水位以上，至少要报 2～3 次实测流量，以校正拍报的相应流量。

②水库站凡遇大、中洪水入库时，均要拍报入库流量全过程。

③当发生特大暴雨洪水，河道分洪、决口、扒堤、水库垮坝及大面积内涝时，应及时拍报特殊水情电报，并立即调查情况并上报。

（6）水文预报。大型水库和主要河道控制水文站，要积极开展水文预报。发生大洪水时，及时向当地有关部门通报水情趋势，为防汛抢险和水利调度当好参谋。

2.4.1.4 水文水资源调查

水文调查是水文测验工作的重要组成部分，是收集水文资料的重要环节，水文站应当有计划地进行，以满足水文水资源分析计算的要求。

本站负责黄土岗（二）基本水尺断面以上至合河（共）范围内水文水资源调查任务。

1. 调查要求

（1）对测站流量有较大影响的水利设施，应查清工程指标及其变化等情况，一般影响一次洪水总量或河道同期多年平均径流量达 15%～20% 时，应与有关部门配合，建立简易观测点或巡测点，达到能推算各月和全年的调节、引用水量的目的。

（2）对测站流量有中等影响的水利设施，应逐个查清工程指标等情况，并每年及时调查其水量，以能估算其年调节、引用水量为原则。一般影响洪峰流量 5% 以上的水利工程，或引入、引出水量占引水期间水量的 5% 以上的固定工程，需逐个测算其年调节、引用水量。

（3）对测站流量影响较小的水利设施，一般只统计总个数、总指标，测算总水量。小面积站上游的水利工程设施，其一个或几个工程的控制面积超过集水面积 10%，或引水期的调节水量占河道同期水量 10% 以上时，则应做较细致的调查，算清水账。水利设施的工程指标等情况，可直接引用工程管理等部门的资料，在做过普查以后，每年可只对有变动的部分做补充调查。

遇有滞洪、决口等情况，应立即了解其具体位置、发生时间，并尽可能查清其水量。调查应在发生这些情况的短时间内进行，如有困难，也应在当年把情况调查清楚。

当发生特大暴雨、洪水或特别干旱时，应进行暴雨、洪水及必要的枯水调查。

（4）注意观察水的透明度、气味、色度、悬浮物质等物理特性是否异常，是否明显污染，当发现突发性污染事故时及时上报上级主管部门，并按上级要求进行监测。

（5）水文站（县局）水文调查成果应按规范规定整理并编写调查报告。

2. 调查表

调查地点	水工设施名称	调查时间	调查项目	调查要求	备注

3. 省界断面

每月 5 日前向流域机构上报上月最高、最低、月平均水位，最高、最低、月平均流量和月径流量。

2.4.1.5 资料

1. 资料整编

原始资料不得损毁,禁止涂改、誊写。各种整编报表的填写要符合规范规定。

水文站的各项观测资料应严格执行"四随"制度,当月各项资料应于次月 5 日前完成在站整编,次年 1 月 5 日前完成上年度全年资料的在站整编。

水文站应对各种原始数据进行校对,资料在站整编完成后,应写出在站整编说明书,简述测验情况、整编发现的问题及处理意见、合理性检查情况及对资料成果的评价。

2. 资料分析

洪水过后要进行大断面冲淤变化分析。突出的流量和沙量测点应进行批判分析。根据上下游控制断面做水量平衡分析。对属站降水量要进行对比分析,发现错日、错量情况及时更正。

通过资料分析掌握测站特性和各水文因素的变化规律,力求定线合理,推算方法正确,符合本站特性。

3. 资料保存

水文资料是国家重要的基础信息资源,要注意防火、防盗,保持整洁。资料要存放在资料柜内,指定专人妥善保管,防止丢失。未经审查的资料不得向社会发布。

2.4.1.6 测报设施管理、养护及安全生产

测报设施是保障安全、提高测洪能力和精度、提高测报成果质量的重要设施,测站必须精心养护,发现问题及时维修,并将检查处理情况做好记录。

1. 钢丝绳的养护

(1)钢丝绳每年擦油 1~2 次,防止生锈,重点受力部位加强检修。

(2)对钢丝绳与锚碇接头部分涂黄油并经常检查。

2. 支架、锚碇的养护

(1)为保持支架直立、结构不变形,保持平衡,使支架各方向的拉力均衡,每年应全面检查调整 2~3 次,大洪水期应检查 1~2 次。

(2)钢支架每隔 1~2 年进行除锈、油漆养护,除锈后先涂防锈漆,再涂油漆;避雷接地电阻应校测。

(3)汛前及洪水过后要认真检查支架基础有无沉陷、有无位移,联系螺栓是否有松动,混凝土基础有无裂缝等,如不符合要求及时检修。

(4)每月检查锚碇有无位移,锚碇附近土壤有无裂纹、崩塌、沉陷等现象,夹头是否松动、锚杆是否生锈,发现问题及时处理。

3. 驱动设备的养护

1)动力设备

(1)变压器,按供电部门规定,隔一定年限更换变压器油。

(2)柴油机及发电机组,按使用说明书规定进行技术保养。

(3)经常检查电动机发热情况,温升超过 60 ℃时,应采取降温措施,电动机应接地,发现电动机异常时,应停车检查原因,设法排除。

2)绞车

经常保持绞车轴承、转动部件油润,每年汛前应全面检查1次,保证正常工作状态。

3)滑轮

经常检查导向滑轮、游轮、行车等运转情况,发现不正常应及时检修,不允许钢丝绳在滑轮上滑动、擦边、跳槽,若有上述问题,应采取措施及时排除,保持油润,运行时注意随时监视各滑轮运转情况。

4)水文缆道

水文缆道每年要进行起点距、水深比测1~2次并保存好记录。

4.仪器、仪表的养护

(1)各种仪器、仪表按说明书使用、养护,应保持附件的齐全;流速仪应及时鉴定并保管好鉴定证书。

(2)各种仪器、仪表应放在干燥通风、清洁和不受腐蚀性气体侵蚀的地方。

(3)主要电子、电器仪表应设有接地装置,防止雷电感应短路烧坏仪表。

5.测船的养护

(1)每日观察测船设施有无毁损,平时5 d擦洗1次,汛期每日擦洗1次,发现问题及时排除,保证测流的顺利进行。

(2)木船每年小修1次,5年大修1次,钢板船1~2年检修1次。

(3)机动船平时每5 d启动1次,维持机械的油润,汛期保证随时能启动运行测流。

6.桥测车的养护

除按机动车正常管理、养护外,还应注意:

(1)司机应爱护车辆,经常擦洗机件,保持机件润滑、清洁。

(2)桥测车每月发动2~3次,检查机件、电路等所有部件的性能,发现问题,应及时检修排除,以保证测流时能随时启动、运行。

7.遥测设备的管理与养护

(1)自记井发生淤积时应及时进行清淤处理。

(2)传感器应经常检查,保持内部干净。

(3)终端机、馈线、天线、太阳能电池板及蓄电瓶等设备应经常检修、维护。太阳能电池板应每月清洗1次。

(4)备品备件要有专人管理养护。

8.通信线路的养护

通信线路要不定期进行检查,发现问题及时向电信部门及上级汇报,做好线路的抢修工作,确保线路畅通。

9.安全生产

加强生产安全管理。配置救生衣、安全斧、救生锤、破坏钳等必要的安全生产设施。水上作业时必须穿戴救生衣,桥测时应放置警示标识,保证人身安全。缆道、测船等作业严格按照规程进行操作,严禁违章操作,避免意外发生。办公楼配备防盗防火设施,做好防火、防盗、雷击和安全用电工作,杜绝各类事故发生。

水文站于每年年初向勘测局编报测报设施维修养护经费计划,由勘测局汇总,报省局审定安排,水文站按下达的维修养护任务保质保量完成。

2.4.1.7　属站管理

　　水文站对属站负有领导责任,积极主动指导属站进行各项观测、资料整理等工作,做到汛前有布置,汛期有检查,汛后有总结,遇到特殊情况及时处理。对属站所有仪器设备做好维护管理工作。

2.4.1.8　业务学习

　　每周定期学习以下技术规范和其他新技术操作等。

序号	规范	学习时间
1	《水文缆道测验规范》(SL 443—2009)	每周一上午及周二下午为学习时间
2	《水文测船测验规范》(SL 338—2006)	
3	《水位观测平台技术标准》(SL 384—2007)	
4	《水工建筑物与堰槽测流规范》(SL 537—2011)	
5	《声学多普勒流量测验规范》(SL 337—2006)	
6	《水位观测标准》(GB/T 50138—2010)	
7	《降水量观测规范》(SL 21—2015)	
8	《河流悬移质泥沙测验规范》(GB 50159—2015)	
9	《河流流量测验规范》(GB 50179—2015)	
10	《水文巡测规范》(SL 195—2015)	
11	《翻斗式雨量计》(GB/T 11832—2002)	
12	《水面蒸发观测规范》(SL 630—2013)	
13	《水文资料整编规范》(SL 247—2012)	
14	《水文数据整理汇编标准》(DB 41/T 1599—2018)	
15	《土壤墒情监测规范》(SL 364—2015)	
16	《水文测量规范》(SL 58—2014)	
17	《水文调查规范》(SL 196—2015)	
18	《水文基本术语和符号标准》(GB/T 50095—2014)	
19	《水文仪器术语及符号》(GB/T 19677—2005)	
20	《河流冰情观测规范》(SL 59—2015)	

2.4.1.9　附录

　　1.“四随”工作制度

	降水量	水位	流量	含沙量
随测算	1. 准时量记,当场自校。 2. 自记站要按时检查,每日8时换纸,无雨不换纸要加水,有雨注意记虹吸水量。 3. 检查记载规格符号是否正确、齐全	1. 准时测记水位及附属项目,当场自校。 2. 自记水位按时校测、检查	1. 附属观测项目及备注说明当场填记齐全。 2. 闸坝站应现场测记有关水力因素。 3. 按要求及时测记流量	1. 单样含沙量及输沙率测量后,编号与瓶号、滤纸要校对,并填入单沙记载本中,各栏填记齐全。 2. 水样处理当日进行(如加沉淀剂、自动滤沙)

续表

	降水量	水位	流量	含沙量
随拍报	每日8时计算日雨量、蒸发量,旬、月初计算旬、月雨量	1.日平均水位次日计算完毕。 2.水准测量当场计算高差,当日计算成果并校核	流量随测随算	烘干称重后立即计算
随整理	1.日、旬、月雨量在发报前要计算校核1遍。 2.自记纸当日完成订正、摘录、计算、复核。 3.月初3d内原始资料完成3遍手,进行月统计	1.日平均水位次日校核完毕。 2.自记水位8时换纸后摘录订正前一天水位,计算日平均值,并校核。 3.月初3d内复核原始资料。 4.水准测量次日复核完毕	1.单次流量资料测算后即完成校核,当月完成复核。 2.较高水位(69.80m)过后3d内,报出测洪小结	单样含沙量、输沙率计算后当日校核,当月复核
随分析	1.属站雨量到齐后列表对比检查雨型、雨量。 2.主要暴雨绘各站暴雨累积曲线对比检查。 3.发现问题及时处理	1.应随测随点绘逐时过程线,并进行检查。 2.日平均水位在逐时线上画横线检查。 3.山区站及测沙站应画降雨柱状图,检查时间是否相应。 4.发现问题及时处理	1.洪水期流量测验要做点流速、垂线流速、水深测量的正确性及垂线布设的合理性检查。 2.点绘水位流量关系线并检查偏离程度。水库闸坝站应点绘在系数曲线上检查。 3.测次点在水位过程线上,检查测次分布。 4.发现问题,检查原因,确定改正、重测或舍弃,并写出分析说明	1.取样后将测次点在水位过程线上(可用不同颜色),检查测次控制的合理性。 2.沙量称重计算后点绘单样含沙量过程线,发现问题立即复烘、复秤。 3.检查单断沙关系及含沙量横向分布。 4.发现问题及时处理

2.使用水尺时的水位观测段次要求

段次要求	2段	4段	8段	逐时
日变化(m)	<0.20	0.20~0.50	>0.50	>70.80的峰顶附近
水位级(m)	<69.00	69.00~70.80	>70.80	

3.水尺观测的不确定度估算

波浪变幅(cm)	≤2	3~30	≥31	
波浪级别	无波浪	一般波浪	较大波浪	
随机不确定度				
综合不确定度				
备注	每年在无波浪、一般波浪或较大波浪情况下,且水位基本无变化的5~10 min内连续观读水尺30次以上进行计算			

4.流速仪法测流方案的制订

1)水位级划分(单位:m)

水位级	高水	中水	低水	枯水
	69.80以上	67.80~69.80	67.80以下	
备注				

2）允许总随机不确定度 X'_Q 与已定系统误差 U_Q

水位级	高水	中水	低水	枯水
X'_Q				
U_Q				

3）常用测流方案

水位级	测流方案 (m,p,t)	最少垂线数 m 方案下限	备注
高水 69.80 m 以上	1）10　2　100 2）10　1　60 3）10　1　30	10	方案的优先级按先后顺序进行排列,故选用方案优选排列在前的。 m—垂线数; p—垂线测点数; t—历时
中水 67.80～69.80 m	1）10　2　100 2）10　1　60 3）8　1　30	8	
低水 67.80 m 以下	1）7　2　100 2）5　1　60	5	

5. 流速系数

分类	水面浮标系数	岸边流速系数	小浮标系数	水面流速系数	半深系数	深水浮标系数	电波流速仪系数	ADCP测流系数
系数及确定方法	0.85	0.70	0.85	0.85	0.90			
	经验	经验	经验	经验	经验			
试验系数及时间								
备注	如果有试验系数,测流时应采用试验系数							

6. 测流方法

方案	涉水	缆道	测船	桥测	电波流速仪	ADCP
水位(m)				67.80 以下		69.80 以上
备注						

7. 测洪小结

当发生水位大于 69.80 m 的较大洪水时,洪水过后 3 d 内,及时以电子文本形式上报测洪小结至省局站网监测处(电子信箱:hnscyk@ 126. com)。

2.4.2 汲县(二)水文站任务书

2.4.2.1 汲县(二)水文站基本情况

1. 位置情况

隶属	河南省新乡水文水资源勘测局	重点站级别	省级
流域	海河	水	南运河
河名	卫河	汇入何处	南运河
东经	114°04′	北纬	35°24′
集水面积	5 050 km²	至河口距离	279 km
级别	二	人员编制	2
测站地址	河南省卫辉市城郊乡下园村	邮政编码	453100
电话号码	0373 – 4431521	电子信箱	
测站编码	31003602	雨量站编码	31022050
报汛站号	31003602	省界断面	否

2. 测站属性

类别	河道站	性质	基本水文站
设站目的	本站为区域代表站,是卫河干流上的控制站,采集卫河汲县(二)断面以上长系列水文要素信息,为水资源管理和防汛减灾服务		

3. 属站名单

负责管理的基本雨量站、水位站和中小河流巡测站、水位站、雨量站、水量辅助站、生态监测站。

属站类别	测站编码	站名	水系	河名	观测项目	观测段制 非汛期	观测段制 汛期	降水制表 (一)或(二)	降水制表 日表	摘录段制	自记或标准	水量调查表	报汛部门	备注
基本雨量站	31022000	东屯	南运河	东孟姜女河	降水		24	(二)	√	24	自记			汛期站
基本雨量站	31022050	汲县	南运河	卫河	降水	24	24	(一)	√	24	自记			
基本雨量站	31022100	东陈召	南运河	卫河	降水	24	24	(二)	√	24	自记			
基本雨量站	31022150	东拴马	南运河	沧河	降水	24	24	(二)	√	24	自记			
基本雨量站	31022200	狮豹头	南运河	沧河	降水	24	24	(二)	√	24	自记			
基本雨量站	31022250	塔岗	南运河	沧河	降水量	24	24	(二)	√	24	自记			

2.4.2.2 观测项目及要求

1. 观测项目

测验地点（断面）	测站编码	基本观测项目							辅助观测项目							
		水位	流量	单样含沙量	输沙率	降水	蒸发	水文调查	蒸发辅助	水质	初终霜	水温	冰情	气象	墒情	比降
基本水尺断面	31003602	√	√	√				√		√		√	√		√	
观测场	31022050					√					√					
东屯	31022000					√										
东陈召	31022100					√										
东拴马	31022150					√										
狮豹头	31022200					√										
塔岗	31022250					√										

2. 巡测间测规定

编码	断面地点	断面名称	巡（间）测项目	巡（间）测要求	巡（间）测时间
31003650	卫辉市上乐村镇皇甫村	皇甫	水位、流量		
31006350	卫辉市上乐村镇西沿村	下马营	水位、流量		
31006425	卫辉市顿坊店乡北关村	西南庄	水位、流量		
31006450	卫辉市狮豹头乡塔岗水库	塔岗水库	水位、流量		
31006440	卫辉市狮豹头乡狮豹头水库	狮豹头水库	水位		

3. 整编所需提交成果资料

测站名称	测站编码	降水量									水流沙等																	
		逐日降水量表（汛期）	逐日降水量表（常年）	降水量摘录表	各时段最大降水量表(1)	各时段最大降水量表(2)	蒸发场说明表及平面图	逐日水面蒸发量表	水面蒸发量辅助项目月年统计表	降水量站说明表	逐日平均水位表	洪水水位摘录表	实测流量成果表	实测大断面成果表	堰闸流量率定表	逐日平均流量表	堰闸水文要素摘录表	水库水文要素摘录表	水电站抽水站流量率定表	悬移质实测输沙率成果表	悬移质逐日平均输沙率表	悬移质逐日平均含沙量表	悬移质洪水含沙量摘录表	逐日水温表	冰厚及冰情要素摘录表	冰情统计表	水文、水位站说明表	水库、堰闸站说明表	区间水利工程基本情况表
汲县（二）	31003602										√	√	√	√		√	√			√	√			√	√	√	√	√
东屯	31022000	√		√	√					√																			
汲县	31022050		√	√	√					√																			
东陈召	31022100		√	√						√																			
东拴马	31022150		√	√						√																			
狮豹头	31022200		√	√						√																			
塔岗	31022250		√	√						√																			

4. 观测要求

项目		观测要求	辅助观测项目	备注
降水量	标准	每日8时定时观测1次,1~5月按2段观测,10~12月按2段观测,暴雨时适当加测	初终霜	自记雨量计发生故障或检测时使用标准雨量器,按24段制观测
	自记	每日8时定时观测1次,降水之日20时检查1次,暴雨时适当增加检查次数。6~9月按24段摘录		
	遥测	按有关要求定期取存数据		
陆上水面蒸发		每日8时定时观测1次	风向、风速(力)、气温、湿度等	
水位	人工、自记	水位平稳时每日8时观测1次,洪水期或遇水情突变时必须加测,以测得完整水位变化过程为原则。闸坝水库站在闸门启闭前后和水位变化急剧时,应增加测次,以掌握水位转折变化。必须进行水位不确定度估算	1. 风大时观测风向、风力、水面起伏度及流向。 2. 闸门变动期间,同时观测闸门开启高度、孔数、流态、闸门是否提出水面等	每日8时校测自记水位记录,洪水期适当增加校测次数。定期检测各类水位计,保证正常运行
	遥测	按有关要求定期取存数据		
流量		流量测验应满足流量转折、推算逐日流量和各项特征值的要求,根据高、中、低各级水位情况,合理地分布于各级水位和水情变化过程的转折点处。水位流量关系稳定的站每年测次不少于15次。闸坝站测次以能满足率定分析推求泄水过程为原则	1. 每次测流同时观测记录水位、天气、风向、风力及影响水位流量关系变化的有关情况。 2. 闸坝站要记得记闸门开启高度、孔数、流态及其变动情况。 3. 在高中水测流时同时观测比降	水位级划分及测洪方案见附录
含沙量	单样含沙量	以控制含沙量转折变化和建立单断沙关系为原则。含沙量变化很小时,可每4~10 d取样1次。每次较大洪峰过程,一般不少于4~8次。洪峰重叠或水沙峰不一致、含沙量变化剧烈时,应增加测次。闸坝站根据闸门变动和含沙量变化情况适当布置测次	水位	较大流域的测站如能分辨出沙峰来源时应予以说明。如河水清澈,可改为目测,含沙量作零处理
	输沙率	根据测站级别每年输沙率测验不少于10~20次,测次分布应能控制流量和含沙量的主要转折变化,原则上每次较大洪峰不少于5次	单样含沙量、流量及水位等	

项目	观测要求	辅助观测项目	备注
水尺零点高程	每年汛期前后各校测 1 次,在水尺发生变动或有可疑变动,应随时校测。新设水尺应随测随校	水位	包括自记水位计高程标点
水准点高程测量	逢 0、逢 5 年份对基本水准点必须进行复测,校核水准点每年校测 1 次,如发现有变动或可疑变动,应及时复测并查明原因		
大断面测量	每年汛期前后施测,在每次洪水后应予加测。较大洪水采用比降面积法或浮标法测流后,必须加测。人工固定河槽在逢 5 年份施测 1 次	水位	
测站地形测量	除设站初期施测 1 次地形,测验河段在河道、地形、地物有明显变化时,必须进行全部或局部复测	水位	
水文调查	包括断面以上(区间)流域基本情况调查、水量调查、暴雨和洪水调查以及专项水文调查		
水温	每日 8 时观测。冬季稳定封冻期,所测水温连续 3~5 d 皆在 0.2 ℃以下时,即可停止观测。当水面有融化迹象时,应即恢复观测。无较长稳定封冻期不应中断观测		
冰情观测	在测验断面出现结冰现象的时期内一般每日 8 时观测 1 次。冰情变化急剧时,应适当增加测次		
墒情监测	基本站在每旬初(1 日、11 日、21 日)早 8 时观测 1 次,取土深度为地面以下 10 cm、20 cm、40 cm 处 3 点土样	旬总雨量统计	旱情严重时应加密、多点观测
气象			
水质监测	按照《水环境监测规范》(SL 219—98)的要求,河道站每年每 2 个月取样 1 次,水库站每年丰、平、枯期各取样 1 次,地下水站于 5 月、10 月各取样 1 次,如遇突发性污染事故应及时取样,并报告有关主管部门,以便采取应急措施	按水样送验单要求观测、填写辅助观测项目	有水质采样任务的站,要求当天取样,当天送到指定的单位
其他			

2.4.2.3　水文情报预报工作

（1）水文站报汛必须严格贯彻执行《水文情报预报规范》（GB/T 22482—2008）、《水情信息编码标准》（SL 330—2011），保证拍报质量，水文站差错率不超过1%，雨量站差错率不超过3%。

（2）水文站要在综合分析近期水位流量关系的基础上，于汛前修订好报汛曲线，并用历史调查洪水做好高水部分的曲线延长，随时根据实测点修订水位流量曲线，保证相应流量的准确性。

（3）汛期与非汛期划分：淮河、长江流域当年5月15日至10月1日为汛期，当年10月2日至次年5月14日为非汛期；海河、黄河流域当年6月1日至10月1日为汛期，当年10月2日至次年5月31日为非汛期。

（4）降水量拍报。雨量报汛段次严格按照每年下发的报汛任务书的要求执行。

（5）水情拍报：

①水情站要严格按照当年下达的报汛任务书的要求拍报。遇到洪水时要报出洪水全过程，涨水段在二级加报水位以上，至少要报2~3次实测流量，以校正拍报的相应流量。

②水库站凡遇大、中洪水入库时，均要拍报入库流量全过程。

③当发生特大暴雨洪水，河道分洪、决口、扒堤、水库垮坝及大面积内涝时，应及时拍报特殊水情电报，并立即调查情况并上报。

（6）水文预报。大型水库和主要河道控制水文站，要积极开展水文预报。发生大洪水时，及时向当地有关部门通报水情趋势，为防汛抢险和水利调度当好参谋。

2.4.2.4　水文水资源调查

水文调查是水文测验工作的重要组成部分，是收集水文资料的重要环节，水文站应当有计划地进行，以满足水文水资源分析计算的要求。

本站负责汲县（二）基本水尺断面以上至合河（卫）、八里营（二）范围内水文水资源调查任务。

1. 调查要求

（1）对测站流量有较大影响的水利设施，应查清工程指标及其变化等情况，一般影响一次洪水总量或河道同期多年平均径流量达15% ~20%时，应与有关部门配合，建立简易观测点或巡测点，达到能推算各月和全年的调节、引用水量的目的。

（2）对测站流量有中等影响的水利设施，应逐个查清工程指标等情况，并每年及时调查其水量，以能估算其年调节、引用水量为原则。一般影响洪峰流量5%以上的水利工程，或引入、引出水量占引水期间水量的5%以上的固定工程，需逐个测算其年调节、引用水量。

（3）对测站流量影响较小的水利设施，一般只统计总个数、总指标，测算总水量。小面积站上游的水利工程设施，其一个或几个工程的控制面积超过集水面积的10%，或引水期的调节水量占河道同期水量的10%以上时，则应做较细致的调查，算清水账。水利设施的工程指标等情况，可直接引用工程管理等部门的资料，在做过普查以后，每年只对有变动的部分做补充调查。

遇有滞洪、决口等情况，应立即了解其具体位置、发生时间，并尽可能查清其水量。调查应在发生这些情况的短时间内进行，如有困难，也应在当年把情况调查清楚。

当发生特大暴雨、洪水或特别干旱时,应进行暴雨、洪水及必要的枯水调查。

(4)注意观察水的透明度、气味、色度、悬浮物质等物理特性是否异常,是否明显污染,当发现突发性污染事故时及时上报上级主管部门,并按上级要求进行监测。

(5)水文站(县局)水文调查成果应按规范规定整理并编写调查报告。

2.调查表

调查地点	水工设施名称	调查时间	调查项目	调查要求	备注

3.省界断面

每月5日前向流域机构上报上月最高、最低、月平均水位,最高、最低、月平均流量和月径流量。

2.4.2.5 资料

1.资料整编

原始资料不得损毁,禁止涂改、誊写。各种整编报表的填写要符合规范规定。

水文站的各项观测资料应严格执行"四随"制度,当月各项资料应于次月5日前完成在站整编,次年1月5日前完成上年度全年资料的在站整编。

水文站应对各种原始数据进行校对,资料在站整编完成后,应写出在站整编说明书,简述测验情况、整编发现的问题及处理意见、合理性检查情况及对资料成果的评价。

2.资料分析

洪水过后要进行大断面冲淤变化分析。突出的流量和沙量测点应进行批判分析。根据上下游控制断面做水量平衡分析。对属站降水量要进行对比分析,发现错日、错量情况及时更正。

通过资料分析掌握测站特性和各水文因素的变化规律,力求定线合理,推算方法正确,符合本站特性。

3.资料保存

水文资料是国家重要的基础信息资源,要注意防火、防盗,保持整洁。资料要存放在资料柜内,指定专人妥善保管,防止丢失。未经审查的资料不得向社会发布。

2.4.2.6 测报设施管理、养护及安全生产

测报设施是保障安全、提高测洪能力和精度、提高测报成果质量的重要设施,测站必须精心养护,发现问题及时维修,并将检查处理情况做好记录。

1.钢丝绳的养护

(1)钢丝绳每年擦油1~2次,防止生锈,重点受力部位加强检修。

(2)对钢丝绳与锚碇接头部分涂黄油并经常检查。

2.支架、锚碇的养护

(1)为保持支架直立、结构不变形,保持平衡,使支架各方向的拉力均衡,每年应全面

检查调整 2~3 次,大洪水期应检查 1~2 次。

(2)钢支架每隔 1~2 年进行除锈、油漆养护,除锈后先涂防锈漆,再涂油漆;避雷接地电阻应校测。

(3)汛前及洪水过后要认真检查支架基础有无沉陷、有无位移,联系螺栓是否有松动,混凝土基础有无裂缝等,如不符合要求及时检修。

(4)每月检查锚碇有无位移,锚碇附近土壤有无裂纹、崩塌、沉陷等现象,夹头是否松动、锚杆是否生锈,发现问题及时处理。

3.驱动设备的养护

1)动力设备

(1)变压器,按供电部门规定,隔一定年限更换变压器油。

(2)柴油机及发电机组,按使用说明书规定进行技术保养。

(3)经常检查电动机发热情况,温升超过 60 ℃时,应采取降温措施,电动机应接地,发现电动机异常时,应停车检查原因,设法排除。

2)绞车

经常保持绞车轴承、转动部件油润,每年汛前应全面检查 1 次,保证其正常工作状态。

3)滑轮

经常检查导向滑轮、游轮、行车等运转情况,发现不正常应及时检修,不允许钢丝绳在滑轮上滑动、擦边、跳槽,若有上述问题,应采取措施及时排除,保持油润,运行时注意随时监视各滑轮运转情况。

4)水文缆道

水文缆道每年要进行起点距、水深比测 1~2 次并保存好记录。

4.仪器、仪表的养护

(1)各种仪器、仪表按说明书使用、养护,应保持附件的齐全;流速仪应及时鉴定并保管好鉴定证书。

(2)各种仪器、仪表应放在干燥通风、清洁和不受腐蚀性气体侵蚀的地方。

(3)主要电子、电器仪表应设有接地装置,防止雷电感应短路烧坏仪表。

5.测船的养护

(1)每日观察测船设施有无毁损,平时 5 d 擦洗 1 次,汛期每日擦洗 1 次,发现问题及时排除,保证测流的顺利进行。

(2)木船每年小修 1 次,5 年大修 1 次,钢板船 1~2 年检修 1 次。

(3)机动船平时每 5 d 启动 1 次,维持机械的油润,汛期保证随时能启动运行测流。

6.桥测车的养护

除按机动车正常管理、养护外,还应注意:

(1)司机应爱护车辆,经常擦洗机件,保持机件润滑、清洁。

(2)桥测车每月发动 2~3 次,检查机件、电路等所有部件的性能,发现问题,应及时检修排除,以保证测流时能随时启动、运行。

7.遥测设备的管理与养护

(1)自记井发生淤积时应及时进行清淤处理。

(2)传感器应经常检查,保持内部干净。

（3）终端机、馈线、天线、太阳能电池板及蓄电瓶等设备应经常检修、维护。太阳能电池板应每月清洗 1 次。

（4）备品备件要有专人管理养护。

8. 通信线路的养护

通信线路要不定期进行检查，发现问题及时向电信部门及上级汇报，做好线路的抢修工作，确保线路畅通。

9. 安全生产

加强生产安全管理。配置救生衣、安全斧、救生锤、破坏钳等必要的安全生产设施。水上作业时必须穿戴救生衣，桥测时应放置警示标识，保证人身安全。缆道、测船等作业严格按照规程进行操作，严禁违章操作，避免意外发生。办公楼配备防盗防火设施，做好防火、防盗、雷击和安全用电工作，杜绝各类事故发生。

水文站于每年年初向勘测局编报测报设施维修养护经费计划，由勘测局汇总，报省局审定安排，水文站按下达的维修养护任务保质保量完成。

2.4.2.7 属站管理

水文站对属站负有领导责任，积极主动指导属站进行各项观测、资料整理等工作，做到汛前有布置，汛期有检查，汛后有总结，遇到特殊情况及时处理。对属站所有仪器设备做好维护管理工作。

2.4.2.8 业务学习

每周定期学习以下技术规范和其他新技术操作等。

序号	规范	学习时间
1	《水文缆道测验规范》（SL 443—2009）	
2	《水文测船测验规范》（SL 338—2006）	
3	《水位观测平台技术标准》（SL 384—2007）	
4	《水工建筑物与堰槽测流规范》（SL 537—2011）	
5	《声学多普勒流量测验规范》（SL 337—2006）	
6	《水位观测标准》（GB/T 50138—2010）	
7	《降水量观测规范》（SL 21—2015）	
8	《河流悬移质泥沙测验规范》（GB 50159—2015）	
9	《河流流量测验规范》（GB 50179—2015）	每周一上午及周二下午为学习时间
10	《水文巡测规范》（SL 195—2015）	
11	《翻斗式雨量计》（GB/T 11832—2002）	
12	《水面蒸发观测规范》（SL 630—2013）	
13	《水文资料整编规范》（SL 247—2012）	
14	《水文数据整理汇编标准》（DB 41/T 1599—2018）	
15	《土壤墒情监测规范》（SL 364—2015）	
16	《水文测量规范》（SL 58—2014）	
17	《水文调查规范》（SL 196—2015）	
18	《水文基本术语和符号标准》（GB/T 50095—2014）	
19	《水文仪器术语及符号》（GB/T 19677—2005）	
20	《河流冰情观测规范》（SL 59—2015）	

2.4.2.9 附录

1. "四随"工作制度

	降水量	水位	流量	含沙量
随测算	1. 准时量记,当场自校。 2. 自记站要按时检查,每日8时换纸,无雨不换纸要加水,有雨注意量记虹吸水量。 3. 检查记载规格符号是否正确、齐全。 4. 每日8时计算日雨量、蒸发量,旬、月初计算旬、月雨量	1. 准时测记水位及附属项目,当场自校。 2. 自记水位按时校测、检查 3. 日平均水位次日计算完毕。 4. 水准测量当场计算高差,当日计算成果并校核	1. 附属观测项目及备注说明当场填记齐全。 2. 闸坝站应现场测记有关水力因素。 3. 按要求及时测记流量。 4. 流量随测随算	1. 单样含沙量及输沙率测量后,编号与瓶号、滤纸要校对,并填入单沙记载本中,各栏填记齐全。 2. 水样处理当日进行(如加沉淀剂、自动滤沙)。 3. 烘干称重后立即计算
随拍报	1. 从4月2日至11月1日期间全省统一采用自动遥测站雨量信息,11月2日至次年4月1日仍进行人工拍报雨情信息。 2. 密切监视本辖区内雨情变化,发现雨量站点1 h降雨量超过50 mm或单日累计降雨量达100 mm以上时,要及时报当地县防办和勘测局水情科	1. 严格按照当年下达的防汛抗旱拍报任务通知的要求拍报。有涨水过程时必须加报涨水情和洪峰流量,及时报出洪水全过程。 2. 当洪水上涨超过各级加报标准时,必须立即拍报水情1次,然后按规定段次发报;上次发报后涨幅已超过1 m的,也要及时加报1次;出现洪峰要立即拍报。 3. 河道站:三级加报涨水段全部为24段次,落水段12~24段次; 水库站:一级起报水位以上、二级加报水位以下要至少按照1 d 4段次拍报,二级加报水位(汛限水位)以上的涨水段全部按照24段次拍报,落水段按照12~24段次拍报。闸门变动随时报。 4. 当发生特大暴雨洪水,河道分洪、决口、扒堤、水库垮坝及大面积内涝时,应及时拍报特殊水情电报,并立即调查情况并上报	1. 要在综合分析近期水位流量关系(水库站:输水设备泄流曲线)的基础上,于汛前修订好报汛曲线,并用历史调查洪水做好高水部分的曲线延长;汛期随时根据实测点修订水位流量曲线,保证相应流量的准确性。 2. 有拍报旬、月平均流量的河道、闸坝站断流或无出流量时也要拍报旬、月平均流量。 3. 河道站:根据洪水大小,在二级加报水位以上至少要报出1~3次实测流量,以校正拍报的相应流量; 水库站:大型水库凡遇洪水入库时,均要拍报入库流量全过程	

续表

	降水量	水位	流量	含沙量
随整理	1.日、旬、月雨量在发报前要计算校核1遍。 2.自记纸当日完成订正、摘录、计算、复核。 3.月初3 d内原始资料完成3遍手,进行月统计	1.日平均水位次日校核完毕。 2.自记水位8时换纸后摘录订正前一天水位,计算日平均值,并校核。 3.月初3 d内复核原始资料。 4.水准测量次日复核完毕	1.单次流量资料测算后即完成校核,当月完成复核。 2.较高水位(71.00 m)过后3 d内,报出测洪小结	单样含沙量、输沙率计算后当日校核,当月复核
随分析	1.属站雨量到齐后列表对比检查雨型、雨量。 2.主要暴雨绘各站暴雨累积曲线对比检查。 3.发现问题及时处理	1.应随测随点绘逐时过程线,并进行检查。 2.日平均水位在逐时线上画横线检查。 3.山区站及测沙站应画降雨柱状图,检查时间是否相应。 4.发现问题及时处理	1.洪水期流量测验要做点流速、垂线流速、水深测量的正确性及垂线布设合理性检查。 2.点绘水位流量关系线并检查偏离程度。水库闸坝站应点绘在系数曲线上检查。 3.测次点在水位过程线上,检查测次分布。 4.发现问题,检查原因,确定改正、重测或舍弃,并写出分析说明	1.取样后将测次点在水位过程线上(可用不同颜色),检查测次控制合理性。 2.沙量称重计算后点绘单样含沙量过程线,发现问题立即复烘、复秤。 3.检查单断沙关系及含沙量横向分布。 4.发现问题及时处理

2.使用水尺时的水位观测段次要求

段次要求	2 段	4 段	8 段	逐时
日变化(m)	<0.20	0.20~0.50	>0.50	>71.00的峰顶附近
水位级(m)	<68.00	68.00~70.00	70.00~71.00	

3.水尺观测的不确定度估算

波浪变幅(cm)	≤2	3~30	≥31
波浪级别	无波浪	一般波浪	较大波浪
随机不确定度			
综合不确定度			
备 注	每年在无波浪、一般波浪或较大波浪情况下,且水位基本无变化的5~10 min内连续观读水尺30次以上进行计算		

4. 流速仪法测流方案的制订

1) 水位级划分(单位:m)

水位级	高水	中水	低水	枯水
	69.00 以上	68.50~69.00	68.50 以下	
备注				

2) 允许总随机不确定度 X'_Q 与已定系统误差 U_Q

水位级	高水	中水	低水	枯水
X'_Q				
U_Q				

3) 常用测流方案

水位级	测流方案 (m,p,t)	最少垂线数 m 方案下限	备注
高水 69.00 m 以上	1) 15　2　100 2) 15　1　60 3) 10　1　30	10	方案的优先级按先后顺序进行排列,故选用方案优选排列在前的。 m—垂线数; p—垂线测点数; t—历时
中水 68.50~69.00 m	1) 10　2　100 2) 10　2　60 3) 7　1　30	7	
低水 68.50 m 以下	1) 7　2　100 2) 5　2　60	5	

5. 流速系数

分类	水面浮标系数	岸边流速系数	小浮标系数	水面流速系数	半深系数	深水浮标系数	电波流速仪系数	ADCP测流系数
系数及确定方法	0.85 经验	0.70、0.90 经验	0.85 经验	0.85 经验	0.90 经验			
试验系数及时间								
备注	如果有试验系数,测流时应采用试验系数							

6. 测流方法

方案	涉水	缆道	测船	桥测	浮标	电波流速仪	ADCP
水位(m)				69.00 以下	69.00 以上		69.00 以上
备注							

7. 测洪小结

当发生水位大于 71.00 m 的较大洪水时,洪水过后 3 d 内,及时以电子文本形式上报测洪小结至省局站网监测处(电子信箱:hnscyk@126.com)。

2.4.3 合河(共)水文站任务书

2.4.3.1 合河(共)水文站基本情况

1.位置情况

隶属	河南省新乡水文水资源勘测局	重点站级别	国家级
流域	海河	水系	南运河
河名	共产主义渠	汇入何处	卫河
东经	113°46′	北纬	35°21′
集水面积	4 061 km²	至河口距离	70.8 km
级别	二	人员编制	3
测站地址	河南省新乡县合河乡潘屯村	邮政编码	453700
电话号码	0373 – 5435137	电子信箱	
测站编码	31006200	雨量站编码	
报汛站号	31006200	省界断面	否

2.测站属性

类别	河道站	性质	基本水文站
设站目的	本站为区域代表站,是卫河一级支流共产主义渠的控制站,采集共产主义渠合河(共)断面以上长系列水文要素信息,为水资源管理和防汛减灾服务		

3.属站名单

负责管理的基本雨量站、水位站和中小河流巡测站、水位站、雨量站、水量辅助站、生态监测站。

属站类别	测站编码	站名	水系	河名	观测项目	观测段制 非汛期	观测段制 汛期	降水制表 (一)或(二)	降水制表 日表	摘录段制	自记或标准	水量调查表	报汛部门	备注
巡测站	31006180	东碑村	南运河	共产主义渠	降水、水位、流量	24	24							生态监测
巡测站	31004990	狮子营	南运河	大狮涝河	降水、水位、流量	24	24							
巡测站	31005270	占城	南运河	石门河	降水、水位、流量	24	24							
巡测站	31005300	花木	南运河	黄水河	降水、水位、流量	24	24							
巡测站	31005350	南云门	南运河	刘店干河	降水、水位、流量	24	24							

2.4.3.2 观测项目及要求

1. 观测项目

测验地点（断面）	测站编码	基本观测项目							辅助观测项目							
		水位	流量	单样含沙量	输沙率	降水	蒸发	水文调查	蒸发辅助	水质	初终霜	水温	冰情	气象	墒情	比降
基本水尺断面	31006200	√	√	√				√	√			√	√		√	

2. 巡测间测规定

编码	断面地点	断面名称	巡(间)测项目	巡(间)测要求	巡(间)测时间
31006180	获嘉县大辛庄乡东碑村	东碑村	水位、流量		
31004990	获嘉县黄堤镇狮子营村	狮子营	水位、流量		
31005270	辉县市占城乡占城村	占城	水位、流量		
31005300	辉县市赵固乡花木村	花木	水位、流量		
31005350	辉县市北云门镇南观营	南云门	水位、流量		

3. 整编所需提交成果资料

测站名称	测站编码	降水量							水流沙																	
		逐日降水量表（汛期）	逐日降水量表（常年）	降水量摘录表	各时段最大降水量表(1)	各时段最大降水量表(2)	逐日水面蒸发量表	水面蒸发量辅助项目月年统计表	降水量站说明表	逐日平均水位表	洪水水位摘录表	实测流量成果表	实测大断面成果表	逐日平均流量表	洪水水文要素摘录表	堰闸流量率定成果表	堰闸水文要素摘录表	水电站抽水站流量率定表	水库水文要素摘录表	悬移质实测输沙率成果表	悬移质逐日平均含沙量表	悬移质逐日平均输沙率表	悬移质洪水含沙量摘录表	逐日水温表	冰厚及冰情要素摘录表	冰情统计表	水文、水位站说明表	水库、堰闸站说明表	区间水利工程基本情况表
合河（共）	31006200								√		√	√		√	√				√			√	√	√	√		√

4. 观测要求

项目		观测要求	辅助观测项目	备注
降水量	标准	每日8时定时观测1次,1~5月按2段观测,10~12月按2段观测,暴雨时适当加测	初终霜	自记雨量计发生故障或检测时使用标准雨量器,按24段制观测
	自记	每日8时定时观测1次,降水之日20时检查1次,暴雨时适当增加检查次数。6~9月按24段摘录		
	遥测	按有关要求定期取存数据		
陆上水面蒸发		每日8时定时观测1次	风向、风速(力)、气温、湿度等	
水位	人工、自记	水位平稳时每日8时观测1次,洪水期或遇水情突变时必须加测,以测得完整水位变化过程为原则。闸坝水库站在闸门启闭前后和水位变化急剧时,应增加测次,以掌握水位转折变化。必须进行水位不确定度估算	1. 风大时观测风向、风力、水面起伏度及流向。 2. 闸门变动期间,同时观测闸门开启高度、孔数、流态、闸门是否提出水面等	每日8时校测自记水位记录,洪水期适当增加校测次数。定期检测各类水位计,保证正常运行
	遥测	按有关要求定期取存数据		
流量		流量测验应满足流量转折、推算逐日流量和各项特征值的要求,根据高、中、低各级水位情况,合理地分布于各级水位和水情变化过程的转折点处。水位流量关系稳定的站每年测次不少于15次。闸坝站测次以能满足率定分析推求泄水过程为原则	1. 每次测流同时观测记录水位、天气、风向、风力及影响水位流量关系变化的有关情况。 2. 闸坝站要测记闸门开启高度、孔数、流态及其变动情况。 3. 在高中水测流时同时观测比降	水位级划分及测洪方案见附录
含沙量	单样含沙量	以控制含沙量转折变化和建立单断沙关系为原则。含沙量变化很小时,可每4~10d取样1次。每次较大洪峰过程,一般不少于4~8次。洪峰重叠或水沙峰不一致、含沙量变化剧烈时,应加测次。闸坝站根据闸门变动和含沙量变化情况适当布置测次	水位	较大流域的测站如能分辨出沙峰来源时应予以说明。如河水清澈,可改为目测,含沙量作零处理
	输沙率	根据测站级别每年输沙率测验不少于10~20次,测次分布应能控制流量和含沙量的主要转折变化,原则上每次较大洪峰不少于5次	单样含沙量、流量及水位等	
水尺零点高程		每年汛期前后各校测1次,若水尺发生变动或有可疑变动,应随时校测。新设水尺应随测随校	水位	包括自记水位计高程标点
水准点高程测量		逢0、逢5年份对基本水准点必须进行复测,校核水准点每年校测1次,若发现有变动或可疑变动,应及时复测并查明原因		

项目	观测要求	辅助观测项目	备注
大断面测量	每年汛期前后施测,在每次洪水后应予加测。较大洪水采用比降面积法或浮标法测流后,必须加测。人工固定河槽在逢5年份施测1次	水位	
测站地形测量	除设站初期施测1次地形,测验河段在河道、地形、地物有明显变化时,必须进行全部或局部复测	水位	
水文调查	包括断面以上(区间)流域基本情况调查、水量调查、暴雨和洪水调查以及专项水文调查		
水温	每日8时观测。冬季稳定封冻期,所测水温连续3~5 d皆在0.2 ℃以下时,即可停止观测。当水面有融化迹象时,应即恢复观测。无较长稳定封冻期不应中断观测		
冰情观测	在测验断面出现结冰现象的时期内一般每日8时观测1次。冰情变化急剧时,应适当增加测次		
墒情监测	基本站在每旬初(即1日、11日、21日)早8时观测1次,取土深度为地面以下10 cm、20 cm、40 cm处3点土样	旬总雨量统计	旱情严重时应加密、多点观测
气象			
水质监测	按照《水环境监测规范》(SL 219—98)的要求,河道站每年2个月取样1次,水库站每年丰、平、枯各取样1次,地下水站于5月、10月各取样1次,如遇突发性污染事故应及时取样,并报告有关主管部门,以便采取应急措施	按水样送验单要求观测、填写辅助观测项目	有水质采样任务的站,要求当天取样,当天送到指定的单位
其他			

2.4.3.3 水文情报预报工作

(1)水文站报汛必须严格贯彻执行《水文情报预报规范》(GB/T 22482—2008)、《水情信息编码标准》(SL 330—2011),保证拍报质量,水文站差错率不超过1%,雨量站差错率不超过3%。

(2)水文站要在综合分析近期水位流量关系的基础上,于汛前修订好报汛曲线,并用历史调查洪水做好高水部分的曲线延长,随时根据实测点修订水位流量曲线,保证相应流量的准确性。

(3)汛期与非汛期划分:淮河、长江流域当年5月15日至10月1日为汛期,当年10月2日至次年5月14日为非汛期;海河、黄河流域当年6月1日至10月1日为汛期,当年10月2日至次年5月31日为非汛期。

(4)降水量拍报。雨量报汛段次严格按照每年下发的报汛任务书的要求执行。

(5)水情拍报：

①水情站要严格按照当年下达的报汛任务书的要求拍报。遇到洪水时要报出洪水全过程，涨水段在二级加报水位以上，至少要报 2～3 次实测流量，以校正拍报的相应流量。

②水库站凡遇大、中洪水入库时，均要拍报入库流量全过程。

③当发生特大暴雨洪水，河道分洪、决口、扒堤、水库垮坝及大面积内涝时，应及时拍报特殊水情电报，并立即调查情况并上报。

(6)水文预报。大型水库和主要河道控制水文站，要积极开展水文预报。发生大洪水时，及时向当地有关部门通报水情趋势，为防汛抢险和水利调度当好参谋。

2.4.3.4 水文水资源调查

水文调查是水文测验工作的重要组成部分，是收集水文资料的重要环节，水文站应当有计划地进行，以满足水文水资源分析计算的要求。

本站负责合河(共)基本水尺断面以上至修武水文站、宝泉水库水文站、石门水库水位站范围内水文水资源调查任务。

1.调查要求

(1)对测站流量有较大影响的水利设施，应查清工程指标及其变化等情况，一般影响一次洪水总量或河道同期多年平均径流量达 15%～20% 时，应与有关部门配合，建立简易观测点或巡测点，达到能推算各月和全年的调节、引用水量的目的。

(2)对测站流量有中等影响的水利设施，应逐个查清工程指标等情况，并每年及时调查其水量，以能估算其年调节、引用水量为原则。一般影响洪峰流量 5% 以上的水利工程，或引入、引出水量占引水期间水量的 5% 以上的固定工程，需逐个测算其年调节、引用水量。

(3)对测站流量影响较小的水利设施，一般只统计总个数、总指标，测算总水量。小面积站上游的水利工程设施，其一个或几个工程的控制面积超过集水面积的 10%，或引水期的调节水量占河道同期水量的 10% 以上时，则应做较细致的调查，算清水账。水利设施的工程指标等情况，可直接引用工程管理等部门的资料，在做过普查以后，每年可只对有变动的部分做补充调查。

遇有滞洪、决口等情况，应立即了解其具体位置、发生时间，并尽可能查清其水量。调查应在发生这些情况的短时间内进行，如有困难，也应在当年把情况调查清楚。

当发生特大暴雨、洪水或特别干旱时，应进行暴雨、洪水及必要的枯水调查。

(4)注意观察水的透明度、气味、色度、悬浮物质等物理特性是否异常，是否明显污染，当发现突发性污染事故时及时上报上级主管部门，并按上级要求进行监测。

(5)水文站(县局)水文调查成果应按规范规定整理并编写调查报告。

2.调查表

调查地点	调查设施名称	调查时间	调查项目	调查要求	备注

3.省界断面

每月 5 日前向流域机构上报上月最高、最低、月平均水位，最高、最低、月平均流量和月径流量。

2.4.3.5 资料

1. 资料整编

原始资料不得损毁，禁止涂改、誊写。各种整编报表的填写要符合规范规定。

水文站的各项观测资料应严格执行"四随"制度，当月各项资料应于次月5日前完成在站整编，次年1月5日前完成上年度全年资料的在站整编。

水文站应对各种原始数据进行校对，资料在站整编完成后，应写出在站整编说明书，简述测验情况、整编发现的问题及处理意见、合理性检查情况及对资料成果的评价。

2. 资料分析

洪水过后要进行大断面冲淤变化分析。突出的流量和沙量测点应进行批判分析。根据上下游控制断面做水量平衡分析。对属站降水量要进行对比分析，发现错日、错量情况及时更正。

通过资料分析掌握测站特性和各水文因素的变化规律，力求定线合理，推算方法正确，符合本站特性。

3. 资料保存

水文资料是国家重要的基础信息资源，要注意防火、防盗，保持整洁。资料要存放在资料柜内，指定专人妥善保管，防止丢失。未经审查的资料不得向社会发布。

2.4.3.6 测报设施管理、养护及安全生产

测报设施是保障安全、提高测洪能力和精度、提高测报成果质量的重要设施，测站必须精心养护，发现问题及时维修，并将检查处理情况做好记录。

1. 钢丝绳的养护

(1)钢丝绳每年擦油1~2次，防止生锈，重点受力部位加强检修。

(2)对钢丝绳与锚碇接头部分涂黄油并经常检查。

2. 支架、锚碇的养护

(1)为保持支架直立、结构不变形，保持平衡，使支架各方向的拉力均衡，每年应全面检查调整2~3次，大洪水期应检查1~2次。

(2)钢支架每隔1~2年进行除锈、油漆养护，除锈后先涂防锈漆，再涂油漆；避雷接地电阻应校测。

(3)汛前及洪水过后要认真检查支架基础有无沉陷、有无位移，联系螺栓是否有松动，混凝土基础有无裂缝等，如不符合要求及时检修。

(4)每月检查锚碇有无位移，锚碇附近土壤有无裂纹、崩塌、沉陷等现象，夹头是否松动、锚杆是否生锈，发现问题及时处理。

3. 驱动设备的养护

1)动力设备

(1)变压器，按供电部门规定，隔一定年限更换变压器油。

(2)柴油机及发电机组，按使用说明书规定进行技术保养。

(3)经常检查电动机发热情况，温升超过60 ℃时，应采取降温措施，电动机应接地，发现电动机异常时，应停车检查原因，设法排除。

2）绞车

经常保持绞车轴承、转动部件油润，每年汛前应全面检查1次，保证正常工作状态。

3）滑轮

经常检查导向滑轮、游轮、行车等运转情况，发现不正常应及时检修，不允许钢丝绳在滑轮上滑动、擦边、跳槽，若有上述问题，应采取措施及时排除，保持油润，运行时注意随时监视各滑轮运转情况。

4）水文缆道

水文缆道每年要进行起点距、水深比测1~2次并保存好记录。

4. 仪器、仪表的养护

（1）各种仪器、仪表按说明书使用、养护，应保持附件的齐全；流速仪应及时鉴定并保管好鉴定证书。

（2）各种仪器、仪表应放在干燥通风、清洁和不受腐蚀性气体侵蚀的地方。

（3）主要电子、电器仪表应设有接地装置，防止雷电感应短路烧坏仪表。

5. 测船的养护

（1）每日观察测船设施有无毁损，平时5 d擦洗1次，汛期每日擦洗1次，发现问题及时排除，保证测流的顺利进行。

（2）木船每年小修1次，5年大修1次，钢板船1~2年检修1次。

（3）机动船平时每5 d启动1次，维持机械的油润，汛期保证随时能启动运行测流。

6. 桥测车的养护

除按机动车正常管理、养护外，还应注意：

（1）司机应爱护车辆，经常擦洗机件，保持机件润滑、清洁。

（2）桥测车每月发动2~3次，检查机件、电路等所有部件的性能，发现问题，应及时检修排除，以保证测流时能随时启动、运行。

7. 遥测设备的管理与养护

（1）自记井发生淤积时应及时进行清淤处理。

（2）传感器应经常检查，保持内部干净。

（3）终端机、馈线、天线、太阳能电池板及蓄电瓶等设备应经常检修、维护。太阳能电池板应每月清洗1次。

（4）备品备件要有专人管理养护。

8. 通信线路的养护

通信线路要不定期进行检查，发现问题及时向电信部门及上级汇报，做好线路的抢修工作，确保线路畅通。

9. 安全生产

加强生产安全管理。配置救生衣、安全斧、救生锤、破坏钳等必要的安全生产设施。水上作业时必须穿戴救生衣，桥测时应放置警示标识，保证人身安全。缆道、测船等作业严格按照规程进行操作，严禁违章操作，避免意外发生。办公楼配备防盗防火设施，做好防火、防盗、雷击和安全用电工作，杜绝各类事故发生。

水文站于每年年初向勘测局编报测报设施维修养护经费计划，由勘测局汇总，报省局审定安排,水文站按下达的维修养护任务保质保量完成。

2.4.3.7 属站管理

水文站对属站负有领导责任,积极主动指导属站进行各项观测、资料整理等工作,做到汛前有布置,汛期有检查,汛后有总结,遇到特殊情况及时处理。对属站所有仪器设备做好维护管理工作。

2.4.3.8 业务学习

每周定期学习以下技术规范和其他新技术操作等。

序号	规范	学习时间
1	《水文缆道测验规范》(SL 443—2009)	
2	《水文测船测验规范》(SL 338—2006)	
3	《水位观测平台技术标准》(SL 384—2007)	
4	《水工建筑物与堰槽测流规范》(SL 537—2011)	
5	《声学多普勒流量测验规范》(SL 337—2006)	
6	《水位观测标准》(GB/T 50138—2010)	
7	《降水量观测规范》(SL 21—2015)	
8	《河流悬移质泥沙测验规范》(GB 50159—2015)	
9	《河流流量测验规范》(GB 50179—2015)	
10	《水文巡测规范》(SL 195—2015)	每周一上午及周二
11	《翻斗式雨量计》(GB/T 11832—2002)	下午为学习时间
12	《水面蒸发观测规范》(SL 630—2013)	
13	《水文资料整编规范》(SL 247—2012)	
14	《水文数据整理汇编标准》(DB 41/T 1599—2018)	
15	《土壤墒情监测规范》(SL 364—2015)	
16	《水文测量规范》(SL 58—2014)	
17	《水文调查规范》(SL 196—2015)	
18	《水文基本术语和符号标准》(GB/T 50095—2014)	
19	《水文仪器术语及符号》(GB/T 19677—2005)	
20	《河流冰情观测规范》(SL 59—2015)	

2.4.3.9 附录

1. "四随"工作制度

	降水量	水位	流量	含沙量
随测算	1. 准时量记,当场自校。 2. 自记站要按时检查,每日8时换纸,无雨不换纸要加水,有雨注意量记虹吸水量。 3. 检查记载规格符号是否正确、齐全	1. 准时测记水位及附属项目,当场自校。 2. 自记水位按时校测、检查	1. 附属观测项目及备注说明当场填记齐全。 2. 闸坝站应现场测记有关水力因素。 3. 按要求及时测记流量	1. 单样含沙量及输沙率测量后,编号与瓶号、滤纸要校对,并填入单沙记载本中,各栏填记齐全。 2. 水样处理当日进行(如加沉淀剂、自动滤沙)

	降水量	水位	流量	含沙量
随拍报	每日 8 时计算日雨量、蒸发量，旬、月初计算旬、月雨量	1. 日平均水位次日计算完毕。 2. 水准测量当场计算高差，当日计算成果并校核	流量随测随算	烘干称重后立即计算
随整理	1. 日、旬、月雨量在发报前要计算校核 1 遍。 2. 自记纸当日完成订正、摘录、计算、复核。 3. 月初 3 d 内原始资料完成 3 遍手，进行月统计	1. 日平均水位次日校核完毕。 2. 自记水位 8 时换纸后摘录订正前一天水位，计算日平均值，并校核。 3. 月初 3 d 内复核原始资料。 4. 水准测量次日复核完毕	1. 单次流量资料测算后即完成校核，当月完成复核。 2. 较高水位（74.00 m）过后 3 d 内，报出测洪小结	单样含沙量、输沙率计算后当日校核，当月复核
随分析	1. 属站雨量到齐后列表对比检查雨型、雨量。 2. 主要暴雨绘各站暴雨累积曲线对比检查。 3. 发现问题及时处理	1. 应随测随点绘逐时过程线，并进行检查。 2. 日平均水位在逐时线上画横线检查。 3. 山区站及测沙站应画降雨柱状图，检查时间是否相应。 4. 发现问题及时处理	1. 洪水期流量测验要做点流速、垂线流速、水深测量的正确性及垂线布设合理性检查。 2. 点绘水位流量关系线并检查偏离程度。水库闸坝站应点绘在系数曲线上检查。 3. 测次点在水位过程线上，检查测次分布。 4. 发现问题，检查原因，确定改正、重测或舍弃，并写出分析说明	1. 取样后将测次点在水位过程线上（可用不同颜色），检查测次控制合理性。 2. 沙量称重计算后点绘单样含沙量过程线，发现问题立即复烘、复秤。 3. 检查单断沙关系及含沙量横向分布。 4. 发现问题及时处理

2. 使用水尺时的水位观测段次要求

段次要求	2 段	4 段	8 段	逐时
日变化（m）	<0.20	0.20~0.50	>0.50	>74.00 的峰顶附近
水位级（m）	<73.40	73.40~74.00	>74.00	

3. 水尺观测的不确定度估算

波浪变幅（cm）	≤2	3~30	≥31
波浪级别	无波浪	一般波浪	较大波浪
随机不确定度			
综合不确定度			
备注	每年在无波浪、一般波浪或较大波浪情况下，且水位基本无变化的 5~10 min 内连续观读水尺 30 次以上进行计算		

4. 流速仪法测流方案的制定

1）水位级划分（单位：m）

水位级	高水	中水	低水	枯水
	74.50 以上	72.90～74.50	72.90 以下	
备注				

2）允许总随机不确定度 X'_Q 与已定系统误差 U_Q

水位级	高水	中水	低水	枯水
X'_Q				
U_Q				

3）常用测流方案

水位级	测流方案(m,p,t)	最少垂线数 m 方案下限	备注
高水 74.50 m 以上	1）20　3　100 2）15　2　60 3）15　1　30	15	方案的优先级按先后顺序进行排列，故选用方案优选排列在前的。 m—垂线数； p—垂线测点数； t—历时
中水 72.90～74.50 m	1）15　2　100 2）10　1　60 3）7　1　30	7	
低水 72.90 m 以下	1）7　2　100 2）7　1　60 3）6　1　30	6	

5. 流速系数

分类	水面浮标系数	岸边流速系数	小浮标系数	水面流速系数	半深系数	深水浮标系数	电波流速仪系数	ADCP测流系数
系数及确定方法	0.85	0.70	0.85	0.78				
	经验	规范	经验	经验				
试验系数及时间								0.95 （仅供参考）
备注	如果有试验系数，测流时应采用试验系数							

6. 测流方法

方案	涉水	缆道	测船	电波流速仪	浮标	ADCP
水位（m）	71.60 以下	71.60～75.10	74.50 以上		75.10 以上	74.50 以上
备注		主槽	滩地		主槽	

7. 测洪小结

当发生水位大于 73.40 m 的较大洪水时，洪水过后 3 d 内，及时以电子文本形式上报测洪小结至省局站网监测处（电子信箱：hnscyk@126.com）。

2.4.4 合河(卫)水文站任务书

2.4.4.1 合河(卫)水文站基本情况

1. 位置情况

隶属	河南省新乡水文水资源勘测局	重点站级别	国家级
流域	海河	水系	南运河
河名	卫河	汇入何处	南运河
东经	113°45′	北 纬	35°21′
集水面积	4 061 km²	至河口距离	317 km
级 别	二	人员编制	2
测站地址	河南省新乡县合河乡后贾村	邮政编码	453700
电话号码	0373 – 5435137	电子信箱	
测站编码	31003400	雨量站编码	31021700
报汛站号		省界断面	否

2. 测站属性

类别	河道站	性质	基本水文站
设站目的	本站为区域代表站,是卫河干流上的控制站,采集卫河合河(卫)断面以上长系列水文要素信息,为水资源管理和防汛减灾服务		

说明:2018 年国家基本水文站名单中无合河(卫)。

3. 属站名单

负责管理的基本雨量站、水位站和中小河流巡测站、水位站、雨量站、水量辅助站、生态监测站。

属站类别	测站编码	站名	水系	河名	观测项目	观测段制 非汛期	观测段制 汛期	降水制表 (一)或(二)	降水制表 日表	摘录段制	自记或标准	水量调查表	报汛部门	备注
基本雨量站	31021700	合河	南运河	卫河	降水	24	24	(一)	√	24	自记			
基本雨量站	31021050	获嘉	南运河	运粮河	降水	24	24	(二)	√	24	自记			
雨量站	31005401	南翟坡	南运河	东孟姜女河	降水	24	24							
雨量站	31022004	小河	南运河	东孟姜女河	降水	24	24							
雨量站	31022003	古固寨	南运河	东孟姜女河	降水	24	24							
雨量站	31021742	大块	南运河	民生渠	降水	24	24							
雨量站	31021741	南于店	南运河	东孟姜女河	降水	24	24							
雨量站	31021703	西彰仪	南运河	共产主义渠	降水	24	24							
雨量站	31021702	史庄	南运河	共产主义渠	降水	24	24							
雨量站	31021701	赵吴巷	南运河	大狮涝河	降水	24	24							
雨量站	31021902	亢村北街	南运河	人民胜利渠	降水	24	24							
雨量站	31021704	黄堤	南运河	大狮涝河	降水	24	24							

2.4.4.2 观测项目及要求

1. 观测项目

测验地点（断面）	测站编码	基本观测项目							辅助观测项目							
		水位	流量	单样含沙量	输沙率	降水	蒸发	水文调查	蒸发辅助	水质	初终霜	水温	冰情	气象	墒情	比降
基本水尺断面	31003400	√	√	√				√					√			
观测场	31021700					√	√				√			√		
获嘉	31021050					√										

2. 巡测间测规定

编码	断面地点	断面名称	巡（间）测项目	巡（间）测要求	巡（间）测时间

3. 整编所需提交成果资料

测站名称	测站编码	降水量									水流沙																				
		逐日降水量表（汛期）	逐日降水量表（常年）	降水量摘录表	各时段最大降水量表(1)	各时段最大降水量表(2)	逐日水面蒸发量表	蒸发场说明表及平面图	水面蒸发量辅助项目月年统计表	降水量说明表	逐日平均水位表	洪水水位摘录表	实测流量成果表	实测大断面成果表	堰闸流量率定表	逐日平均流量表	洪闸水文要素摘录表	堰闸水文要素摘录表	水电站抽水站流量摘录表	水库水位要素摘录表	悬移质实测输沙率成果表	悬移质逐日平均输沙率定表	悬移质逐日平均含沙量表	悬移质洪水含沙量摘录表	逐日水温表	冰厚及冰情要素统计表	冰情统计表	水文、水位站说明表	水库、堰闸站说明表	区间水利工程基本情况表
合河（卫）	31003400										√		√	√		√	√				√		√			√	√	√		√
获嘉	31021050	√	√		√						√																				
合河	31021700	√	√	√	√	√																									

4.观测要求

项目		观测要求	辅助观测项目	备注
降水量	标准	每日8时定时观测1次,1~5月按2段观测,10~12月按2段观测,暴雨时适当加测	初终霜	自记雨量计发生故障或检测时使用标准雨量器,按24段制观测
	自记	每日8时定时观测1次,降水之日20时检查1次,暴雨时适当增加检查次数。6~9月按24段摘录		
	遥测	按有关要求定期取存数据		
陆上水面蒸发		每日8时定时观测1次	风向、风速(力)、气温、湿度等	
水位	人工、自记	水位平稳时每日8时观测1次,洪水期或遇水情突变时必须加测,以测得完整水位变化过程为原则。闸坝水库站在闸门启闭前后和水位变化急剧时,应增加测次,以掌握水位转折变化。必须进行水位不确定度估算	1.风大时观测风向、风力、水面起伏度及流向。2.闸门变动期间,同时观测闸门开启高度、孔数、流态、闸门是否提出水面等	每日8时校测自记水位记录,洪水期适当增加校测次数。定期检测各类水位计,保证正常运行
	遥测	按有关要求定期取存数据		
流量		流量测验应满足流量转折、推算逐日流量和各项特征值的要求,根据高、中、低各级水位情况,合理地分布于各级水位和水情变化过程的转折点处。水位流量关系稳定的站每年测次不少于15次。闸坝站测次以能满足率定分析推求泄水过程为原则	1.每次测流同时观测记录水位、天气、风向、风力及影响水位流量关系变化的有关情况。2.闸坝站要测记闸门开启高度、孔数、流态及其变动情况。3.在高中水测流时同时观测比降	水位级划分及测洪方案见附录
含沙量	单样含沙量	以控制含沙量转折变化和建立单断沙关系为原则。含沙量变化很小时,可每4~10d取样1次。每次较大洪峰过程,一般不少于4~8次。洪峰重叠或水沙峰不一致、含沙量变化剧烈时,应增加测次。闸坝站根据闸门变动和含沙量变化情况适当布置测次	水位	较大流域的测站如能分辨出沙峰来源时应予以说明。如河水清澈,可改为目测,含沙量作零处理
	输沙率	根据测站级别每年输沙率测验不少于10~20次,测次分布应能控制流量和含沙量的主要转折变化,原则上每次较大洪峰不少于5次	单样含沙量、流量及水位等	
水尺零点高程		每年汛期前后各校测1次,在水尺发生变动或有可疑变动,应随时校测。新设水尺应随测随校	水位	包括自记水位计高程标点
水准点高程测量		逢0、逢5年份对基本水准点必须进行复测,校核水准点每年校测1次,若发现有变动或可疑变动,应及时复测并查明原因		

项目	观测要求	辅助观测项目	备注
大断面测量	每年汛期前后施测,在每次洪水后应予加测。较大洪水采用比降面积法或浮标法测流后,必须加测。人工固定河槽在逢5年份施测1次	水位	
测站地形测量	除设站初期施测1次地形,测验河段在河道、地形、地物有明显变化时,必须进行全部或局部复测	水位	
水文调查	包括断面以上(区间)流域基本情况调查、水量调查、暴雨和洪水调查以及专项水文调查		
水温	每日8时观测。冬季稳定封冻期,所测水温连续3~5 d皆在0.2 ℃以下时,即可停止观测。当水面有融化迹象时,应即恢复观测。无较长稳定封冻期不应中断观测		
冰情观测	在测验断面出现结冰现象的时期内一般每日8时观测1次。冰情变化急剧时,应适当增加测次		
墒情监测	基本站在每旬初(1日、11日、21日)早8时观测1次,取土深度为地面以下10 cm、20 cm、40 cm处3点土样	旬总雨量统计	旱情严重时应加密、多点观测
气象			
水质监测	按照《水环境监测规范》(SL 219—98)的要求,河道站每年2个月取样1次,水库站每年丰、平、枯各取样1次,地下水站于5月、10月各取样1次,如遇突发性污染事故应及时取样,并报告有关主管部门,以便采取应急措施	按水样送验单要求观测、填写辅助观测项目	有水质采样任务的站,要求当天取样,当天送到指定的单位
其他			

2.4.4.3　水文情报预报工作

(1)水文站报汛必须严格贯彻执行《水文情报预报规范》(GB/T 22482—2008)、《水情信息编码标准》(SL 330—2011),保证拍报质量,水文站差错率不超过1%,雨量站差错率不超过3%。

(2)水文站要在综合分析近期水位流量关系的基础上,于汛前修订好报汛曲线,并用历史调查洪水做好高水部分的曲线延长,随时根据实测点修订水位流量曲线,保证相应流量的准确性。

(3)汛期与非汛期划分:淮河、长江流域当年5月15日至10月1日为汛期,当年10月2日至次年5月14日为非汛期;海河、黄河流域当年6月1日至10月1日为汛期,当年10月2日至次年5月31日为非汛期。

(4)降水量拍报。雨量报汛段次严格按照每年下发的报汛任务书的要求执行。

(5)水情拍报:

①水情站要严格按照当年下达的报汛任务书的要求拍报。遇到洪水时要报出洪水全过程,涨水段在二级加报水位以上,至少要报 2~3 次实测流量,以校正拍报的相应流量。

②水库站凡遇大、中洪水入库时,均要拍报入库流量全过程。

③当发生特大暴雨洪水,河道分洪、决口、扒堤、水库垮坝及大面积内涝时,应及时拍报特殊水情电报,并立即调查情况并上报。

(6)水文预报。大型水库和主要河道控制水文站,要积极开展水文预报。发生大洪水时,及时向当地有关部门通报水情趋势,为防汛抢险和水利调度当好参谋。

2.4.4.4 水文水资源调查

水文调查是水文测验工作的重要组成部分,是收集水文资料的重要环节,水文站应当有计划地进行,以满足水文水资源分析计算的要求。

本站负责合河(卫)基本水尺断面以上至修武水文站、宝泉水库水文站、石门水库水文站范围内水文水资源调查任务。

1. 调查要求

(1)对测站流量有较大影响的水利设施,应查清工程指标及其变化等情况,一般影响一次洪水总量或河道同期多年平均径流量达 15%~20% 时,应与有关部门配合,建立简易观测点或巡测点,达到能推算各月和全年的调节、引用水量的目的。

(2)对测站流量有中等影响的水利设施,应逐个查清工程指标等情况,并每年及时调查其水量,以能估算其年调节、引用水量为原则。一般影响洪峰流量 5% 以上的水利工程,或引入、引出水量占引水期间水量的 5% 以上的固定工程,需逐个测算其年调节、引用水量。

(3)对测站流量影响较小的水利设施,一般只统计总个数、总指标,测算总水量。小面积站上游的水利工程设施,其一个或几个工程的控制面积超过集水面积的 10%,或引水期的调节水量占河道同期水量的 10% 以上时,则应做较细致的调查,算清水账。水利设施的工程指标等情况,可直接引用工程管理等部门的资料,在做过普查以后,每年可只对有变动的部分做补充调查。

遇有滞洪、决口等情况,应立即了解其具体位置、发生时间,并尽可能查清其水量。调查应在发生这些情况的短时间内进行,如有困难,也应在当年把情况调查清楚。

当发生特大暴雨、洪水或特别干旱时,应进行暴雨、洪水及必要的枯水调查。

(4)注意观察水的透明度、气味、色度、悬浮物质等物理特性是否异常,是否明显污染,当发现突发性污染事故时及时上报上级主管部门,并按上级要求进行监测。

(5)水文站(县局)水文调查成果应按规范规定整理并编写调查报告。

2. 调查表

调查地点	水工设施名称	调查时间	调查项目	调查要求	备注

3. 省界断面

每月 5 日前向流域机构上报上月最高、最低、月平均水位,最高、最低、月平均流量和月径流量。

2.4.4.5 资料

1. 资料整编

原始资料不得损毁,禁止涂改、誊写。各种整编报表的填写要符合规范规定。

水文站的各项观测资料应严格执行"四随"制度,当月各项资料应于下月 5 日前完成在站整编,次年 1 月 5 日前完成上年度全年资料在站整编。

水文站应对各种原始数据进行校对,资料在站整编完成后,应写出在站整编说明书,简述测验情况、整编发现的问题及处理意见、合理性检查情况及对资料成果的评价。

2. 资料分析

洪水过后要进行大断面冲淤变化分析。突出的流量和沙量测点应进行批判分析。根据上下游控制断面做水量平衡分析。对属站降水量要进行对比分析,发现错日、错量情况及时更正。

通过资料分析掌握测站特性和各水文因素的变化规律,力求定线合理,推算方法正确,符合本站特性。

3. 资料保存

水文资料是国家重要的基础信息资源,要注意防火、防盗,保持整洁。资料要存放在资料柜内,指定专人妥善保管,防止丢失。未经审查的资料不得向社会发布。

2.4.4.6 测报设施管理、养护及安全生产

测报设施是保障安全、提高测洪能力和精度、提高测报成果质量的重要设施,测站必须精心养护,发现问题及时维修,并将检查处理情况做好记录。

1. 钢丝绳的养护

(1)钢丝绳每年擦油 1~2 次,防止生锈,重点受力部位加强检修。

(2)对钢丝绳与锚碇接头部分涂黄油并经常检查。

2. 支架、锚碇的养护

(1)为保持支架直立、结构不变形,保持平衡,使支架各方向的拉力均衡,每年应全面检查调整 2~3 次,大洪水期应检查 1~2 次。

(2)钢支架每隔 1~2 年进行除锈、油漆养护,除锈后先涂防锈漆,再涂油漆;避雷接地电阻应校测。

(3)汛前及洪水过后要认真检查支架基础有无沉陷、有无位移,联系螺栓是否有松动,混凝土基础有无裂缝等,如不符合要求及时检修。

(4)每月检查锚碇有无位移,锚碇附近土壤有无裂纹、崩塌、沉陷等现象,夹头是否松动、锚杆是否生锈,发现问题及时处理。

3. 驱动设备的养护

1)动力设备

(1)变压器,按供电部门规定,隔一定年限更换变压器油。

(2)柴油机及发电机组,按使用说明书规定进行技术保养。

（3）经常检查电动机发热情况，温升超过 60 ℃时，应采取降温措施，电动机应接地，发现电动机异常时，应停车检查原因，设法排除。

2）绞车

经常保持绞车轴承、转动部件油润，每年汛前应全面检查 1 次，保证正常工作状态。

3）滑轮

经常检查导向滑轮、游轮、行车等运转情况，发现不正常应及时检修，不允许钢丝绳在滑轮上滑动、擦边、跳槽，若有上述问题，应采取措施及时排除，保持油润，运行时注意随时监视各滑轮运转情况。

4）水文缆道

水文缆道每年要进行起点距、水深比测 1～2 次并保存好记录。

4. 仪器、仪表的养护

（1）各种仪器、仪表按说明书使用、养护，应保持附件的齐全；流速仪应及时鉴定并保管好鉴定证书。

（2）各种仪器、仪表应放在干燥通风、清洁和不受腐蚀性气体侵蚀的地方。

（3）主要电子、电器仪表应设有接地装置，防止雷电感应短路烧坏仪表。

5. 测船的养护

（1）每日观察测船设施有无毁损，平时 5 d 擦洗 1 次，汛期每日擦洗 1 次，发现问题及时排除，保证测流的顺利进行。

（2）木船每年小修 1 次，5 年大修 1 次，钢板船 1～2 年检修 1 次。

（3）机动船平时每 5 d 启动 1 次，维持机械的油润，汛期保证随时能启动运行测流。

6. 桥测车的养护

除按机动车正常管理、养护外，还应注意：

（1）司机应爱护车辆，经常擦洗机件，保持机件润滑、清洁。

（2）桥测车每月发动 2～3 次，检查机件、电路等所有部件的性能，发现问题，应及时检修排除，以保证测流时能随时启动、运行。

7. 遥测设备的管理与养护

（1）自记井发生淤积时应及时进行清淤处理。

（2）传感器应经常检查，保持内部干净。

（3）终端机、馈线、天线、太阳能电池板及蓄电瓶等设备应经常检修、维护。太阳能电池板应每月清洗 1 次。

（4）备品备件要有专人管理养护。

8. 通信线路的养护

通信线路要不定期进行检查，发现问题及时向电信部门及上级汇报，做好线路的抢修工作，确保线路畅通。

9. 安全生产

加强生产安全管理。配置救生衣、安全斧、救生锤、破坏钳等必要的安全生产设施。水上作业时必须穿戴救生衣，桥测时应放置警示标识，保证人身安全。缆道、测船等作业严格按照规程进行操作，严禁违章操作，避免意外发生。办公楼配备防盗防火设施，做好防火、防盗、雷击和安全用电工作，杜绝各类事故发生。

水文站于每年年初向勘测局编报测报设施维修养护经费计划,由勘测局汇总,报省局审定安排,水文站按下达的维修养护任务保质保量完成。

2.4.4.7 属站管理

水文站对属站负有领导责任,积极主动指导属站进行各项观测、资料整理等工作,做到汛前有布置,汛期有检查,汛后有总结,遇到特殊情况及时处理。对属站所有仪器设备做好维护管理工作。

2.4.4.8 业务学习

每周定期学习以下技术规范和其他新技术操作等。

序号	规范	学习时间
1	《水文缆道测验规范》(SL 443—2009)	
2	《水文测船测验规范》(SL 338—2006)	
3	《水位观测平台技术标准》(SL 384—2007)	
4	《水工建筑物与堰槽测流规范》(SL 537—2011)	
5	《声学多普勒流量测验规范》(SL 337—2006)	
6	《水位观测标准》(GB/T 50138—2010)	
7	《降水量观测规范》(SL 21—2015)	
8	《河流悬移质泥沙测验规范》(GB 50159—2015)	
9	《河流流量测验规范》(GB 50179—2015)	
10	《水文巡测规范》(SL 195—2015)	每周一上午及周二
11	《翻斗式雨量计》(GB/T 11832—2002)	下午为学习时间
12	《水面蒸发观测规范》(SL 630—2013)	
13	《水文资料整编规范》(SL 247—2012)	
14	《水文数据整理汇编标准》(DB 41/T 1599—2018)	
15	《土壤墒情监测规范》(SL 364—2015)	
16	《水文测量规范》(SL 58—2014)	
17	《水文调查规范》(SL 196—2015)	
18	《水文基本术语和符号标准》(GB/T 50095—2014)	
19	《水文仪器术语及符号》(GB/T 19677—2005)	
20	《河流冰情观测规范》(SL 59—2015)	

2.4.4.9 附录

1.“四随”工作制度

	降水量	水位	流量	含沙量
随测算	1. 准时量记,当场自校。 2. 自记站要按时检查,每日8时换纸,无雨不换纸要加水,有雨注意量记虹吸水量。 3. 检查记载规格符号是否正确、齐全	1. 准时测记水位及附属项目,当场自校。 2. 自记水位按时校测、检查	1. 附属观测项目及备注说明当场填记齐全。 2. 闸坝站应现场测记有关水力因素。 3. 按要求及时测记流量	1. 单样含沙量及输沙率测量后,编号与瓶号、滤纸要校对,并填入单沙记载本中,各栏填记齐全。 2. 水样处理当日进行(如加沉淀剂、自动滤沙)

	降水量	水位	流量	含沙量
随拍报	每日8时计算日雨量、蒸发量,旬、月初计算旬、月雨量	1.日平均水位次日计算完毕。 2.水准测量当场计算高差,当日计算成果并校核	流量随测随算	烘干称重后立即计算
随整理	1.日、旬、月雨量在发报前要计算校核1遍。 2.自记纸当日完成订正、摘录、计算、复核。 3.月初3d内原始资料完成3遍手,进行月统计	1.日平均水位次日校核完毕。 2.自记水位8时换纸后摘录订正前一天水位,计算日平均值,并校核。 3.月初3d内复核原始资料。 4.水准测量次日复核完毕	1.单次流量资料测算后即完成校核,当月完成复核。 2.较高水位(74.00m)过后3d内,报出测洪小结	单样含沙量、输沙率计算后当日校核,当月复核
随分析	1.属站雨量到齐后列表对比检查雨型、雨量。 2.主要暴雨绘各站暴雨累积曲线对比检查。 3.发现问题及时处理	1.应随测随点绘逐时过程线,并进行检查。 2.日平均水位在逐时线上画横线检查。 3.山区站及测沙站应画降雨柱状图,检查时间是否相应。 4.发现问题及时处理	1.洪水期流量测验要做点流速、垂线流速、水深测量的正确性及垂线布设合理性检查。 2.点绘水位流量关系线并检查偏离程度。水库闸坝站应点绘在系数曲线上检查。 3.测次点在水位过程线上,检查测次分布。 4.发现问题,检查原因,确定改正、重测或舍弃,并写出分析说明	1.取样后将测次点在水位过程线上(可用不同颜色),检查测次控制合理性。 2.沙量称重计算后点绘单样含沙量过程线,发现问题立即复烘、复秤。 3.检查单断沙关系及含沙量横向分布。 4.发现问题及时处理

2.使用水尺时的水位观测段次要求

段次要求	2段	4段	8段	逐时
日变化(m)	<0.20	0.20~0.50	>0.50	>74.00的峰顶附近
水位级(m)	<72.00	72.00~74.00	>74.00	

3.水尺观测的不确定度估算

波浪变幅(cm)	≤2	3~30	≥31
波浪级别	无波浪	一般波浪	较大波浪
随机不确定度			
综合不确定度			
备注	每年在无波浪、一般波浪或较大波浪的情况下,且水位基本无变化的5~10 min内连续观读水尺30次以上进行计算		

4. 流速仪法测流方案的制定

1) 水位级划分(单位:m)

水位级	高水	中水	低水	枯水
	74.00 以上	72.00 ～74.00	72.00 以下	
备注				

2) 允许总随机不确定度 X'_Q 与已定系统误差 U_Q

水位级	高水	中水	低水	枯水
X'_Q				
U_Q				

3) 常用测流方案

水位级	测流方案(m,p,t)	最少垂线数 m 方案下限	备注
高水 74.00 m 以上	1)12　3　100 2)12　1　60 3)12　1　30	12	方案的优先级按先后顺序进行排列,故选用方案优选排列在前的。 m—垂线数; p—垂线测点数; t—历时
中水 72.00 ～74.00 m	1)12　3　100 2)10　1　60 3)10　1　30	10	
低水 72.00 m 以下	1)8　2　100 2)8　1　60 3)5　1　30	5	

5. 流速系数

分类	水面浮标系数	岸边流速系数	小浮标系数	水面流速系数	半深系数	深水浮标系数	电波流速仪系数	ADCP测流系数
系数及确定方法	0.85	0.70、0.90	0.85	0.78				
	经验	经验	经验	经验				
试验系数及时间								
备注	如果有试验系数,测流时应采用试验系数							

6. 测流方法

方案	涉水	缆道	测船	桥测	浮标	比降
水位(m)	71.60 以下			71.60～74.00	74.00 以上	
备注						

7. 测洪小结

当发生水位大于 74.00 m 的较大洪水时,洪水过后 3 d 内,及时以电子文本形式上报测洪小结至省局站网监测处(电子信箱:hnscyk@126.com)。

2.4.5 朱付村(二)水文站任务书

2.4.5.1 朱付村(二)水文站基本情况

1. 位置情况

隶属	河南省新乡水文水资源勘测局	重点站级别	省级
流域	黄河	水系	黄河
河名	文岩渠	汇入何处	天然文岩渠
东经	114°15′	北纬	35°11′
集水面积	849 km²	至河口距离	45 km
级别	二	人员编制	2
测站地址	河南省延津县僧固乡朱付村	邮政编码	453201
电话号码	0373 – 7630330	电子信箱	
测站编码	41402500	雨量站编码	41426200
报汛站号	41402500	省界断面	否

2. 测站属性

类别	河道站	性质	基本水文站
设站目的	豫北黄河故道沙丘沙洼地区区域代表站。长期采集文岩渠朱付村(二)断面以上长系列水文要素信息,为水资源管理和防汛减灾服务提供资料		

3. 属站名单

负责管理的基本雨量站、水位站和中小河流巡测站、水位站、雨量站、水量辅助站、生态监测站。

属站类别	测站编码	站名	水系	河名	观测项目	观测段制 非汛期	观测段制 汛期	降水制表 (一)或(二)	降水制表 日表	摘录段制	自记或标准	水量调查表	报汛部门	备注
基本雨量站	41425850	大宾	黄河	天然渠	降水	24	24	(二)	√	24	自记			
基本雨量站	41425900	封丘	黄河	天然渠	降水	24	24	(二)	√	24	自记			
基本雨量站	41426050	原阳	黄河	文岩渠	降水	24	24	(二)	√	24	自记			
基本雨量站	41426100	西别河	黄河	文岩渠	降水		24	(二)	√	24	自记			汛期站
基本雨量站	41426200	朱付村	黄河	文岩渠	降水	24	24	(一)	√	24	自记			
基本雨量站	41426250	李辛庄	黄河	文岩渠	降水		24	(二)	√	24	自记			汛期站
基本雨量站	41426300	黄陵	黄河	天然渠	降水		24	(二)	√	24	自记			汛期站
基本雨量站	41427150	胙城	黄河	柳青河	降水		24	(二)	√	24	自记			汛期站

2.4.5.2 观测项目及要求

1. 观测项目

测验地点（断面）	测站编码	基本观测项目							辅助观测项目						
		水位	流量	单样含沙量	输沙率	降水	蒸发	水文调查	蒸发辅助	水质	初终霜	水温	冰情	气象	墒情	比降
基本水尺断面	41402500	√	√					√		√			√		√	
观测场	41426200					√					√					
大宾	41425850					√										
封丘	41425900					√										
原阳	41426050					√										
西别河	41426100					√										
李辛庄	41426250					√										
黄陵	41426300					√										
胙城	41427150					√										

2. 巡测间测规定

编码	断面地点	断面名称	巡（间）测项目	巡（间）测要求	巡（间）测时间
41402420	封丘县城关乡陈堂村	封丘	水位、流量		
41402530	封丘县居厢乡白塔村	白塔	水位、流量		
41402540	封丘县冯村乡张光村	张光	水位、流量		
41402580	封丘县荆隆宫乡老齐寨	三姓庄	水位、流量		
41402620	延津县丰庄乡罗滩村	罗滩	水位、流量		
41402610	延津县东屯乡汲津铺	汲津铺	水位、流量		
41402410	原阳县大宾乡大宾村	大宾	水位、流量		
41402510	原阳县城关镇八里庄村	米庄	水位、流量		

3. 整编所需提交成果资料

测站名称	测站编码	逐日降水量表（汛期）	逐日降水量表（常年）	降水量摘录表	各时段最大降水量表(1)	各时段最大降水量表(2)	逐日水面蒸发量表	蒸发场说明表及平面图	水面蒸发量辅助项目月年统计表	降水量站说明表	逐日平均水位表	洪水水位摘录表	实测流量成果表	实测大断面成果表	堰闸流量率定表	逐日平均流量表	洪水水文要素摘录表	堰闸水文要素摘录表	水库水文要素摘录表	水电站抽水流量率定表	悬移质实测输沙率成果表	悬移质逐日平均输沙率表	悬移质逐日平均含沙量表	悬移质洪水含沙量摘录表	逐日水温表	冰厚及冰情要素摘录表	冰情统计表	水文、水位站说明表	水库、堰闸站说明表	区间水利工程基本情况表
朱付(二)	41402500										√		√	√	√	√										√	√	√		√
大宾	41425850		√	√		√				√																				
封丘	41425900		√	√		√				√																				
原阳	41426050		√	√		√				√																				
西别河	41426100	√		√		√				√																				
朱付村	41426200	√		√	√					√																				
李辛庄	41426250	√		√		√				√																				
黄陵	41426300	√		√		√				√																				
胙城	41427150		√	√		√				√																				

4. 观测要求

项目		观测要求	辅助观测项目	备注
降水量	标准	每日 8 时定时观测 1 次，1～5 月按 2 段观测，10～12 月按 2 段观测，暴雨时适当加测	初终霜	自记雨量计发生故障或检测时使用标准雨量器，按 24 段制观测
	自记	每日 8 时定时观测 1 次，降水之日 20 时检查 1 次，暴雨时适当增加检查次数。6～9 月按 24 段摘录		
	遥测	按有关要求定期取存数据		
陆上水面蒸发		每日 8 时定时观测 1 次	风向、风速(力)、气温、湿度等	

续表

项目		观测要求	辅助观测项目	备注
水位	人工、自记	水位平稳时每日8时观测1次,洪水期或遇水情突变时必须加测,以测得完整水位变化过程为原则。闸坝水库站在闸门启闭前后和水位变化急剧时,应增加测次,以掌握水位转折变化。必须进行水位不确定度估算	1. 风大时观测风向、风力、水面起伏度及流向。 2. 闸门变动期间,同时观测闸门开启高度、孔数、流态、闸门是否提出水面等	每日8时校测自记水位记录,洪水期适当增加校测次数。定期检测各类水位计,保证正常运行
	遥测	按有关要求定期取存数据		
流量		流量测验应满足流量转折、推算逐日流量和各项特征值的要求,根据高、中、低各级水位情况,合理地分布于各级水位和水情变化过程的转折点处。水位流量关系稳定的站每年测次不少于15次。闸坝站测次以能满足率定分析推求泄水过程为原则	1. 每次测流同时观测记录水位、天气、风向、风力及影响水位流量关系变化的有关情况。 2. 闸坝站要测记闸门开启高度、孔数、流态及其变动情况。 3. 在高中水测流时同时观测比降	水位级划分及测洪方案见附录
含沙量	单样含沙量	以控制含沙量转折变化和建立单断沙关系为原则。含沙量变化很小时,可每4~10 d取样1次。每次较大洪峰过程,一般不少于4~8次。洪峰重叠或水沙峰不一致、含沙量变化剧烈时,应加测次。闸坝站根据闸门变动和含沙量变化情况适当布置测次	水位	较大流域的测站如能分辨出沙峰来源时应予以说明。如河水清澈,可改为目测,含沙量作零处理
	输沙率	根据测站级别每年输沙率测验不少于10~20次,测次分布应能控制流量和含沙量的主要转折变化,原则上每次较大洪峰不少于5次	单样含沙量、流量及水位等	
水尺零点高程		每年汛期前后各校测1次,若水尺发生变动或有可疑变动,应随时校测。新设水尺应随测随校	水位	包括自记水位计高程标点
水准点高程测量		逢0、逢5年份对基本水准点必须进行复测,校核水准点每年校测1次,若发现有变动或可疑变动,应及时复测并查明原因		

项目	观测要求	辅助观测项目	备注
大断面测量	每年汛期前后施测,在每次洪水后应予加测。较大洪水采用比降面积法或浮标法测流后,必须加测。人工固定河槽在逢 5 年份施测 1 次	水位	
测站地形测量	除设站初期施测 1 次地形,测验河段在河道、地形、地物有明显变化时,必须进行全部或局部复测	水位	
水文调查	包括断面以上(区间)流域基本情况调查、水量调查、暴雨和洪水调查以及专项水文调查		
水温	每日 8 时观测。冬季稳定封冻期,所测水温连续 3~5 d 皆在 0.2 ℃以下时,即可停止观测。当水面有融化迹象时,应即恢复观测。无较长稳定封冻期不应中断观测		
冰情观测	在测验断面出现结冰现象的时期内一般每日 8 时观测 1 次。冰情变化急剧时,应适当增加测次		
墒情监测	基本站在每旬初(1 日、11 日、21 日)早 8 时观测 1 次,取土深度为地面以下 10 cm、20 cm、40 cm 处 3 点土样	旬总雨量统计	旱情严重时应加密、多点观测
气象			
水质监测	按照《水环境监测规范》(SL 219—98)的要求,河道站每年 2 个月取样 1 次,水库站每年丰、平、枯各取样 1 次,地下水站于 5 月、10 月各取样 1 次,如遇突发性污染事故应及时取样,并报告有关主管部门,以便采取应急措施	按水样送验单要求观测、填写辅助观测项目	有水质采样任务的站,要求当天取样,当天送到指定的单位
其他			

2.4.5.3　水文情报预报工作

(1)水文站报汛必须严格贯彻执行《水文情报预报规范》(GB/T 22482—2008)、《水情信息编码标准》(SL 330—2011),保证拍报质量,水文站差错率不超过 1%,雨量站差错率不超过 3%。

(2)水文站要在综合分析近期水位流量关系的基础上,于汛前修订好报汛曲线,并用

历史调查洪水做好高水部分的曲线延长,随时根据实测点修订水位流量曲线,保证相应流量的准确性。

(3)汛期与非汛期划分:淮河、长江流域当年 5 月 15 日至 10 月 1 日为汛期,当年 10 月 2 日至次年 5 月 14 日为非汛期;海河、黄河流域当年 6 月 1 日至 10 月 1 日为汛期,当年 10 月 2 日至次年 5 月 31 日为非汛期,在 6 月 1 日 8 时报汛时同时列报 5 月下旬和月雨量。

(4)降水量拍报:

①水文站每年汛前应对所属雨量站下达拍报任务,并加强检查指导。

②雨量报汛段次严格按照每年下发的报汛任务书的要求执行。

(5)水情拍报:

①水情站要严格按照当年下达的报汛任务书的要求拍报。遇到洪水涨洪时要报出洪水全过程,涨水段在二级加报水位以上,至少要报 2~3 次实测流量,以校正拍报的相应流量。

②水库站凡遇大、中洪水入库时,均要拍报入库流量全过程。

③当发生特大暴雨洪水,河道分洪、决口、扒堤、水库垮坝及大面积内涝时,应及时拍报特殊水情电报,并立即调查情况并上报。

(6)水文预报。大型水库和主要河道控制水文站,要积极开展水文预报。发生大洪水时,及时向当地有关部门通报水情趋势,为防汛抢险和水利调度当好参谋。

2.4.5.4　水文水资源调查

水文调查是水文测验工作的重要组成部分,是收集水文资料的重要环节,水文站应当有计划地进行,以满足水文水资源分析计算的要求。

本站负责朱付村(二)基本水尺断面以上至 ／ 范围内水文水资源调查任务。

1. 调查要求

(1)对测站流量有较大影响的水利设施,应查清工程指标及其变化等情况,一般影响一次洪水总量或河道同期多年平均径流量达 15% ~20% 时,应与有关部门配合,建立简易观测点或巡测点,达到能推算各月和全年的调节、引用水量的目的。

(2)对测站流量有中等影响的水利设施,应逐个查清工程指标等情况,并每年及时调查其水量,以能估算其年调节、引用水量为原则。一般影响洪峰流量 5% 以上的水利工程,或引入、引出水量占引水期间水量的 5% 以上的固定工程,需逐个测算其年调节、引用水量。

(3)对测站流量影响较小的水利设施,一般只统计总个数、总指标,测算总水量。小面积站上游的水利工程设施,其一个或几个工程的控制面积超过集水面积的 10% ,或引水期的调节水量占河道同期水量的 10% 以上时,则应做较细致的调查,算清水账。水利设施的工程指标等情况,可直接引用工程管理等部门的资料,在做过普查以后,每年可只对有变动的部分做补充调查。

遇有滞洪、决口等情况,应立即了解其具体位置、发生时间,并尽可能查清其水量。调查应在发生这些情况的短时间内进行,如有困难,也应在当年把情况调查清楚。

当发生特大暴雨、洪水或特别干旱时,应进行暴雨、洪水及必要的枯水调查。

(4)注意观察水的透明度、气味、色度、悬浮物质等物理特性是否异常,是否明显污染,当发现突发性污染事故时及时上报上级主管部门,并按上级要求进行监测。

(5)水文站(县局)水文调查成果应按规范规定整理并编写调查报告。

2.调查表

调查地点	水工设施名称	调查时间	调查项目	调查要求	备注

3.省界断面

每月5日前向流域机构上报上月最高、最低、月平均水位,最高、最低、月平均流量和月径流量。

2.4.5.5 资料

1.资料整编

原始资料不得损毁,禁止涂改、誊写。各种整编报表的填写要符合规范规定。

水文站的各项观测资料应严格执行"四随"制度,当月各项资料应于次月5日前完成在站整编,次年1月5日前完成上年度全年资料的在站整编。

水文站应对各种原始数据进行校对,资料在站整编完成后,应写出在站整编说明书,简述测验情况、整编发现的问题及处理意见、合理性检查情况及对资料成果的评价。

2.资料分析

洪水过后要进行大断面冲淤变化分析。突出的流量和沙量测点应进行批判分析。根据上下游控制断面做水量平衡分析。对属站降水量要进行对比分析,发现错日、错量情况及时更正。

通过资料分析掌握测站特性和各水文因素的变化规律,力求定线合理,推算方法正确,符合本站特性。

3.资料保存

水文资料是国家重要的基础信息资源,要注意防火、防盗,保持整洁。资料要存放在资料柜内,指定专人妥善保管,防止丢失。未经审查的资料不得向社会发布。

2.4.5.6 测报设施的管理、养护及安全生产

测报设施是保障安全、提高测洪能力和精度、提高测报成果质量的重要设施,测站必须精心养护,发现问题及时维修,并将检查处理情况做好记录。

1.钢丝绳的养护

(1)钢丝绳每年擦油1~2次,防止生锈,重点受力部位加强检修。

(2)对钢丝绳与锚碇接头部分涂黄油并经常检查。

2.支架、锚碇的养护

(1)为保持支架直立、结构不变形,保持平衡,使支架各方向的拉力均衡,每年应全面检查调整2~3次,大洪水期应检查1~2次。

(2)钢支架每隔1~2年进行除锈、油漆养护,除锈后先涂防锈漆,再涂油漆;避雷接

地电阻应校测。

(3)汛前及洪水过后要认真检查支架基础有无沉陷、有无位移,联系螺栓是否有松动,混凝土基础有无裂缝等,如不符合要求及时检修。

(4)每月检查锚碇有无位移,锚碇附近土壤有无裂纹、崩塌、沉陷等现象,夹头是否松动、锚杆是否生锈,发现问题及时处理。

3.驱动设备的养护

1)动力设备

(1)变压器,按供电部门规定,隔一定年限更换变压器油。

(2)柴油机及发电机组,按使用说明书规定进行技术保养。

(3)经常检查电动机发热情况,温升超过 60 ℃ 时,应采取降温措施,电动机应接地,发现电动机异常时,应停车检查原因,设法排除。

2)绞车

经常保持绞车轴承、转动部件油润,每年汛前应全面检查 1 次,保证其正常工作状态。

3)滑轮

经常检查导向滑轮、游轮、行车等运转情况,发现不正常应及时检修,不允许钢丝绳在滑轮上滑动、擦边、跳槽,若有上述问题,应采取措施及时排除,保持油润,运行时应注意随时监视各滑轮运转情况。

4)水文缆道

水文缆道每年要进行起点距、水深比测 1～2 次并保存好记录。

4.仪器、仪表的养护

(1)各种仪器、仪表按说明书使用、养护,应保持附件的齐全;流速仪应及时鉴定并保管好鉴定证书。

(2)各种仪器、仪表应放在干燥通风、清洁和不受腐蚀性气体侵蚀的地方。

(3)主要电子、电器仪表应设有接地装置,防止雷电感应短路烧坏仪表。

5.测船的养护

(1)每日观察测船设施有无毁损,平时 5 d 擦洗 1 次,汛期每日擦洗 1 次,发现问题及时排除,保证测流的顺利进行。

(2)木船每年小修 1 次,5 年大修 1 次,钢板船 1～2 年检修 1 次。

(3)机动船平时每 5 d 启动 1 次,维持机械的油润,汛期保证随时能启动运行测流。

6.桥测车的养护

除按机动车正常管理、养护外,还应注意:

(1)司机应爱护车辆,经常擦洗机件,保持机件润滑、清洁。

(2)桥测车每月发动 2～3 次,检查机件、电路等所有部件的性能,发现问题,应即时检修排除,以保证测流时能随时启动、运行。

7.遥测设备的管理与养护

(1)自记井发生淤积时应及时进行清淤处理。

(2)传感器应经常检查,保持内部干净。

(3)终端机、馈线、天线、太阳能电池板及蓄电瓶等设备应经常检修、维护。太阳能电

池板应每月清洗 1 次。

（4）备品备件要有专人管理养护。

8. 通信线路的养护

通信线路要不定期进行检查，发现问题及时向电信部门及上级汇报，做好线路的抢修工作，确保线路畅通。

9. 安全生产

加强生产安全管理。配置救生衣、安全斧、救生锤、破坏钳等必要的安全生产设施。水上作业时必须穿戴救生衣，桥测时应放置警示标识，保证人身安全。缆道、测船等作业严格按照规程进行操作，严禁违章操作，避免意外发生。办公楼配备防盗防火设施，做好防火、防盗、雷击和安全用电工作，杜绝各类事故发生。

水文站于每年年初向勘测局编报测报设施维修养护经费计划，由勘测局汇总，报省局审定安排，水文站按下达的维修养护任务保质保量完成。

2.4.5.7 属站管理

水文站对属站负有领导责任，积极主动指导属站进行各项观测、资料整理等工作，做到汛前有布置，汛期有检查，汛后有总结，遇到特殊情况及时处理。对属站所有仪器设备做好维护管理工作。

2.4.5.8 业务学习

每周定期学习以下技术规范和其他新技术操作等。

序号	规范	学习时间
1	《水文缆道测验规范》（SL 443—2009）	每周一上午及周二下午为学习时间
2	《水文测船测验规范》（SL 338—2006）	
3	《水位观测平台技术标准》（SL 384—2007）	
4	《水工建筑物与堰槽测流规范》（SL 537—2011）	
5	《声学多普勒流量测验规范》（SL 337—2006）	
6	《水位观测标准》（GB/T 50138—2010）	
7	《降水量观测规范》（SL 21—2015）	
8	《河流悬移质泥沙测验规范》（GB 50159—2015）	
9	《河流流量测验规范》（GB 50179—2015）	
10	《水文巡测规范》（SL 195—2015）	
11	《翻斗式雨量计》（GB/T 11832—2002）	
12	《水面蒸发观测规范》（SL 630—2013）	
13	《水文资料整编规范》（SL 247—2012）	
14	《水文数据整理汇编标准》（DB 41/T 1599—2018）	
15	《土壤墒情监测规范》（SL 364—2015）	
16	《水文测量规范》（SL 58—2014）	
17	《水文调查规范》（SL 196—2015）	
18	《水文基本术语和符号标准》（GB/T 50095—2014）	
19	《水文仪器术语及符号》（GB/T 19677—2005）	
20	《河流冰情观测规范》（SL 59—2015）	

2.4.5.9 附录

1."四随"工作制度

	降水量	水位	流量	含沙量
随 测 算	1. 准时量记,当场自校。 2. 自记站要按时检查,每日8时换纸,无雨不换纸要加水,有雨注意量记虹吸水量。 3. 检查记载规格符号是否正确、齐全。 4. 每日8时计算日雨量、蒸发量,旬、月初计算旬、月雨量	1. 准时测记水位及附属项目,当场自校。 2. 自记水位按时校测、检查。 3. 日平均水位次日计算完毕。 4. 水准测量当场计算高差,当日计算成果并校核	1. 附属观测项目及备注说明当场填记齐全。 2. 闸坝站应现场测记有关水力因素。 3. 按要求及时测记流量。 4. 流量随测随算	1. 单样含沙量及输沙率测量后,编号与瓶号、滤纸要校对,并填入单沙记载本中,各栏填记齐全。 2. 水样处理当日进行(如加沉淀剂、自动滤沙)。 3. 烘干称重后立即计算
随 拍 报	1. 从4月2日至11月1日期间全省统一采用自动遥测站雨量信息,11月2日至次年4月1日仍进行人工拍报雨情信息。 2. 密切监视本辖区内雨情变化,发现雨量站点1 h降雨量超过50 mm或单日累计降雨量达100 mm以上时,要及时报当地县防办和勘测局水情科	1. 严格按照当年下达的防汛抗旱拍报任务通知的要求拍报。有涨水过程时必须加报起涨水情和洪峰流量,及时报出洪水全过程。 2. 当洪水上涨超过各级加报标准时,必须立即拍报水情1次,然后按规定段次发报;上次发报后涨幅已超过1 m的,也要及时加报1次。出现洪峰要立即拍报。 3. 河道站:三级加报涨水段全部为24段次,落水段12~24段次;水库站:一级起报水位以上、二级加报水位以下要至少按照1 d 4段次拍报,二级加报水位(汛限水位)以上的涨水段全部按照24段次拍报,落水段按照12~24段次拍报。闸门变动随时报。 4. 当发生特大暴雨洪水,河道分洪、决口、扒堤、水库垮坝及大面积内涝时,应及时拍报特殊水情电报,并立即调查情况并上报	1. 要在综合分析近期水位流量关系(水库站:输水设备泄流曲线)的基础上,于汛前修订好报汛曲线,并用历史调查洪水做好高水部分的曲线延长;汛期随时根据实测点修订水位流量曲线,保证相应流量的准确性。 2. 有拍报旬、月平均流量的河道、闸坝站断流或无出流量时也要拍报旬、月平均流量。 3. 河道站:根据洪水大小,在二级加报水位以上至少要报出1~3次实测流量,以校正拍报的相应流量;水库站:大型水库凡遇洪水入库时,均要拍报入库流量全过程	

续表

	降水量	水位	流量	含沙量
随整理	1.日、旬、月雨量在发报前要计算校核1遍。 2.自记纸当日完成订正、摘录、计算、复核。 3.月初3 d内原始资料完成3遍手,进行月统计	1.日平均水位次日校核完毕。 2.自记水位8时换纸后摘录订正前一天水位,计算日平均,并校核。 3.月初3 d内复核原始资料。 4.水准测量次日复核完毕	1.单次流量资料测算后即完成校核,当月完成复核。 2.较高水位(71.00 m)过后3 d内,报出测洪小结	单样含沙量、输沙率计算后当日校核,当月复核
随分析	1.属站雨量到齐后列表对比检查雨型、雨量。 2.主要暴雨绘各站暴雨累积曲线对比检查。 3.发现问题及时处理	1.应随测随点绘逐时过程线,并进行检查。 2.日平均水位在逐时线上画横线检查。 3.山区站及测沙站应画降雨柱状图,检查时间是否相应。 4.发现问题及时处理	1.洪水期流量测验要做点流速、垂线流速、水深测量的正确性及垂线布设合理性检查。 2.点绘水位流量关系线并检查偏离程度。水库闸坝站应点绘在系数曲线上检查。 3.测次点在水位过程线上,检查测次分布。 4.发现问题,检查原因,确定改正、重测或舍弃,并写出分析说明	1.取样后将测次点在水位过程线上(可用不同颜色),检查测次控制合理性。 2.沙量称重计算后点绘单样含沙量过程线,发现问题立即复烘、复秤。 3.检查单断沙关系及含沙量横向分布。 4.发现问题及时处理

2. 使用水尺时的水位观测段次要求

段次要求	2 段	4 段	8 段	逐时
日变化(m)	<0.20	0.20~0.50	>0.50	>71.00的峰顶附近
水位级(m)	<69.00	69.00~70.00	70.00~71.00	

3. 水尺观测的不确定度估算

波浪变幅(cm)	≤2	3~30	≥31
波浪级别	无波浪	一般波浪	较大波浪
随机不确定度			
综合不确定度			
备注	每年在无波浪、一般波浪或较大波浪情况下,且水位基本无变化的5~10 min内连续观读水尺30次以上进行计算		

·209·

4. 流速仪法测流方案的制订

1）水位级划分（单位：m）

水位级	高水	中水	低水	枯水
	70.00 以上	69.00～70.00	69.00 以下	
备注				

2）允许总随机不确定度 X'_Q 与已定系统误差 U_Q

水位级	高水	中水	低水	枯水
X'_Q				
U_Q				

3）常用测流方案

水位级	测流方案 (m, p, t)	最少垂线数 m 方案下限	备注
高水 70.00 m 以上	1）18　3　100 2）10　2　60 3）6　1　30	6	方案的优先级按先后顺序进行排列，故选用方案优选排列在前的。 m—垂线数； p—垂线测点数； t—历时
中水 69.00～70.00 m	1）6　2　100 2）6　1　60 3）5　1　30	5	
低水 69.00 m 以下	1）5　1　100 2）5　1　60	5	

5. 流速系数

分类	水面浮标系数	岸边流速系数	小浮标系数	水面流速系数	半深系数	深水浮标系数	电波流速仪系数	ADCP测流系数
系数及确定方法	0.85 经验	0.70 经验	0.85 经验	0.85 经验				
试验系数及时间								
备注	如果有试验系数，测流时应采用试验系数							

6. 测流方法

方案	涉水	缆道	测船	桥测	ADCP	浮标
水位（m）	68.60 以下	71.00 以下		71.00 以上	71.00 以上	71.00 以上
备注						

7. 测洪小结

当发生水位大于 71.00 m 的较大洪水时，洪水过后 3 d 内，及时以电子文本形式上报测洪小结至省局站网监测处（电子信箱：hnscyk@126.com）。

2.4.6 大车集(二)水文站任务书

2.4.6.1 大车集(二)水文站基本情况

1. 位置情况

隶属	河南省新乡水文水资源勘测局	重点站级别	省级
流域	黄河	水系	黄河
河名	天然文岩渠	汇入何处	黄河
东经	114°41′	北纬	35°05′
集水面积	2 283 km²	至河口距离	65 km
级别	二	人员编制	2
测站地址	河南省长垣县位庄乡大车集村	邮政编码	453432
电话号码	0373 - 8718956	电子信箱	
测站编码	41402400	雨量站编码	41426400
报汛站号	41402400	省界断面	否

2. 测站属性

类别	河道站	性质	基本水文站
设站目的	本站为区域代表站,是黄河流域天然文岩渠上的控制站,采集天然文岩渠大车集(二)站断面以上水文要素信息,为水资源管理和防汛减灾服务		

3. 属站名单

负责管理的基本雨量站、水位站和中小河流巡测站、水位站、雨量站、水量辅助站、生态监测站。

属站类别	测站编码	站名	水系	河名	观测项目	观测段制 非汛期	汛期	降水制表 (一)或(二)	日表	摘录段制	自记或标准	水量调查表	报汛部门	备注
基本雨量站	41426350	罗庄	黄河	文岩渠	降水	24	24	(二)	√	24	自记			
基本雨量站	41426400	大车集	黄河	天然文岩渠	降水	24	24	(一)	√	24	自记			
基本雨量站	41426800	聂店	黄河	黄庄河	降水	24	24	(二)	√	24	自记			
巡测站	41402520	王堤	黄河	文岩渠	降水、水位、流量	24	24							
巡测站	41402550	裴固	黄河	大功总干渠	降水、水位、流量	24	24							
巡测站	41402570	陶北	黄河	天然渠	降水、水位、流量	24	24							
巡测站	41402630	后马良固	黄河	丁栾沟	降水、水位、流量	24	24							
雨量站	41426360	赵岗	黄河	文岩渠	降水	24	24							

属站类别	测站编码	站名	水系	河名	观测项目	观测段制		降水制表		摘录段制	自记或标准	水量调查表	报汛部门	备注
						非汛期	汛期	(一)或(二)	日表					
雨量站	41426358	黄德	黄河	文岩渠	降水	24	24							
雨量站	41426357	居厢	黄河	文岩渠	降水	24	24							
雨量站	41426355	陈固	黄河	文岩渠	降水	24	24							
雨量站	41426354	应举	黄河	文岩渠	降水	24	24							
雨量站	41426359	岳寨	黄河	文岩渠	降水	24	24							
雨量站	41426352	獐鹿市	黄河	文岩渠	降水	24	24							
雨量站	41426307	李庄	黄河	天然渠	降水	24	24							
雨量站	41426308	尹岗	黄河	天然渠	降水	24	24							
雨量站	41426353	张贾	黄河	文岩渠	降水	24	24							
雨量站	41426306	油坊	黄河	天然渠	降水	24	24							
雨量站	41426305	曹岗	黄河	天然渠	降水	24	24							
雨量站	41426302	陈桥	黄河	天然渠	降水	24	24							
雨量站	41426304	鲁岗	黄河	天然渠	降水	24	24							
雨量站	41426303	孙庄	黄河	天然渠	降水	24	24							
雨量站	41426356	小沙	黄河	文岩渠	降水	24	24							
雨量站	41426309	留光	黄河	天然渠	降水	24	24							
雨量站	41426310	司庄乡	黄河	天然渠	降水	24	24							
雨量站	41402450	仝庄	黄河	天然渠	降水	24	24							
雨量站	41427401	佘家	黄河	天然文岩渠	降水	24	24							
雨量站	41427404	武邱	黄河	天然文岩渠	降水	24	24							
雨量站	41427403	方里集	黄河	天然文岩渠	降水	24	24							
雨量站	41427405	苗寨	黄河	天然文岩渠	降水	24	24							
雨量站	41426852	李官桥	黄河	文岩渠	降水	24	24							
雨量站	41427406	吕村寺	黄河	文岩渠	降水	24	24							
雨量站	41426803	张三寨	黄河	文岩渠	降水	24	24							
雨量站	41426802	樊相	黄河	文岩渠	降水	24	24							
雨量站	41426851	城关	黄河	文岩渠	降水	24	24							
雨量站	41426801	常村	黄河	文岩渠	降水	24	24							
雨量站	41427407	孟岗	黄河	天然文岩渠	降水	24	24							
雨量站	41427408	魏庄	黄河	天然文岩渠	降水	24	24							
雨量站	41427409	总管	黄河	天然文岩渠	降水	24	24							
雨量站	41427410	恼里	黄河	天然文岩渠	降水	24	24							
雨量站	41426351	王芦岗	黄河	天然文岩渠	降水	24	24							
雨量站	41427402	文庄	黄河	天然文岩渠	降水	24	24							
雨量站	41426805	大后	黄河	文岩渠	降水	24	24							
雨量站	41426804	于庄	黄河	文岩渠	降水	24	24							
雨量站	41427411	小渠	黄河	天然文岩渠	降水	24	24							
雨量站	41427412	宋庄	黄河	天然文岩渠	降水	24	24							

2.4.6.2 观测项目及要求

1. 观测项目

测验地点（断面）	测站编码	基本观测项目							辅助观测项目							
		水位	流量	单样含沙量	输沙率	降水	蒸发	水文调查	蒸发辅助	水质	初终霜	水温	冰情	气象	墒情	比降
基本水尺断面	41402400	√	√	√				√	√			√	√		√	
观测场	41426400					√	√			√						
罗庄	41426350					√										
聂店	41426800					√										

2. 巡测间测规定

编码	断面地点	断面名称	巡(间)测项目	巡(间)测要求	巡(间)测时间
41402520	新乡市封丘县赵岗镇王堤村	王堤	水位、流量		
41402550	新乡市封丘县戚城乡裴固村	裴固	水位、流量		
41402570	长垣县油坊乡陶北村	陶北	水位、流量		
41402630	长垣县丁栾镇后马良固村	后马良固	水位、流量		

3. 整编所需提交成果资料

测站名称	测站编码	逐日降水量表（汛期）	逐日降水量表（常年）	降水量摘录表	各时段最大降水量表(1)	各时段最大降水量表(2)	蒸发场说明表	水面蒸发量辅助项目月年统计表及平面图	降水量站说明表	逐日平均水位表	洪水水位摘录表	实测流量成果表	实测大断面成果表	堰闸流量率定表	逐日平均流量表	洪水水文要素摘录表	堰闸水文要素摘录表	水库水文要素摘录表	水电站抽水站流量率定表	悬移质实测输沙率成果表	悬移质逐日平均含沙量表	悬移质逐日平均输沙率表	悬移质洪水含沙量摘录表	逐日水温表	冰厚及冰情统计表	冰情统计表	水文、水位站说明表	水库、堰闸站说明表	区间水利工程基本情况表
		降水量								水流沙																			
大车集(二)	41402400								√	√		√	√		√	√					√	√			√	√	√		√
罗庄	41426350	√	√		√				√																				
大车集	41426400	√	√		√	√			√																				
聂店	41426800	√	√		√				√																				

4.观测要求

项目		观测要求	辅助观测项目	备注
降水量	标准	每日8时定时观测1次,1~5月按2段观测,10~12月按2段观测,暴雨时适当加测	初终霜	自记雨量计发生故障或检测时使用标准雨量器,按24段制观测
	自记	每日8时定时观测1次,降水之日20时检查1次,暴雨时适当增加检查次数。6~9月按24段摘录		
	遥测	按有关要求定期取存数据		
陆上水面蒸发		每日8时定时观测1次	风向、风速(力)、气温、湿度等	
水位	人工、自记	水位平稳时每日8时观测1次,洪水期或遇水情突变时必须加测,以测得完整水位变化过程为原则。闸坝水库站在闸门启闭前后和水位变化急剧时,应增加测次,以掌握水位转折变化。必须进行水位不确定度估算	1.风大时观测风向、风力、水面起伏度及流向。2.闸门变动期间,同时观测闸门开启高度、孔数、流态、闸门是否提出水面等	每日8时校测自记水位记录,洪水期适当增加校测次数。定期检测各类水位计,保证正常运行
	遥测	按有关要求定期取存数据		
流量		流量测验应满足流量转折、推算逐日流量和各项特征值的要求,根据高、中、低各级水位情况,合理地分布于各级水位和水情变化过程的转折点处。水位流量关系稳定的站每年测次不少于15次。闸坝站测次以能满足率定分析推求泄水过程为原则	1.每次测流同时观测记录水位、天气、风向、风力及影响水位流量关系变化的有关情况。2.闸坝站要测记闸门开启高度、孔数、流态及其变动情况。3.在高中水测流时同时观测比降	水位级划分及测洪方案见附录
含沙量	单样含沙量	以控制含沙量转折变化和建立单断沙关系为原则。含沙量变化很小时,可每4~10 d取样1次。每次较大洪峰过程,一般不少于4~8次。洪峰重叠或水沙峰不一致、含沙量变化剧烈时,应增加测次。闸坝站根据闸门变动和含沙量变化情况适当布置测次	水位	较大流域的测站如能分辨出沙峰来源时应予以说明。如河水清澈,可改为目测,含沙量作零处理
	输沙率	根据测站级别每年输沙率测验不少于10~20次,测次分布应能控制流量和含沙量的主要转折变化,原则上每次较大洪峰不少于5次	单样含沙量、流量及水位等	

项目	观测要求	辅助观测项目	备注
水尺零点高程	每年汛期前后各校测 1 次,在水尺发生变动或有可疑变动,应随时校测。新设水尺应随测随校	水位	包括自记水位计高程标点
水准点高程测量	逢 0、逢 5 年份对基本水准点必须进行复测,校核水准点每年校测 1 次,如发现有变动或可疑变动,应及时复测并查明原因		
大断面测量	每年汛期前后施测,在每次洪水后应予加测。较大洪水采用比降面积法或浮标法测流后,必须加测。人工固定河槽在逢 5 年份施测 1 次	水位	
测站地形测量	除设站初期施测 1 次地形,测验河段在河道、地形、地物有明显变化时,必须进行全部或局部复测	水位	
水文调查	包括断面以上(区间)流域基本情况调查、水量调查、暴雨和洪水调查以及专项水文调查		
水温	每日 8 时观测。冬季稳定封冻期,所测水温连续 3~5 d 皆在 0.2 ℃ 以下时,即可停止观测。当水面有融化迹象时,应即恢复观测。无较长稳定封冻期不应中断观测		
冰情观测	在测验断面出现结冰现象的时期内一般每日 8 时观测 1 次。冰情变化急剧时,应适当增加测次		
墒情监测	基本站在每旬初(1 日、11 日、21 日)早 8 时观测 1 次,取土深度为地面以下 10 cm、20 cm、40 cm 处 3 点土样	旬总雨量统计	旱情严重时应加密、多点观测
气象			
水质监测	按照《水环境监测规范》(SL 219—98)的要求,河道站每年 2 个月取样 1 次,水库站每年丰、平、枯各取样 1 次,地下水站于 5 月、10 月各取样 1 次,如遇突发性污染事故应及时取样,并报告有关主管部门,以便采取应急措施	按水样送验单要求观测、填写辅助观测项目	有水质采样任务的站,要求当天取样,当天送到指定的单位
其他			

2.4.6.3 水文情报预报工作

（1）水文站报汛必须严格贯彻执行《水文情报预报规范》（GB/T 22482—2008）、《水情信息编码标准》（SL 330—2011），保证拍报质量，水文站差错率不超过1%，雨量站差错率不超过3%。

（2）水文站要在综合分析近期水位流量关系的基础上，于汛前修订好报汛曲线，并用历史调查洪水做好高水部分的曲线延长，随时根据实测点修订水位流量曲线，保证相应流量的准确性。

（3）汛期与非汛期划分：淮河、长江流域当年5月15日至10月1日为汛期，当年10月2日至次年5月14日为非汛期；海河、黄河流域当年6月1日至10月1日为汛期，当年10月2日至次年5月31日为非汛期。

（4）降水量拍报：

①水文站每年汛前应对所属雨量站下达拍报任务，并加强检查指导。

②雨量报汛段次严格按照每年下发的报汛任务书的要求执行。

（5）水情拍报：

①水情站要严格按照当年下达的报汛任务书的要求拍报。遇到洪水时要报出洪水全过程，涨水段在二级加报水位以上，至少要报2~3次实测流量，以校正拍报的相应流量。

②水库站凡遇大、中洪水入库时，均要拍报入库流量全过程。

③当发生特大暴雨洪水，河道分洪、决口、扒堤、水库垮坝及大面积内涝时，应及时拍报特殊水情电报，并立即调查情况并上报。

（6）水文预报。大型水库和主要河道控制水文站，要积极开展水文预报。发生大洪水时，及时向当地有关部门通报水情趋势，为防汛抢险和水利调度当好参谋。

2.4.6.4 水文水资源调查

水文调查是水文测验工作的重要组成部分，是收集水文资料的重要环节，水文站应当有计划地进行，以满足水文水资源分析计算的要求。

本站负责大车集（二）基本水尺断面以上至朱付村（二）文岩渠、天然渠范围内水文水资源调查任务。

1.调查要求

（1）对测站流量有较大影响的水利设施，应查清工程指标及其变化等情况，一般影响1次洪水总量或河道同期多年平均径流量达15%~20%时，应与有关部门配合，建立简易观测点或巡测点，达到能推算各月和全年的调节、引用水量的目的。

（2）对测站流量有中等影响的水利设施，应逐个查清工程指标等情况，并每年及时调查其水量，以能估算其年调节、引用水量为原则。一般影响洪峰流量的5%以上的水利工程，或引入、引出水量占引水期间水量的5%以上的固定工程，需逐个测算其年调节、引用水量。

（3）对测站流量影响较小的水利设施，一般只统计总个数、总指标，测算总水量。小面积站上游的水利工程设施，其一个或几个工程的控制面积超过集水面积的10%，或引水期的调节水量占河道同期水量的10%以上时，则应做较细致的调查，算清水账。水利设施的工程指标等情况，可直接引用工程管理等部门的资料，在做过普查以后，每年可只对有变动的部分做补充调查。

遇有滞洪、决口等情况,应立即了解其具体位置、发生时间,并尽可能查清其水量。调查应在发生这些情况的短时间内进行,如有困难,也应在当年把情况调查清楚。

当发生特大暴雨、洪水或特别干旱时,应进行暴雨、洪水及必要的枯水调查。

(4)注意观察水的透明度、气味、色度、悬浮物质等物理特性是否异常,是否明显污染,当发现突发性污染事故时应及时上报上级主管部门,并按上级要求进行监测。

(5)水文站(县局)水文调查成果应按规范规定整理并编写调查报告。

2.调查表

调查地点	水工设施名称	调查时间	调查项目	调查要求	备注

3.省界断面

每月5日前向流域机构上报上月最高、最低、月平均水位,最高、最低、月平均流量和月径流量。

2.4.6.5 资料

1.资料整编

原始资料不得损毁,禁止涂改、誊写。各种整编报表的填写要符合规范规定。

水文站的各项观测资料应严格执行"四随"制度,当月各项资料应于次月5日前完成在站整编,次年1月5日前完成上年度全年资料的在站整编。

水文站应对各种原始数据进行校对,资料在站整编完成后,应写出在站整编说明书,简述测验情况、整编发现的问题及处理意见、合理性检查情况及对资料成果的评价。

2.资料分析

洪水过后要进行大断面冲淤变化分析。突出的流量和沙量测点应进行批判分析。根据上下游控制断面做水量平衡分析。对属站降水量要进行对比分析,发现错日、错量情况及时更正。

通过资料分析掌握测站特性和各水文因素的变化规律,力求定线合理,推算方法正确,符合本站特性。

3.资料保存

水文资料是国家重要的基础信息资源,要注意防火、防盗,保持整洁。资料要存放在资料柜内,指定专人妥善保管,防止丢失。未经审查的资料不得向社会发布。

2.4.6.6 测报设施管理、养护及安全生产

测报设施是保障安全、提高测洪能力和精度、提高测报成果质量的重要设施,测站必须精心养护,发现问题及时维修,并将检查处理情况做好记录。

1.钢丝绳的养护

(1)钢丝绳每年擦油1~2次,防止生锈,重点受力部位加强检修。

(2)对钢丝绳与锚碇接头部分涂黄油并经常检查。

2.支架、锚碇的养护

(1)为保持支架直立、结构不变形,保持平衡,使支架各方向的拉力均衡,每年应全面检查调整2~3次,大洪水期应检查1~2次。

(2)钢支架每隔1~2年进行除锈、油漆养护,除锈后先涂防锈漆,再涂油漆;避雷接地电阻应校测。

(3)汛前及洪水过后要认真检查支架基础有无沉陷、位移,联系螺栓是否有松动,混凝土基础有无裂缝等,如不符合要求及时检修。

(4)每月检查锚碇有无位移,锚碇附近土壤有无裂纹、崩塌、沉陷等现象,夹头是否松动、锚杆是否生锈,发现问题及时处理。

3.驱动设备的养护

1)动力设备

(1)变压器,按供电部门规定,隔一定年限更换变压器油。

(2)柴油机及发电机组,按使用说明书规定进行技术保养。

(3)经常检查电动机发热情况,温升超过60 ℃时,应采取降温措施,电动机应接地,发现电动机异常时,应停车检查原因,设法排除。

2)绞车

经常保持绞车轴承、转动部件油润,每年汛前应全面检查1次,保证正常工作状态。

3)滑轮

经常检查导向滑轮、游轮、行车等运转情况,发现不正常应及时检修,不允许钢丝绳在滑轮上滑动、擦边、跳槽,若有上述问题,应采取措施及时排除,保持油润,运行时注意随时监视各滑轮运转情况。

4)水文缆道

水文缆道每年要进行起点距、水深比测1~2次并保存好记录。

4.仪器、仪表的养护

(1)各种仪器、仪表按说明书使用、养护,应保持附件的齐全;流速仪应及时鉴定并保管好鉴定证书。

(2)各种仪器、仪表应放在干燥通风、清洁和不受腐蚀性气体侵蚀的地方。

(3)主要电子、电器仪表应设有接地装置,防止雷电感应短路烧坏仪表。

5.测船的养护

(1)每日观察测船设施有无毁损,平时5 d擦洗1次,汛期每日擦洗1次,发现问题及时排除,保证测流的顺利进行。

(2)木船每年小修1次,5年大修1次,钢板船1~2年检修1次。

（3）机动船平时每5 d启动1次，维持机械的油润，汛期保证随时能启动运行测流。

6.桥测车的养护

除按机动车正常管理、养护外，还应注意：

（1）司机应爱护车辆，经常擦洗机件，保持机件润滑、清洁。

（2）桥测车每月发动2~3次，检查机件、电路等所有部件的性能，发现问题，应及时检修排除，以保证测流时能随时启动、运行。

7.遥测设备的管理与养护

（1）自记井发生淤积时应及时进行清淤处理。

（2）传感器应经常检查，保持内部干净。

（3）终端机、馈线、天线、太阳能电池板及蓄电瓶等设备应经常检修、维护。太阳能电池板应每月清洗1次。

（4）备品备件要有专人管理养护。

8.通信线路的养护

通信线路要不定期进行检查，发现问题及时向电信部门及上级汇报，做好线路的抢修工作，确保线路畅通。

9.安全生产

加强生产安全管理。配置救生衣、安全斧、救生锤、破坏钳等必要的安全生产设施。水上作业时必须穿戴救生衣，桥测时应放置警示标识，保证人身安全。缆道、测船等作业严格按照规程进行操作，严禁违章操作，避免意外发生。办公楼配备防盗防火设施，做好防火、防盗、雷击和安全用电工作，杜绝各类事故发生。

水文站于每年年初向勘测局编报测报设施维修养护经费计划，由勘测局汇总，报省局审定安排，水文站按下达的维修养护任务保质保量完成。

2.4.6.7 属站管理

水文站对属站负有领导责任，积极主动指导属站进行各项观测、资料整理等工作，做到汛前有布置，汛期有检查，汛后有总结，遇到特殊情况及时处理。对属站所有仪器设备做好维护管理工作。

2.4.6.8 业务学习

每周定期学习以下技术规范和其他新技术操作等。

序号	规范	学习时间
1	《水文缆道测验规范》（SL 443—2009）	每周一上午及周二下午为学习时间
2	《水文测船测验规范》（SL 338—2006）	
3	《水位观测平台技术标准》（SL 384—2007）	
4	《水工建筑物与堰槽测流规范》（SL 537—2011）	
5	《声学多普勒流量测验规范》（SL 337—2006）	

续表

序号	规范	学习时间
6	《水位观测标准》(GB/T 50138—2010)	
7	《降水量观测规范》(SL 21—2015)	
8	《河流悬移质泥沙测验规范》(GB 50159—2015)	
9	《河流流量测验规范》(GB 50179—2015)	
10	《水文巡测规范》(SL 195—2015)	
11	《翻斗式雨量计》(GB/T 11832—2002)	
12	《水面蒸发观测规范》(SL 630—2013)	
13	《水文资料整编规范》(SL 247—2012)	每周一上午及周二下午为学习时间
14	《水文数据整理汇编标准》(DB 41/T 1599—2018)	
15	《土壤墒情监测规范》(SL 364—2015)	
16	《水文测量规范》(SL 58—2014)	
17	《水文调查规范》(SL 196—2015)	
18	《水文基本术语和符号标准》(GB/T 50095—2014)	
19	《水文仪器术语及符号》(GB/T 19677—2005)	
20	《河流冰情观测规范》(SL 59—2015)	

2.4.6.9 附录

1."四随"工作制度

	降水量	水位	流量	含沙量
随测算	1.准时量记,当场自校。 2.自记站要按时检查,每日8时换纸,无雨不换纸要加水,有雨注意量记虹吸水量。 3.检查记载规格符号是否正确、齐全。 4.每日8时计算日雨量、蒸发量,旬、月初计算旬、月雨量	1.准时测记水位及附属项目,当场自校。 2.自记水位按时校测、检查。 3.日平均水位次日计算完毕。 4.水准测量当场计算高差,当日计算成果并校核	1.附属观测项目及备注说明当场填记齐全。 2.闸坝站应现场测记有关水力因素。 3.按要求及时测记流量。 4.流量随测随算	1.单样含沙量及输沙率测量后,编号与瓶号、滤纸要校对,并填入单沙记载本中,各栏填记齐全。 2.水样处理当日进行(如加沉淀剂,自动滤沙)。 3.烘干称重后立即计算

	降水量	水位	流量	含沙量
随拍报	1.从4月2日至11月1日期间全省统一采用自动遥测站雨量信息,11月2日至次年4月1日仍进行人工拍报雨情信息。 2.密切监视本辖区内雨情变化,发现雨量站点1 h降雨量超过50 mm或单日累计降雨量达100 mm以上时,要及时报当地县防办和勘测局水情科	1.严格按照当年下达的防汛抗旱拍报任务通知的要求拍报。有涨水过程时必须加报起涨水情和洪峰流量,及时报出洪水全过程。 2.当洪水上涨超过各级加报标准时,必须立即拍报水情1次,然后按规定段次发报;上次发报后涨幅已超过1 m的,也要及时加报1次;出现洪峰要立即拍报。 3.河道站:三级加报涨水段全部为24段次,落水段12~24段次; 水库站:一级起报水位以上、二级加报水位以下要至少按照1 d 4段次拍报,二级加报水位(汛限水位)以上的涨水段全部按照24段次拍报,落水段按照12~24段次拍报。闸门变动随时报。 4.当发生特大暴雨洪水,河道分洪、决口、扒堤、水库垮坝及大面积内涝时,应及时拍报特殊水情电报,并立即调查情况并上报	1.要在综合分析近期水位流量关系(水库站:输水设备泄流曲线)的基础上,于汛前修订好报汛曲线,并用历史调查洪水做好高水部分的曲线延长;汛期随时根据实测点修订水位流量曲线,保证相应流量的准确性。 2.有拍报旬、月平均流量的河道、闸坝站断流或无出流量时也要拍报旬、月平均流量。 3.河道站:根据洪水大小,在二级加报水位以上至少要报出1~3次实测流量,以校正拍报的相应流量; 水库站:大型水库凡遇洪水入库时,均要拍报入库流量全过程	
随整理	1.日、旬、月雨量在发报前要计算校核1遍。 2.自记纸当日完成订正、摘录、计算、复核。 3.月初3 d内原始资料完成3遍手,进行月统计	1.日平均水位次日校核完毕。 2.自记水位8时换纸后摘录订正前一天水位,计算日平均,并校核。 3.月初3 d内复核原始资料。 4.水准测量次日复核完毕	1.单次流量资料测算后即完成校核,当月完成复核。 2.较大洪峰(100 m³/s)或较高水位(67.5 m)过后3 d内,报出测洪小结	单样含沙量、输沙率计算后当日校核,当月复核

降水量	水位	流量	含沙量
随分析 1.属站雨量到齐后列表对比检查雨型、雨量。 2.主要暴雨绘各站暴雨累积曲线对比检查。 3.发现问题及时处理	1.应随测随点绘逐时过程线,并进行检查。 2.日平均水位在逐时线上画横线检查。 3.山区站及测沙站应画降雨柱状图,检查时间是否相应。 4.发现问题及时处理	1.洪水期流量测验要作点流速、垂线流速、水深测量的正确性及垂线布设合理性检查。 2.点绘水位流量关系线并检查偏离程度。水库闸坝站应点绘在系数曲线上检查。 3.测次点在水位过程线上,检查测次分布。 4.发现问题,检查原因,确定改正、重测或舍弃,并写出分析说明	1.取样后将测次点在水位过程线上(可用不同颜色),检查测次控制合理性。 2.沙量称重计算后点绘单样含沙量过程线,发现问题立即复烘、复秤。 3.检查单断沙关系及含沙量横向分布。 4.发现问题及时处理

2.使用水尺时的水位观测段次要求

段次要求	2 段	4 段	8 段	逐时
日变化(m)	<0.20	0.20~0.50	>0.50	>67.50 的峰顶附近
水位级(m)	<66.00	66.00~66.50	66.50~67.50	

3.水尺观测的不确定度估算

波浪变幅(cm)	≤2	3~30	≥31
波浪级别	无波浪	一般波浪	较大波浪
随机不确定度			
综合不确定度			
备注	每年在无波浪、一般波浪或较大波浪情况下,且水位基本无变化的 5~10 min 内连续观读水尺 30 次以上进行计算		

4.流速仪法测流方案的制订
1)水位级划分(单位:m)

水位级	高水	中水	低水	枯水
	67.50 以上	66.00~67.50	66.00 以下	
备注				

2) 允许总随机不确定度 X'_Q 与已定系统误差 U_Q

水位级	高水	中水	低水	枯水
X'_Q				
U_Q				

3) 常用测流方案

水位级	测流方案 (m,p,t)	最少垂线数 m 方案下限	备注
高水 67.50 m 以上	1) 20 5 100 2) 20 3 60 3) 15 1 30	15	方案的优先级按先后顺序进行排列,故选用方案优选排列在前的。 m—垂线数; p—垂线测点数; t—历时
中水 66.00~67.50 m	1) 15 3 100 2) 15 2 60 3) 10 1 30	10	
低水 66.00 m 以下	1) 8 2 100 2) 8 2 60 3) 6 1 30	6	

5.流速系数

分类	水面浮标系数	岸边流速系数	小浮标系数	半深系数	深水浮标系数	电波流速仪系数	ADCP测流系数
系数及确定方法	0.85	0.70					
	经验	经验					
试验系数及时间							
备注	如果有试验系数,测流时应采用试验系数						

6.测流方法

方案	涉水	缆道	测船	桥测	电波流速仪	ADCP
水位(m)			67.50 以上	67.50 以下	67.50 以上	
备注						

7.测洪小结

当发生水位大于 67.50 m 的较大洪水时,洪水过后 3 d 内,及时以电子文本形式上报测洪小结至省局站网监测处(电子信箱:hnscyk@126.com)。

2.4.7　宝泉水库水文站任务书

2.4.7.1　宝泉水库水文站基本情况

1.位置情况

隶属	河南省新乡水文水资源勘测局	重点站级别	省级
流域	海河	水系	南运河
河名	峪河	汇入何处	卫河
东经	113°26′	北纬	35°29′
集水面积	538 km²	至河口距离	29 km
级别	二	人员编制	2
测站地址	河南省辉县市薄壁镇宝泉水库	邮政编码	453636
电话号码	0373-6577067	电子信箱	
测站编码	31005110	雨量站编码	31021020
报汛站号	31005110	省界断面	否

2.测站属性

类别	水库站		性质	基本水文站
设站目的	本站为太行山区区域代表站,是卫河一级支流峪河上的控制站,采集峪河宝泉水库站以上长系列水文要素信息,为水资源管理、水库管理运行及防汛减灾服务			

3.属站名单

负责管理的基本雨量站、水位站和中小河流巡测站、水位站、雨量站、水量辅助站、生态监测站。

属站类别	测站编码	站名	水系	河名	观测项目	观测段制 非汛期	观测段制 汛期	降水制表 (一)或(二)	降水制表 日表	摘录段制	自记或标准	水量调查表	报汛部门	备注
基本雨量站	31020650	吴村	南运河	纸坊沟	降水		24	(二)	√	24	自记			汛期站
基本雨量站	31020700	古郊	南运河	峪河	降水	24	24	(二)	√	24	自记			
基本雨量站	31020750	西石门	南运河	峪河	降水	24	24	(二)	√	24	自记			
基本雨量站	31020800	凤凰	南运河	峪河	降水	24	24	(二)	√	24	自记			
基本雨量站	31020850	琵琶河	南运河	峪河	降水	24	24	(二)	√	24	自记			
基本雨量站	31020900	平甸	南运河	峪河	降水	24	24	(二)	√	24	自记			
基本雨量站	31020950	西寨山	南运河	峪河	降水	24	24	(二)	√	24	自记			
基本雨量站	31021020	宝泉	南运河	峪河	降水	24	24	(一)	√	24	自记			

属站类别	测站编码	站名	水系	河名	观测项目	观测段制 非汛期	观测段制 汛期	降水制表 (一)或(二)	降水制表 日表	摘录段制	自记或标准	水量调查表	报汛部门	备注
基本雨量站	31021100	官山	南运河	马头口河	降水	24	24	(二)	√	24	自记			
基本雨量站	31021150	白草岗	南运河	马头口河	降水	24	24	(二)	√	24	自记			
基本雨量站	31021200	五里窑	南运河	石门河	降水	24	24	(二)	√	24	自记			
基本雨量站	31021450	黄水口	南运河	黄水河	降水	24	24	(二)	√	24	自记			
基本雨量站	31021500	高庄	南运河	黄水河	降水		24	(二)	√	24	自记			汛期站
基本雨量站	31021550	茅草庄	南运河	黄水河	降水		24	(二)	√	24	自记			汛期站
基本雨量站	31021600	四里厂	南运河	刘店干河	降水	24	24	(二)	√	24	自记			
基本雨量站	31021650	辉县	南运河	百泉河	降水	24	24	(二)	√	24	自记			
基本雨量站	31022750	鹅屋	南运河	桑延河	降水		24	(二)	√	24	自记			汛期站
基本雨量站	31022850	南寨	南运河	淇河	降水	24	24	(二)	√	24	自记			
基本雨量站	31022855	后庄	南运河	淇河	降水		24	(二)	√	24	自记			汛期站
基本雨量站	31022900	要街	南运河	淇河	降水	24	24	(二)	√	24	自记			

2.4.7.2 观测项目及要求

1.观测项目

测验地点（断面）	测站编码	基本观测项目						辅助观测项目							
		水位	流量	单样含沙量	输沙率	降水	蒸发	水文调查	蒸发辅助	水质	初终霜	水温	冰情	气象	墒情	比降
坝上	31005110	√						√		√		√	√		√	
溢洪道	31005115	√	√													
上干渠	31005130	√	√													
观测场	31021020					√				√						

2.巡测间测规定

编码	断面地点	断面名称	巡(间)测项目	巡(间)测要求	巡(间)测时间
31005580	辉县市三郊口乡三郊口水库	三郊口水库	水位、流量		
31005550	辉县市三郊口乡陈家院水库	陈家院	水位		

3.整编所需提交成果资料

测站名称	测站编码	降水量									水流沙																			
		逐日降水量表（汛期）	逐日降水量表（常年）	降水量摘录表	各时段最大降水量表(1)	各时段最大降水量表(2)	逐日水面蒸发量表	蒸发场说明表及平面图	水面蒸发量辅助项目月年统计表	降水量站说明表	逐日平均水位表	洪水水位摘录表	实测流量成果表	实测大断面成果表	堰闸流量率定表	逐日平均流量表	洪水水文要素摘录表	堰闸水文要素摘录表	水库水文要素摘录表	水电站抽水站流量率定表	悬移质实测输沙率成果表	悬移质逐日平均输沙率表	悬移质逐日平均含沙量表	悬移质洪水含沙量摘录表	逐日水温表	冰厚及冰情要素摘录表	冰情统计表	水文、水位站说明表	水库、堰闸站说明表	区间水利工程基本情况表
宝泉水库（坝上）	31005110									√															√	√	√		√	√
宝泉水库（溢洪道）	31005115												√	√	√	√														
宝泉水库（上干渠）	31005130												√	√	√	√														
宝泉水库（出库总量）	31005150												√			√														

说明：宝泉水库（出库总量）31005150 为合成断面，由宝泉水库（溢洪道）与宝泉水库（上干渠）合成。

4.观测要求

项目		观测要求	辅助观测项目	备注
降雨量	标准	每日 8 时定时观测 1 次，1～5 月按 2 段观测，10～12 月按 2 段观测，暴雨时适当加测	初终霜	自记雨量计发生故障或检测时使用标准雨量器，按 24 段制观测
	自记	每日 8 时定时观测 1 次，降水之日 20 时检查 1 次，暴雨时适当增加检查次数。6～9 月按 24 段摘录		
	遥测	按有关要求定期取存数据		
陆上水面蒸发		每日 8 时定时观测 1 次	风向、风速（力）、气温、湿度等	
水位	人工、自记	水位平稳时每日 8 时观测 1 次，洪水期或遇水情突变时必须加测，以测得完整水位变化过程为原则。闸坝水库站在闸门启闭前、后和水位变化急剧时，应增加测次，以掌握水位转折变化。必须进行水位不确定度估算	1.风大时观测风向、风力、水面起伏度及流向。 2.闸门变动期间，同时观测闸门开启高度、孔数、流态、闸门是否提出水面等	每日 8 时校测自记水位记录，洪水期适当增加校测次数。定期检测各类水位计，保证正常运行
	遥测	按有关要求定期取存数据		

项目		观测要求	辅助观测项目	备注
流量		流量测验应满足流量转折、推算逐日流量和各项特征值的要求,根据高、中、低各级水位情况,合理地分布于各级水位和水情变化过程的转折点处。水位流量关系稳定的站每年测次不少于15次。闸坝站测次以能满足率定分析推求泄水过程为原则	1.每次测流同时观测记录水位、天气、风向、风力及影响水位流量关系变化的有关情况。2.闸坝站要测记闸门开启高度、孔数、流态及其变动情况。3.在高中水测流时同时观测比降	水位级划分及测洪方案见附录
含沙量	单样含沙量	以控制含沙量转折变化和建立单断沙关系为原则。含沙量变化很小时,可每4~10 d取样1次。每次较大洪峰过程,一般不少于4~8次。洪峰重叠或水沙峰不一致、含沙量变化剧烈时,应增加测次。闸坝站根据闸门变动和含沙量变化情况适当布置测次	水位	较大流域的测站如能分辨出沙峰来源时应予以说明。如河水清澈,可改为目测,含沙量作零处理
	输沙率	根据测站级别每年输沙率测验不少于10~20次,测次分布应能控制流量和含沙量的主要转折变化,原则上每次较大洪峰不少于5次	单样含沙量、流量及水位等	
水尺零点高程		每年汛期前后各校测1次,若水尺发生变动或有可疑变动,应随时校测。新设水尺应随测随校	水位	包括自记水位计高程标点
水准点高程测量		逢0、逢5年份对基本水准点必须进行复测,校核水准点每年校测1次,如发现有变动或可疑变动时,应及时复测并查明原因		
大断面测量		每年汛期前后施测,在每次洪水后应予加测。较大洪水采用比降面积法或浮标法测流后,必须加测。人工固定河槽在逢5年份施测1次	水位	
测站地形测量		除设站初期施测1次地形,测验河段在河道、地形、地物有明显变化时,必须进行全部或局部复测	水位	
水文调查		包括断面以上(区间)流域基本情况调查、水量调查、暴雨和洪水调查以及专项水文调查		
水温		每日8时观测。冬季稳定封冻期,所测水温连续3~5 d皆在0.2 ℃以下时,即可停止观测。当水面有融化迹象时,应即恢复观测。无较长稳定封冻期不应中断观测		

项目	观测要求	辅助观测项目	备注
冰情观测	在测验断面出现结冰现象的时期内一般每日8时观测1次。冰情变化急剧时,应适当增加测次		
墒情监测	基本站在每旬初(即1日、11日、21日)早8时观测1次,取土深度为地面以下10 cm、20 cm、40 cm处3点土样	旬总雨量统计	旱情严重时应加密、多点观测
气象			
水质监测	按照《水环境监测规范》(SL 219—98)的要求,河道站每年每2个月取样1次,水库站每年丰、平、枯各取样1次,地下水站于5月、10月各取样1次,如遇突发性污染事故应及时取样,并报告有关主管部门,以便采取应急措施	按水样送验单要求观测、填写辅助观测项目	有水质采样任务的站,要求当天取样,当天送到指定的单位
其他			

2.4.7.3 水文情报预报工作

(1)水文站报汛必须严格贯彻执行《水文情报预报规范》(GB/T 22482—2008)、《水情信息编码标准》(SL 330—2011),保证拍报质量,水文站差错率不超过1%,雨量站差错率不超过3%。

(2)水文站要在综合分析近期水位流量关系的基础上,于汛前修订好报汛曲线,并用历史调查洪水做好高水部分的曲线延长,随时根据实测点修订水位流量曲线,保证相应流量的准确性。

(3)汛期与非汛期划分:淮河、长江流域当年5月15日至10月1日为汛期,当年10月2日至次年5月14日为非汛期;海河、黄河流域当年6月1日至10月1日为汛期,当年10月2日至次年5月31日为非汛期。

(4)降水量拍报:

①水文站每年汛前应对所属雨量站下达拍报任务,并加强检查指导。

②雨量报汛段次严格按照每年下发的报汛任务书的要求执行。

(5)水情拍报:

①水情站要严格按照当年下达的报汛任务书的要求拍报。遇到洪水时要报出洪水全过程,涨水段在二级加报水位以上,至少要报2~3次实测流量,以校正拍报的相应流量。

②水库站凡遇大、中洪水入库时,均要拍报入库流量全过程。

③当发生特大暴雨洪水,河道分洪、决口、扒堤、水库垮坝及大面积内涝时,应及时拍报特殊水情电报,并立即调查情况并上报。

(6)水文预报。大型水库和主要河道控制水文站,要积极开展水文预报。发生大洪水时,及时向当地有关部门通报水情趋势,为防汛抢险和水利调度当好参谋。

2.4.7.4　水文水资源调查

水文调查是水文测验工作的重要组成部分,是收集水文资料的重要环节,水文站应当有计划地进行,以满足水文水资源分析计算的要求。

本站负责宝泉水库(坝上)断面以上范围内水文水资源调查任务。

1.调查要求

(1)对测站流量有较大影响的水利设施,应查清工程指标及其变化等情况,一般影响1次洪水总量或河道同期多年平均径流量达15%～20%时,应与有关部门配合,建立简易观测点或巡测点,达到能推算各月和全年的调节、引用水量的目的。

(2)对测站流量有中等影响的水利设施,应逐个查清工程指标等情况,并每年及时调查其水量,以能估算其年调节、引用水量为原则。一般影响洪峰流量5%以上的水利工程,或引入、引出水量占引水期间水量的5%以上的固定工程,需逐个测算其年调节、引用水量。

(3)对测站流量影响较小的水利设施,一般只统计总个数、总指标,测算总水量。小面积站上游的水利工程设施,其一个或几个工程的控制面积超过集水面积的10%,或引水期的调节水量占河道同期水量的10%以上时,则应做较细致的调查,算清水账。水利设施的工程指标等情况,可直接引用工程管理等部门的资料,在作过普查以后,每年可只对有变动的部分作补充调查。

遇有滞洪、决口等情况,应立即了解其具体位置、发生时间,并尽可能查清其水量。调查应在发生这些情况的短时间内进行,如有困难,也应在当年把情况调查清楚。

当发生特大暴雨、洪水或特别干旱时,应进行暴雨、洪水及必要的枯水调查。

(4)注意观察水的透明度、气味、色度、悬浮物质等物理特性是否异常,是否明显污染,当发现突发性污染事故时应及时上报上级主管部门,并按上级要求进行监测。

(5)水文站(县局)水文调查成果应按规范规定整理并编写调查报告。

2.调查表

调查地点	水工设施名称	调查时间	调查项目	调查要求	备注

3.省界断面

每月5日前向流域机构上报上月最高、最低、月平均水位,最高、最低、月平均流量和月径流量。

2.4.7.5　资料

1.资料整编

原始资料不得损毁,禁止涂改、誊写。各种整编报表的填写要符合规范规定。

水文站的各项观测资料应严格执行"四随"制度,当月各项资料应于次月5日前完成在站整编,次年1月5日前完成上年度全年资料的在站整编。

水文站应对各种原始数据进行校对,资料在站整编完成后,应写出在站整编说明书,简述测验情况、整编发现的问题及处理意见、合理性检查情况及对资料成果的评价。

2.资料分析

洪水过后要进行大断面冲淤变化分析。突出的流量和沙量测点应进行批判分析。根据上下游控制断面做水量平衡分析。对属站降水量要进行对比分析,发现错日、错量情况及时更正。

通过资料分析掌握测站特性和各水文因素的变化规律,力求定线合理,推算方法正确,符合本站特性。

3.资料保存

水文资料是国家重要的基础信息资源,要注意防火、防盗,保持整洁。资料要存放在资料柜内,指定专人妥善保管,防止丢失。未经审查的资料不得向社会发布。

2.4.7.6 测报设施管理、养护及安全生产

测报设施是保障安全、提高测洪能力和精度、提高测报成果质量的重要设施,测站必须精心养护,发现问题及时维修,并将检查处理情况做好记录。

1.钢丝绳的养护

(1)钢丝绳每年擦油1~2次,防止生锈,重点受力部位加强检修。

(2)对钢丝绳与锚碇接头部分涂黄油并经常检查。

2.支架、锚碇的养护

(1)为保持支架直立、结构不变形,保持平衡,使支架各方向的拉力均衡,每年应全面检查调整2~3次,大洪水期应检查1~2次。

(2)钢支架每隔1~2年进行除锈、油漆养护,除锈后先涂防锈漆,再涂油漆;避雷接地电阻应校测。

(3)汛前及洪水过后要认真检查支架基础有无沉陷、有无位移,联系螺栓是否有松动,混凝土基础有无裂缝等,如不符合要求及时检修。

(4)每月检查锚碇有无位移,锚碇附近土壤有无裂纹、崩塌、沉陷等现象,夹头是否松动、锚杆是否生锈,发现问题及时处理。

3.驱动设备的养护

1)动力设备

(1)变压器,按供电部门规定,隔一定年限更换变压器油。

(2)柴油机及发电机组,按使用说明书规定进行技术保养。

(3)经常检查电动机发热情况,温升超过60 ℃时,应采取降温措施,电动机应接地,发现电动机异常时,应停车检查原因,设法排除。

2)绞车

经常保持绞车轴承、转动部件油润,每年汛前应全面检查1次,保证正常工作状态。

3)滑轮

经常检查导向滑轮、游轮、行车等运转情况,发现不正常应及时检修,不允许钢丝绳在

滑轮上滑动、擦边、跳槽,若有上述问题,应采取措施及时排除,保持油润,运行时注意随时监视各滑轮运转情况。

4)水文缆道

水文缆道每年要进行起点距、水深比测 1~2 次并保存好记录。

4.仪器、仪表的养护

(1)各种仪器、仪表按说明书使用、养护,应保持附件的齐全;流速仪应及时鉴定并保管好鉴定证书。

(2)各种仪器、仪表应放在干燥通风、清洁和不受腐蚀性气体侵蚀的地方。

(3)主要电子、电器仪表应设有接地装置,防止雷电感应短路烧坏仪表。

5.测船的养护

(1)每日观察测船设施有无毁损,平时 5 d 擦洗 1 次,汛期每日擦洗 1 次,发现问题及时排除,保证测流的顺利进行。

(2)木船每年小修 1 次,5 d 大修 1 次,钢板船 1~2 年检修 1 次。

(3)机动船平时每 5 d 启动 1 次,维持机械的油润,汛期保证随时能启动运行测流。

6.桥测车的养护

除按机动车正常管理、养护外,还应注意:

(1)司机应爱护车辆,经常擦洗机件,保持机件润滑、清洁。

(2)桥测车每月发动 2~3 次,检查机件、电路等所有部件的性能,发现问题,应及时检修排除,以保证测流时能随时启动、运行。

7.遥测设备的管理与养护

(1)自记井发生淤积时应及时进行清淤处理。

(2)传感器应经常检查,保持内部干净。

(3)终端机、馈线、天线、太阳能电池板及蓄电瓶等设备应经常检修、维护。太阳能电池板应每月清洗 1 次。

(4)备品备件要有专人管理养护。

8.通信线路的养护

通信线路要不定期进行检查,发现问题及时向电信部门及上级汇报,做好线路的抢修工作,确保线路畅通。

9.安全生产

加强生产安全管理。配置救生衣、安全斧、救生锤、破坏钳等必要的安全生产设施。水上作业时必须穿戴救生衣,桥测时应放置警示标识,保证人身安全。缆道、测船等作业严格按照规程进行操作,严禁违章操作,避免意外发生。办公楼配备防盗防火设施,做好防火、防盗、雷击和安全用电工作,杜绝各类事故发生。

水文站于每年年初向勘测局编报测报设施维修养护经费计划,由勘测局汇总,报省局审定安排,水文站按下达的维修养护任务保质保量完成。

2.4.7.7 属站管理

水文站对属站负有领导责任,积极主动指导属站进行各项观测、资料整理等工作,做到汛前有布置,汛期有检查,汛后有总结,遇到特殊情况及时处理。对属站所有仪器设备做好维护管理工作。

2.4.7.8 业务学习

每周定期学习以下技术规范和其他新技术操作。

序号	规范	学习时间
1	《水文缆道测验规范》(SL 443—2009)	
2	《水文测船测验规范》(SL 338—2006)	
3	《水位观测平台技术标准》(SL 384—2007)	
4	《水工建筑物与堰槽测流规范》(SL 537—2011)	
5	《声学多普勒流量测验规范》(SL 337—2006)	
6	《水位观测标准》(GB/T 50138—2010)	
7	《降水量观测规范》(SL 21—2015)	
8	《河流悬移质泥沙测验规范》(GB 50159—2015)	
9	《河流流量测验规范》(GB 50179—2015)	
10	《水文巡测规范》(SL 195—2015)	每周一上午及周二下午为学习时间
11	《翻斗式雨量计》(GB/T 11832—2002)	
12	《水面蒸发观测规范》(SL 630—2013)	
13	《水文资料整编规范》(SL 247—2012)	
14	《水文数据整理汇编标准》(DB 41/T 1599—2018)	
15	《土壤墒情监测规范》(SL 364—2015)	
16	《水文测量规范》(SL 58—2014)	
17	《水文调查规范》(SL 196—2015)	
18	《水文基本术语和符号标准》(GB/T 50095—2014)	
19	《水文仪器术语和符号》(GB/T 19677—2005)	
20	《河流冰情观测规范》(SL 59—2015)	

2.4.7.9 附录

1."四随"工作制度

	降水量	水位	流量	含沙量
随测算	1.准时量记,当场自校。2.自记站要按时检查,每日8时换纸,无雨不换纸要加水,有雨注意量记虹吸水量。3.检查记载规格符号是否正确、齐全	1.准时测记水位及附属项目,当场自校。2.自记水位按时校测、检查	1.附属观测项目及备注说明当场填记齐全。2.闸坝站应现场测记有关水力因素。3.按要求及时测记流量	1.单样含沙量及输沙率测量后,编号与瓶号、滤纸要校对,并填入单沙记载本中,各栏填记齐全。2.水样处理当日进行(如加沉淀剂,自动滤沙)
随拍报	每日8时计算日雨量,旬、月初计算旬、月雨量	1.日平均水位次日计算完毕。2.水准测量当场计算高差,当日计算成果并校核	流量随测随算	烘干称重后立即计算

	降水量	水位	流量	含沙量
随整理	1.日、旬、月雨量在发报前要计算校核一遍。 2.自记纸当日完成订正、摘录、计算、复核。 3.月初3 d内原始资料完成3遍手,进行月统计	1.日平均水位次日校核完毕。 2.自记水位8时换纸后摘录订正前一天水位,计算日平均,并校核。 3.月初3 d内复核原始资料。 4.水准测量次日复核完毕	1.单次流量资料测算后即完成校核,当月完成复核。 2.较高水位(257.45 m)过后3 d内,报出测洪小结	单样含沙量、输沙率计算后当日校核,当月复核
随分析	1.属站雨量到齐后列表对比检查雨型、雨量。 2.主要暴雨绘各站暴雨累积曲线对比检查。 3.发现问题及时处理	1.应随测随点绘逐时过程线,并进行检查。 2.日平均水位在逐时线上画横线检查。 3.山区站及测沙站应画降雨柱状图,检查时间是否相应。 4.发现问题及时处理	1.洪水期流量测验要作点流速、垂线流速、水深测量的正确性及垂线布设合理性检查。 2.点绘水位流量关系线并检查偏离程度。水库闸坝站应点绘在系数曲线上检查。 3.测次点在水位过程线上,检查测次分布。 4.发现问题,检查原因,确定改正、重测或舍弃,并写出分析说明	1.取样后将测次点在水位过程线上(可用不同颜色),检查测次控制合理性。 2.沙量称重计算后点绘单样含沙量过程线,发现问题立即复烘、复秤。 3.检查单断沙关系及含沙量横向分布。 4.发现问题及时处理

2.使用水尺时的水位观测段次要求

段次要求	2 段	4 段	8 段	逐时
日变化(m)	<0.10	0.10~0.50	0.50~1.00	>257.45 的峰顶附近
水位级(m)	<251.45	<254.45	<257.45	

3.水尺观测的不确定度估算

波浪变幅(cm)	≤2	3~30	≥31
波浪级别	无波浪	一般波浪	较大波浪
随机不确定度			
综合不确定度			
备注	每年在无波浪、一般波浪或较大波浪情况下,且水位基本无变化的5~10 min内连续观读水尺30次以上进行计算		

4.流速仪法测流方案的制订

1)水位级划分(单位:m)

水位级	高水	中水	低水	枯水
	257.45 以上	251.45~257.45	251.45 以下	
备注				

说明:水位级划分方案为宝泉水库(坝上)水位级划分方案。宝泉水库(溢洪道)无观测水位。宝泉水库(上干渠)仅设有临时水尺,且水位受上下游闸门影响大,水位仅用于辅助流量测验,无独立使用价值。

2)允许总随机不确定度 X'_Q 与已定系统误差 U_Q

水位级	高水	中水	低水	枯水
X'_Q				
U_Q				

3)常用测流方案

水位级	测流方案 (m,p,t)	最少垂线数 m 方案下限	备注
高水 257.45 m 以上	1)14　2　100 2)14　2　60	14	方案的优先级按先后顺序进行排列,故选用方案优选排列在前的。m—垂线数;p—垂线测点数;t—历时
中水 251.45~257.45 m	1)8　1　100 2)5　1　100	5	
低水 251.45 m 以下	1)5　1　100 2)3　1　60	3	

说明:常用测流方案为宝泉水库(上干渠)测流方案。宝泉水库(溢洪道)采用水工模型试验的溢流曲线推流。

5.流速系数

分类	水面浮标系数	岸边流速系数	小浮标系数	半深系数	深水浮标系数	电波流速仪系数	ADCP测流系数
系数及确定方法	0.85 经验	0.85 经验	0.85 经验				
试验系数及时间							
备注							

说明:流速系数为宝泉水库(上干渠)断面的流速系数。

6.测流方法

方案	涉水	缆道	测船	桥测	电波流速仪	ADCP
水位(m)						
备注						

说明:宝泉水库(上干渠)全年采用桥测。

7.测洪小结

当发生水位大于 257.45 m 的较大洪水时,洪水过后 3 d 内,及时以电子文本形式上报测洪小结至省局站网监测处(电子信箱:hnscyk@126.com)。

2.4.8 八里营(二)水文站任务书

2.4.8.1 八里营(二)水文站基本情况

1.位置情况

隶属	河南省新乡水文水资源勘测局	重点站级别	省级
流域	海河	水系	南运河
河名	西孟姜女河	汇入何处	卫河
东经	113°50′	北纬	35°17′
集水面积	167 km²	至河口距离	2.5 km
级别	三	人员编制	2
测站地址	河南省新乡市平原乡八里营村	邮政编码	453000
电话号码		电子信箱	
测站编码	31005402	雨量站编码	31021750
报汛站号	31005402	省界断面	否

2.测站属性

类别	水库站	性质	基本水文站
设站目的	本站为区域代表站,是卫河一级支流西孟姜女河上的控制站,采集西孟姜女河八里营(二)断面以上长系列水文要素信息,为水资源管理和防汛减灾服务		

3.属站名单

负责管理的基本雨量站、水位站和中小河流巡测站、水位站、雨量站、水量辅助站、生态监测站

属站类别	测站编码	站名	水系	河名	观测项目	观测段制 非汛期	观测段制 汛期	降水制表 (一)或(二)	降水制表 日表	摘录段制	自记或标准	水量调查表	报汛部门	备注
基本雨量站	31021040	辛丰	南运河	共产主义渠	降水		24	(二)	√	24	自记			汛期站
基本雨量站	31021740	张唐马	南运河	西孟姜女河	降水		24	(二)	√	24	自记			汛期站
基本雨量站	31021750	八里营	南运河	西孟姜女河	降水	24	24	(一)	√	24	自记			
基本雨量站	31021850	忠义	南运河	人民胜利渠	降水	24	24	(二)	√	24	自记			
基本雨量站	31021900	小吉	南运河	人民胜利渠	降水	24	24	(二)	√	24	自记			

属站类别	测站编码	站名	水系	河名	观测项目	观测段制 非汛期	观测段制 汛期	降水制表 (一)或(二)	降水制表 日表	摘录段制	自记或标准	水量调查表	报汛部门	备注
基本雨量站	31021940	康庄	南运河	东孟姜女河	降水		24	(二)	√	24	自记			汛期站
基本雨量站	31021950	郎公庙	南运河	东孟姜女河	降水		24	(二)	√	24	自记			全年站
基本雨量站	41425750	原武	黄河	天然渠	降水	24	24	(二)	√	24	自记			
基本雨量站	41425850	大宾	黄河	天然渠	降水	24	24	(二)	√	24	自记			
巡测站	31006220	寺庄顶	南运河	民生渠	水位、雨量	24	24							
巡测站	31003610	秦庄	南运河	东孟姜女河	水位、雨量	24	24							
巡测站	31005460	饮马口	南运河	人民胜利渠	水位、雨量	24	24							
雨量站	31022005	洪门	南运河	东孟姜女河	雨量	24	24							
雨量站	31005461	新乡水利局	南运河	卫河	雨量	24	24							
雨量站	31005462	新乡水文局	南运河	卫河	雨量	24	24							
雨量站	31005463	孟营	南运河	人民胜利渠	雨量	24	24							
雨量站	31005464	豫北局	南运河	卫河	雨量	24	24							
雨量站	31005465	市政府	南运河	卫河	雨量	24	24							

2.4.8.2 观测项目及要求

1. 观测项目

测验地点（断面）	测站编码	基本观测项目 水位	流量	单样含沙量	输沙率	降水	蒸发	水文调查	辅助观测项目 蒸发辅助	水质	初终霜	水温	冰情	气象	墒情	比降
基本水尺断面	31005402	√	√					√		√			√			√
基本水尺断面	31005401	√	√													
观测场						√				√						
辛丰	31021040					√										
张唐马	31021740					√										
忠义	31021850					√										
小吉	31021900					√										

续表

测验地点(断面)	测站编码	基本观测项目							辅助观测项目							
		水位	流量	单样含沙量	输沙率	降水	蒸发	水文调查	蒸发辅助	水质	初终霜	水温	冰情	气象	墒情	比降
康庄	31021940					√										
郎公庙	31021950					√										
原武	41425750					√										
大宾	41425850					√										

2.巡测间测规定

编码	断面地点	断面名称	巡(间)测项目	巡(间)测要求	巡(间)测时间
31006220	寺庄顶	牧野区王村镇寺庄顶村	水位、流量		
31005490	秦庄	红旗区洪门镇秦庄村	水位、流量		

3.整编所需提交成果资料

测站名称	测站编码	降水量									水流沙																		
		逐日降水量表(汛期)	逐日降水量表(常年)	降水量摘录表	各时段最大降水量表(1)	各时段最大降水量表(2)	逐日水面蒸发量表	蒸发场说明表及平面图	水面蒸发量辅助项目月年统计表	降水量站说明表	逐日平均水位表	洪水水位摘录表	实测流量成果表	实测大断面成果表	堰闸流量率定表	逐日平均流量表	洪水水文要素摘录表	堰闸水文要素摘录表	水电站抽水流量率定表	悬移质实测输沙率成果表	悬移质逐日平均输沙率表	悬移质逐日平均含沙量表	悬移质洪水含沙量摘录表	逐日水温表	冰厚及冰情要素摘录表	冰情统计表	水文、水位站说明表	水库、堰闸站说明表	区间水利工程基本情况表
八里营(二)	31005402										√		√	√		√	√								√	√	√		√
八里营(四支)	31005401										√		√	√		√	√												
辛丰	31021040	√		√						√																			
张唐马	31021740	√		√						√																			
八里营	31021750		√	√	√					√																			
忠义	31021850		√	√						√																			
小吉	31021900		√	√						√																			
康庄	31021940	√	√							√																			
郎公庙	31021950	√	√							√																			
原武	41425750		√	√						√																			
大宾	41425850		√	√						√																			

4.观测要求

项目		观测要求	辅助观测项目	备注
降水量	标准	每日8时定时观测1次,1~5月按2段观测,10~12月按2段观测,暴雨时适当加测	初终霜	自记雨量计发生故障或检测时使用标准雨量器,按24段制观测
	自记	每日8时定时观测1次,降水之日20时检查1次,暴雨时适当增加检查次数。6~9月按24段摘录		
	遥测	按有关要求定期取存数据		
陆上水面蒸发		每日8时定时观测1次	风向、风速(力)、气温、湿度等	
水位	人工、自记	水位平稳时每日8时观测1次,洪水期或遇水情突变时必须加测,以测得完整水位变化过程为原则。闸坝水库站在闸门启闭前、后和水位变化急剧时,应增加测次,以掌握水位转折变化。必须进行水位不确定度估算	1.风大时观测风向、风力、水面起伏度及流向。 2.闸门变动期间,同时观测闸门开启高度、孔数、流态、闸门是否提出水面等	每日8时校测自记水位记录,洪水期适当增加校测次数。定期检测各类水位计,保证正常运行
	遥测	按有关要求定期取存数据		
流量		流量测验应满足流量转折、推算逐日流量和各项特征值的要求,根据高、中、低各级水位情况,合理地分布于各级水位和水情变化过程的转折处点。水位流量关系稳定的站每年测次不少于15次。闸坝站测次以能满足率定分析推求泄水过程为原则	1.每次测流同时观测记录水位、天气、风向、风力及影响水位流量关系变化的有关情况。 2.闸坝站要测记闸门开启高度、孔数、流态及其变动情况。 3.在高、中水测流时同时观测比降	水位级划分及测洪方案见附录
含沙量	单样含沙量	以控制含沙量转折变化和建立单断沙关系为原则。含沙量变化很小时,可每4~10d取样1次。每次较大洪峰过程,一般不少于4~8次。洪峰重叠或水沙峰不一致、含沙量变化剧烈时,应增加测次。闸坝站根据闸门变动和含沙量变化情况适当布置测次	水位	较大流域的测站如能分辨出沙峰来源时应予以说明。如河水清澈,可改为目测,含沙量作零处理
	输沙率	根据测站级别每年输沙率测验不少于10~20次,测次分布应能控制流量和含沙量的主要转折变化,原则上每次较大洪峰不少于5次	单样含沙量、流量及水位等	
水尺零点高程		每年汛期前后各校测1次,若水尺发生变动或有可疑变动,应随时校测。新设水尺应随测随校	水位	包括自记水位计高程标点

项目	观测要求	辅助观测项目	备注
水准点高程测量	逢 0、逢 5 年份对基本水准点必须进行复测,校核水准点每年校测 1 次,若发现有变动或可疑变动,应及时复测并查明原因		
大断面测量	每年汛期前后施测,在每次洪水后应予加测。较大洪水采用比降面积法或浮标法测流后,必须加测。人工固定河槽在逢 5 年份施测 1 次	水位	
测站地形测量	除设站初期施测 1 次地形,测验河段在河道、地形、地物有明显变化时,必须进行全部或局部复测	水位	
水文调查	包括断面以上(区间)流域基本情况调查、水量调查、暴雨和洪水调查以及专项水文调查		
水温	每日 8 时观测。冬季稳定封冻期,所测水温连续 3~5 d 皆在 0.2 ℃ 以下时,即可停止观测。当水面有融化迹象时,应即恢复观测。无较长稳定封冻期不应中断观测		
冰情观测	在测验断面出现结冰现象的时期内一般每日 8 时观测 1 次。冰情变化急剧时,应适当增加测次		
墒情监测	基本站在每旬初(即 1 日、11 日、21 日)早 8 时观测 1 次,取土深度为地面以下 10 cm、20 cm、40 cm 处 3 点土样	旬总雨量统计	旱情严重时应加密、多点观测
气象			
水质监测	按照《水环境监测规范》(SL 219—98)的要求,河道站每年 2 个月取样 1 次,水库站每年丰、平、枯各取样 1 次,地下水站于 5 月、10 月各取样 1 次,如遇突发性污染事故应及时取样,并报告有关主管部门,以便采取应急措施	按水样送验单要求观测、填写辅助观测项目	有水质采样任务的站,要求当天取样,当天送到指定的单位
其他			

2.4.8.3 水文情报预报工作

(1)水文站报汛必须严格贯彻执行《水文情报预报规范》(GB/T 22482—2008)、《水情信息编码标准》(SL 330—2011),保证拍报质量,水文站差错率不超过 1%,雨量站差错率不超过 3%。

(2)水文站要在综合分析近期水位流量关系的基础上,于汛前修订好报汛曲线,并用

历史调查洪水做好高水部分的曲线延长,随时根据实测点修订水位流量曲线,保证相应流量的准确性。

(3)汛期与非汛期划分:淮河、长江流域当年 5 月 15 日至 10 月 1 日为汛期,当年 10 月 2 日至次年 5 月 14 日为非汛期;海河、黄河流域当年 6 月 1 日至 10 月 1 日为汛期,当年 10 月 2 日至次年 5 月 31 日为非汛期。

(4)降水量拍报。雨量报汛段次严格按照每年下发的报汛任务书的要求执行。

(5)水情拍报:

①水情站要严格按照当年下达的报汛任务书的要求拍报。遇到洪水时要报出洪水全过程,涨水段在二级加报水位以上,至少要报 2~3 次实测流量,以校正拍报的相应流量。

②水库站凡遇大、中洪水入库时,均要拍报入库流量全过程。

③当发生特大暴雨洪水,河道分洪、决口、扒堤、水库垮坝及大面积内涝时,应及时拍报特殊水情电报,并立即调查情况并上报。

(6)水文预报。大型水库和主要河道控制水文站,要积极开展水文预报。发生大洪水时,及时向当地有关部门通报水情趋势,为防汛抢险和水利调度当好参谋。

2.4.8.4　水文水资源调查

水文调查是水文测验工作的重要组成部分,是收集水文资料的重要环节,水文站应当有计划地进行,以满足水文水资源分析计算的要求。

本站负责八里营(二)、八里营(四支)断面以上至　／　范围内水文水资源的调查任务。

1.调查要求

(1)对测站流量有较大影响的水利设施,应查清工程指标及其变化等情况,一般影响 1 次洪水总量或河道同期多年平均径流量达 15%~20%时,应与有关部门配合,建立简易观测点或巡测点,达到能推算各月和全年的调节、引用水量的目的。

(2)对测站流量有中等影响的水利设施,应逐个查清工程指标等情况,并每年及时调查其水量,以能估算其年调节、引用水量为原则。一般影响洪峰流量 5%以上的水利工程,或引入、引出水量占引水期间水量的 5%以上的固定工程,需逐个测算其年调节、引用水量。

(3)对测站流量影响较小的水利设施,一般只统计总个数、总指标,测算总水量。小面积站上游的水利工程设施,其一个或几个工程的控制面积超过集水面积的 10%,或引水期的调节水量占河道同期水量的 10%以上时,则应做较细致的调查,算清水账。水利设施的工程指标等情况,可直接引用工程管理等部门的资料,在做过普查以后,每年可只对有变动的部分做补充调查。

遇有滞洪、决口等情况,应立即了解其具体位置、发生时间,并尽可能查清其水量。调查应在发生这些情况的短时间内进行,如有困难,也应在当年把情况调查清楚。

当发生特大暴雨、洪水或特别干旱时,应进行暴雨、洪水及必要的枯水调查。

(4)注意观察水的透明度、气味、色度、悬浮物质等物理特性是否异常,是否明显污染,当发现突发性污染事故时及时上报上级主管部门,并按上级要求进行监测。

(5)水文站(县局)水文调查成果应按规范规定整理并编写调查报告。

2.调查表

调查地点	水工设施名称	调查时间	调查项目	调查要求	备注

3.省界断面

每月 5 日前向流域机构上报上月最高、最低、月平均水位,最高、最低、月平均流量和月径流量。

2.4.8.5 资料

1.资料整编

原始资料不得损毁,禁止涂改、誊写。各种整编报表的填写要符合规范规定。

水文站的各项观测资料应严格执行"四随"制度,当月各项资料应于次月 5 日前完成在站整编,次年 1 月 5 日前完成上年度全年资料的在站整编。

水文站应对各种原始数据进行校对,资料在站整编完成后,应写出在站整编说明书,简述测验情况、整编发现的问题及处理意见、合理性检查情况及对资料成果的评价。

2.资料分析

洪水过后要进行大断面冲淤变化分析。突出的流量和沙量测点应进行批判分析。根据上下游控制断面做水量平衡分析。对属站降水量要进行对比分析,发现错日、错量情况及时更正。

通过资料分析掌握测站特性和各水文因素的变化规律,力求定线合理,推算方法正确,符合本站特性。

3.资料保存

水文资料是国家重要的基础信息资源,要注意防火、防盗,保持整洁。资料要存放在资料柜内,指定专人妥善保管,防止丢失。未经审查的资料不得向社会发布。

2.4.8.6 测报设施管理、养护及安全生产

测报设施是保障安全、提高测洪能力和精度、提高测报成果质量的重要设施,测站必须精心养护,发现问题及时维修,并将检查处理情况做好记录。

1.钢丝绳的养护

(1)钢丝绳每年擦油 1~2 次,防止生锈,重点受力部位加强检修。

(2)对钢丝绳与锚碇接头部分涂黄油并经常检查。

2.支架、锚碇的养护

(1)为保持支架直立、结构不变形,保持平衡,使支架各方向的拉力均衡,每年应全面检查调整 2~3 次,大洪水期应检查 1~2 次。

(2)钢支架每隔 1~2 年进行除锈、油漆养护,除锈后先涂防锈漆,再涂油漆;避雷接地

电阻应校测。

(3)汛前及洪水过后要认真检查支架基础有无沉陷、有无位移,联系螺栓是否有松动,混凝土基础有无裂缝等,如不符合要求及时检修。

(4)每月检查锚碇有无位移,锚碇附近土壤有无裂纹、崩塌、沉陷等现象,夹头是否松动、锚杆是否生锈,发现问题及时处理。

3.驱动设备的养护

1）动力设备

(1)变压器,按供电部门规定,隔一定年限更换变压器油。

(2)柴油机及发电机组,按使用说明书规定进行技术保养。

(3)经常检查电动机发热情况,温升超过 60 ℃时,应采取降温措施,电动机应接地,发现电动机异常时,应停车检查原因,设法排除。

2）绞车

经常保持绞车轴承、转动部件油润,每年汛前应全面检查 1 次,保证其正常工作状态。

3）滑轮

经常检查导向滑轮、游轮、行车等运转情况,发现不正常应及时检修,不允许钢丝绳在滑轮上滑动、擦边、跳槽,若有上述问题,应采取措施及时排除,保持油润,运行时注意随时监视各滑轮运转情况。

4）水文缆道

水文缆道每年要进行起点距、水深比测 1~2 次并保存好记录。

4.仪器、仪表的养护

(1)各种仪器、仪表按说明书使用、养护,应保持附件的齐全;流速仪应及时鉴定并保管好鉴定证书。

(2)各种仪器、仪表应放在干燥通风、清洁和不受腐蚀性气体侵蚀的地方。

(3)主要电子、电器仪表应设有接地装置,防止雷电感应短路烧坏仪表。

5.测船的养护

(1)每日观察测船设施有无毁损,平时 5 d 擦洗 1 次,汛期每日擦洗 1 次,发现问题及时排除,保证测流的顺利进行。

(2)木船每年小修 1 次,5 年大修 1 次,钢板船 1~2 年检修 1 次。

(3)机动船平时每 5 d 启动 1 次,维持机械的油润,汛期保证随时能启动运行测流。

6.桥测车的养护

除按机动车正常管理、养护外,还应注意:

(1)司机应爱护车辆,经常擦洗机件,保持机件润滑、清洁。

(2)桥测车每月发动 2~3 次,检查机件、电路等所有部件的性能,发现问题,应及时检修排除,以保证测流时能随时启动、运行。

7.遥测设备的管理与养护

(1)自记井发生淤积时应及时进行清淤处理。

(2)传感器应经常检查,保持内部干净。

(3)终端机、馈线、天线、太阳能电池板及蓄电瓶等设备应经常检修、维护。太阳能电

池板应每月清洗 1 次。

（4）备品备件要有专人管理养护。

8.通信线路的养护

通信线路要不定期进行检查,发现问题及时向电信部门及上级汇报,做好线路的抢修工作,确保线路畅通。

9.安全生产

加强生产安全管理。配置救生衣、安全斧、救生锤、破坏钳等必要的安全生产设施。水上作业时必须穿戴救生衣,桥测时应放置警示标识,保证人身安全。缆道、测船等作业严格按照规程进行操作,严禁违章操作,避免意外发生。办公楼配备防盗防火设施,做好防火、防盗、雷击和安全用电工作,杜绝各类事故发生。

水文站于每年年初向勘测局编报测报设施维修养护经费计划,由勘测局汇总,报省局审定安排,水文站按下达的维修养护任务保质保量完成。

2.4.8.7　属站管理

水文站对属站负有领导责任,积极主动指导属站进行各项观测、资料整理等工作,做到汛前有布置,汛期有检查,汛后有总结,遇到特殊情况及时处理。对属站所有仪器设备做好维护管理工作。

2.4.8.8　业务学习

每周定期学习以下技术规范和其他新技术操作。

序号	规范	学习时间
1	《水文缆道测验规范》（SL 443—2009）	
2	《水文测船测验规范》（SL 338—2006）	
3	《水位观测平台技术标准》（SL 384—2007）	
4	《水工建筑物与堰槽测流规范》（SL 537—2011）	
5	《声学多普勒流量测验规范》（SL 337—2006）	
6	《水位观测标准》（GB/T 50138—2010）	
7	《降水量观测规范》（SL 21—2015）	
8	《河流悬移质泥沙测验规范》（GB 50159—2015）	
9	《河流流量测验规范》（GB 50179—2015）	
10	《水文巡测规范》（SL 195—2015）	每周一上午及周二下午为学习时间
11	《翻斗式雨量计》（GB/T 11832—2002）	
12	《水面蒸发观测规范》（SL 630—2013）	
13	《水文资料整编规范》（SL 247—2012）	
14	《水文数据整理汇编标准》（DB 41/T 1599—2018）	
15	《土壤墒情监测规范》（SL 364—2015）	
16	《水文测量规范》（SL 58—2014）	
17	《水文调查规范》（SL 196—2015）	
18	《水文基本术语和符号标准》（GB/T 50095—2014）	
19	《水文仪器术语和符号》（GB/T 19677—2005）	
20	《河流冰情观测规范》（SL 59—2015）	

2.4.8.9　附录

1."四随"工作制度

	降水量	水位	流量	含沙量
随测算	1.准时量记,当场自校。 2.自记站要按时检查,每日8时换纸,无雨不换纸要加水,有雨注意量记虹吸水量。 3.检查记载规格符号是否正确、齐全。 4.每日8时计算日雨量、蒸发量,旬、月初计算旬、月雨量	1.准时测记水位及附属项目,当场自校。 2.自记水位按时校测、检查。 3.日平均水位次日计算完毕。 4.水准测量当场计算高差,当日计算成果并校核	1.附属观测项目及备注说明当场填记齐全。 2.闸坝站应现场测记有关水力因素。 3.按要求及时测记流量。 4.流量随测随算	1.单样含沙量及输沙率测量后,编号与瓶号、滤纸要校对,并填入单沙记载本中,各栏填记齐全。 2.水样处理当日进行(如加沉淀剂、自动滤沙)。 3.烘干称重后立即计算
随拍报	1.从4月2日至11月1日期间全省统一采用自动遥测站雨量信息,11月2日至次年4月1日仍进行人工拍报雨情信息。 2.密切监视本辖区内雨情变化,发现雨量站点1 h降雨量超过50 mm或单日累计降雨量达100 mm以上时,要及时报当地县防办和勘测局水情科	1.严格按照当年下达的防汛抗旱拍报任务通知的要求拍报。有涨水过程时必须加报起涨水情和洪峰流量,及时报出洪水全过程。 2.当洪水上涨超过各级加报标准时,必须立即拍报水情1次,然后按规定段次发报;上次发报后涨幅已超过1 m的,也要及时加报1次;出现洪峰要立即拍报。 3.河道站:三级加报涨水段全部为24段次,落水段12~24段次; 水库站:一级起报水位以上、二级加报水位以下要至少按照1 d4段次拍报,二级加报水位(汛限水位)以上的涨水段全部按照24段次拍报,落水段按照12~24段次拍报。闸门变动随时报。 4.当发生特大暴雨洪水,河道分洪、决口、扒堤、水库垮坝及大面积内涝时,应及时拍报特殊水情电报,并立即调查情况并上报	1.要在综合分析近期水位流量关系(水库站:输水设备泄流曲线)的基础上,于汛前修订好报汛曲线,并用历史调查洪水做好高水部分的曲线延长;汛期随时根据实测点修订水位流量曲线,保证相应流量的准确性。 2.有拍报旬、月平均流量的河道、闸坝站断流或无出流时也要拍报旬、月平均流量。 3.河道站:根据洪水大小,在二级加报水位以上至少要报出1~3次实测流量,以校正拍报的相应流量; 水库站:大型水库凡遇洪水入库时,均要拍报入库流量全过程	

	降水量	水位	流量	含沙量
随整理	1.日、旬、月雨量在发报前要计算校核1遍。 2.自记纸当日完成订正、摘录、计算、复核。 3.月初3d内原始资料完成3遍手,进行月统计	1.日平均水位次日校核完毕。 2.自记水位8时换纸后摘录订正前一天水位,计算日平均,并校核。 3.月初3d内复核原始资料。 4.水准测量次日复核完毕	1.单次流量资料测算后即完成校核,当月完成复核。 2.较大洪峰(20.0 m³/s)或较高水位(72.70 m)过后3d内,报出测洪小结	单样含沙量、输沙率计算后当日校核,当月复核
随分析	1.属站雨量到齐后列表对比检查雨型、雨量。 2.主要暴雨绘各站暴雨累积曲线对比检查。 3.发现问题及时处理	1.应随测随点绘逐时过程线,并进行检查。 2.日平均水位在逐时线上画横线检查。 3.山区站及测沙站应画降雨柱状图,检查时间是否相应。 4.发现问题及时处理	1.洪水期流量测验要做点流速、垂线流速、水深测量的正确性及垂线布设合理性检查。 2.点绘水位流量关系线并检查偏离程度。水库闸坝站应点绘在系数曲线上检查。 3.测次点在水位过程线上,检查测次分布。 4.发现问题,检查原因,确定改正、重测或舍弃,并写出分析说明	1.取样后将测次点在水位过程线上(可用不同颜色),检查测次控制合理性。 2.沙量称重计算后点绘单样含沙量过程线,发现问题立即复烘、复秤。 3.检查单断沙关系及含沙量横向分布。 4.发现问题及时处理

2.使用水尺时的水位观测段次要求

段次要求	2段	4段	8段	逐时
日变化(m)	<0.20	0.20~0.50	>0.50	>73.00的峰顶附近
水位级(m)	<71.50	71.50~73.00	>73.00	

3.水尺观测的不确定度估算

波浪变幅(cm)	≤2	3~30	≥31
波浪级别	无波浪	一般波浪	较大波浪
随机不确定度			
综合不确定度			
备注	每年在无波浪、一般波浪或较大波浪情况下,且水位基本无变化的5~10 min内连续观读水尺30次以上进行计算		

4.流速仪法测流方案的制订
1)水位级划分(单位:m)

水位级	高水	中水	低水	枯水
备注	73.00 以上	71.50~73.00	69.80~71.50	69.80 以下

2)允许总随机不确定度 X'_Q 与已定系统误差 U_Q

水位级	高水	中水	低水	枯水
X'_Q				
U_Q				

3)常用测流方案

水位级	测流方案 (m,p,t)	最少垂线数 m 方案下限	备注
高水 73.00 m 以上	1)8 2 100 2)8 1 60 3)6 1 30	6	方案的优先级按先后顺序进行排列,故选用方案优选排列在前的。 m—垂线数; p—垂线测点数; t—历时
中水 71.50~73.00 m	1)6 2 100 2)6 1 60 3)5 1 30	5	
低水 71.50 m 以下	1)5 2 100 2)5 1 100 3)5 1 60	5	

5.流速系数

分类	水面浮标系数	岸边流速系数	小浮标系数	水面系数	半深系数	深水标系浮数	电波流速仪系数	ADCP 测流系数
系数及确定方法	0.85	0.70	0.85	0.85				
	经验	经验	经验	经验				
试验系数及时间								
备注	如果有试验系数,测流时应采用试验系数							

6.测流方法

方案	涉水	缆道	测船	桥测	浮标	ADCP
水位(m)				72.70 以下	72.70 以上	
备注						

7.测洪小结
当发生水位大于 72.70 m 的较大洪水时,洪水过后 3 d 内,及时以电子文本形式上报测洪小结至省局站网监测处(电子信箱:hnscyk@126.com)。

2.5 焦作地区水文站

2.5.1 修武水文站任务书

2.5.1.1 修武水文站基本情况

1.位置情况

隶属	河南省焦作水文水资源勘测局	重要站级别	省级
流域	海河	水系	南运河
河名	大沙河	汇入何处	卫河
东经	113°27′18″	北纬	35°16′39″
集水面积	1287 km²	至河口距离	29 km
级别	二	人员编制	3
测站地址	河南省修武县五里源乡大堤屯村	邮政编码	454300
电话号码	0391-7192403	电子信箱	
测站编码	31004900	雨量站编码	31020550
报汛站号	31004900	省界断面	否

2.测站属性

类别	水库站		性质	基本水文站
设站目的	本站为区域代表站,是大沙河控制站、采集断面以上长系列水文要素信息,为水资源管理和防汛减灾提供服务			

3.属站名单

负责管理的基本雨量站、水位站和中小河流巡测站、水位站、雨量站、水量辅助站、生态监测站。

属站类别	测站编码	站名	水系	河名	观测项目	观测段制 非汛期	观测段制 汛期	降水制表 (一)或(二)	降水制表 日表	摘录段制	自记或标准	水量调查表	报汛部门	备注
基本雨量	31020550	修武	南运河	大沙河	降水	24	24	(一)	√	24	自记		省	雨雪

2.5.1.2 观测项目及要求

1.观测项目

测验地点	测站编码	基本观测项目								辅助观测项目						
		水位	流量	单样含沙量	输沙率	降水	蒸发	水文调查	蒸发辅助	水质	初终霜	水温	冰情	气象	墒情	比降
基本水尺断面	31004900	√	√					√					√			
观测场	31020550					√					√					

2.巡测间测规定

编码	断面地点	断面名称	巡(间)测项目	巡(间)测要求	巡(间)测时间

3.整编所需提交成果资料

测站名称	测站编码	降水量									水流沙																
		逐日降水量表（汛期）	逐日降水量表（常年）	降水量摘录表	各时段最大降水量表(1)	各时段最大降水量表(2)	逐日水面蒸发量表	蒸发场说明表及平面图	水面蒸发量辅助项目月年统计表	降水量站说明表	逐日平均水位表	洪水水位摘录表	实测流量成果表	实测大断面成果表	堰闸流量率定表	逐日平均流量表	洪闸水文要素摘录表	堰闸水文要素摘录表	水电站抽水站流量要素摘录表	悬移质实测输沙率成果表	悬移质逐日平均输沙率成果表	悬移质逐日平均含沙量表	悬移质洪水含沙量摘录表	冰厚及冰情要素摘录表	冰情统计表	水文、水位站说明表	水库、堰闸站说明表	区间水利工程基本情况表
修武	31004900										√		√	√		√	√							√	√	√		√
修武	31020550		√	√	√					√																		

4.观测要求

项目		观测要求	辅助观测项目	备注
降水量	标准	每日8时定时观测1次,1~5月按2段观测,10~12月按2段观测,暴雨时适当加测	初终霜	自记雨量计发生故障或检测时使用标准雨量器,按24段制观测
	自记	每日8时定时观测1次,降水之日20时检查1次,暴雨时适当增加检查次数。6~9月按24段摘录		
	遥测	按有关要求执行		

项目		观测要求	辅助观测项目	备注
陆上水面蒸发		每日 8 时定时观测 1 次	风向、风速(力)、气温、湿度等	
水位	人工、自记	水位平稳时每日 8 时观测 1 次,洪水期或遇水情突变时必须加测,以测得完整水位变化过程为原则。闸坝水库站在闸门启闭前后和水位变化急剧时,应增测次,以掌握水位转折变化。必须进行水位不确定度估算	1.风大时观测风向、风力、水面起伏度及流向。 2.闸门变动期间,同时观测闸门开启高度、孔数、流态、闸门是否提出水面等	每日 8 时校测自记水位记录,洪水期适当增加校测次数。定期检测各类水位计,保证正常运行
	遥测	按有关要求执行		
流量		流量测验应满足推算逐日流量和各项特征值的要求,根据高、中、低各级水位情况,合理地分布于各级水位和水情变化过程的转折点处。水位流量关系稳定的站每年测次不少于 15 次。闸坝站测次以能满足率定分析推求泄水过程为原则	1.每次测流同时观测记录水位、天气、风向、风力及影响水位流量关系变化的有关情况。 2.闸坝站要测记闸门开启高度、孔数、流态及其变动情况。 3.在高中水测流时同时观测比降	水位级划分及测洪方案见附录
含沙量	单样含沙量	以能控制含沙量转折变化和建立单断沙关系为原则。含沙量变化很小时,可每 5~10 d 取样 1 次。每次较大洪峰过程,一般不少于 7~10 次。洪峰重叠或水沙峰不一致、含沙量变化剧烈时,应增加测次。闸坝站根据闸门变动和含沙量变化情况适当布置测次	水位	较大流域的测站如能分辨出沙峰来源时应予以说明。如河水清澈,可改为目测,含沙量作零处理
	输沙率	每年输沙率测验不少于 10~20 次,测次分布应能控制流量和含沙量的主要转折变化,原则上每次较大洪峰不少于 5 次	单样含沙量、流量及水位等	
水尺零点高程		一般情况每年汛期前后各校测 1 次,若水尺发生变动或有可疑变动,应随时校测。新设水尺应测随校	水位	包括自记水位计高程标点
水准点高程测量		逢 0、逢 5 年份对基本水准点必须进行复测,校核水准点每年校测 1 次,如发现有变动或可疑变动,应及时复测并查明原因		
大断面测量		断面比较稳定的测站,每年汛前施测 1 次,不稳定的测站除每年汛期前后施测外,在每次洪水后应予加测。人工固定河槽在逢 5 年份施测 1 次。较大洪水采用比降面积法或浮标法测流后,必须加测	水位	

项目	观测要求	辅助观测项目	备注
测站地形测量	除设站初期施测 1 次地形,以后在河道、地形、地物有明显变化时,必须进行全部或局部复测	水位	
水文调查	包括断面以上(区间)流域基本情况调查、水量调查、暴雨和洪水调查以及专项水文调查		
水温	每日 8 时观测 1 次。冬季稳定封冻期,所测水温连续 3~5 d 皆在 0.2 ℃ 以下时,即可停止观测。当水面有融化迹象时,应即恢复观测。无较长稳定封冻期不应中断观测		
冰情观测	在出现结冰现象的时期内一般每日 8 时观测 1 次。冰情变化急剧时,应适当增加测次		
墒情监测	基本站在每旬初(1 日、11 日、21 日)早 8 时观测 1 次,取土深度为地面以下 10 cm、20 cm、40 cm 处 3 点土样	旬总雨量统计	旱情严重时应加密、多点观测
气象			
水质监测	按照《水环境监测规范》(SL 219—98)的要求,河道站每年 2 个月取样 1 次,水库站每年丰、平、枯期各取样 1 次,地下水于 5 月、10 月各取样 1 次,如遇突发性污染事故及时取样,并报告有关主管部门,以便采取应急措施	按水样送验单要求观测、填写辅助观测项目	有水质采样任务的站,要求当天取样,当天送到指定的单位
其他			

2.5.1.3　水文情报预报工作

(1)水文站报汛必须严格贯彻执行《水文情报预报规范》(GB/T 22482—2008)、《水情信息编码标准》(SL 330—2011),保证拍报质量,水文站差错率不超过 1%,雨量站差错率不超过 3%。

(2)水文站要在综合分析近期水位流量关系的基础上,于汛前修订好报汛曲线,并用历史调查洪水做好高水部分的曲线延长,随时根据实测点修订水位流量曲线,保证相应流量的准确性。

(3)汛期与非汛期划分:淮河、长江流域当年 5 月 15 日至 10 月 1 日为汛期,当年 10 月 2 日至次年 5 月 14 日为非汛期;海河、黄河流域当年 6 月 1 日至 10 月 1 日为汛期,当年 10 月 2 日至次年 5 月 31 日为非汛期。

（4）降水量拍报。雨量报汛段次严格按照每年下发的报汛任务书的要求执行。

（5）水情拍报：

①水情站要严格按照当年下达的报汛任务书的要求拍报。遇到洪水涨洪时要报出洪水全过程，涨水段在二级加报水位以上，至少要报2~3次实测流量，以校正拍报的相应流量。

②水库站凡遇大、中洪水入库时，均要拍报入库流量全过程。

③当发生特大暴雨洪水，河道分洪、决口、扒堤、水库垮坝及大面积内涝时，应及时拍报特殊水情电报，并立即调查情况并上报。

（6）水文预报。大型水库和主要河道控制水文站，要积极开展水文预报。发生大洪水时，及时向当地有关部门通报水情趋势，为防汛抢险和水利调度当好参谋。

2.5.1.4　水文水资源调查

水文调查是水文测验工作的重要组成部分，是收集水文资料的重要环节，水文站应当有计划地进行，以满足水文水资源分析计算的要求。

本站负责修武水文站基本水尺断面以上至群英水库范围内水文水资源调查任务。

1.调查要求

（1）对测站流量有较大影响的水利设施，应查清工程指标及其变化等情况，一般影响1次洪水总量或河道同期多年平均径流量达15%~20%时，应与有关部门配合，建立简易观测点或巡测点，达到能推算各月和全年的调节、引用水量的目的。

（2）对测站流量有中等影响的水利设施，应逐个查清工程指标等情况，并每年一至数次调查其水量，以能估算其年调节、引用水量为原则。一般影响洪峰流量5%以上的水利工程，或引入、引出水量占引水期间水量的5%以上的固定工程，需逐个测算其年调节、引用水量。

（3）对测站流量影响较小的水利设施，一般只统计总个数、总指标，测算总水量。小面积站上游的水利工程设施，其一个或几个工程的控制面积超过集水面积的10%，或引水期的调节水量占河道同期水量的10%以上时，则应做较细致的调查，算清水账。水利设施的工程指标等情况，可直接引用工程管理等部门的资料，在做过普查以后，每年可只对有变动的部分做补充调查。

遇有滞洪、决口等情况，应立即了解其具体位置、发生时间，并尽可能查清其水量。调查应在发生这些情况的短时间内进行，如有困难，也应在当年把情况调查清楚。

当发生特大暴雨、洪水或特别干旱时，应进行暴雨、洪水及必要的枯水调查。

（4）注意观察水的透明度、气味、色度、悬浮物质等物理特性是否异常，有明显污染，当发现突发性污染事故时及时上报上级主管部门，并按上级要求进行监测。

（5）水文站水文调查成果应按规范规定整理并编写调查报告。

2.调查表

调查地点	水工设施名称	调查时间	调查项目	调查要求	备注

3.省界断面

每月 5 日前向流域机构上报上月最高、最低、月平均水位,最高、最低、月平均流量和月径流量。

2.5.1.5 资料

1.资料整编

原始资料不得损毁,禁止涂改、誊写。各种整编报表的填写要符合规范规定。

水文站的各项观测资料应严格执行"四随"制度,当月各项资料应于次月 5 日前完成在站整编,次年 1 月 5 日前完成上年度全年资料在站整编。

水文站应对各种原始数据进行校对,资料在站整编完成后,应写出在站整编说明书,简述测验情况、整编发现的问题及处理意见、合理性检查情况及对资料成果的评价。

2.资料分析

洪水过后要进行大断面冲淤变化分析。突出的流量和沙量测点应进行批判分析。根据上下游控制断面做水量平衡分析。对属站降水量要进行对比分析,发现错日、错量情况及时更正。

通过资料分析掌握测站特性和各水文因素的变化规律,力求定线合理,推算方法正确,符合本站特性。

3.资料保存

水文资料是国家重要的基础信息资源,要注意防火、防盗,保持整洁。资料要存放在资料柜内,指定专人妥善保管,防止丢失。未经审查的资料不得向社会发布。

2.5.1.6 测报设施管理、养护及安全生产

测报设施是保障安全、提高测洪能力和精度、提高测报成果质量的重要设施,测站必须精心养护,发现问题及时维修,并将检查处理情况做好记录。

1.钢丝绳的养护

(1)钢丝绳每年擦油 1~2 次,防止生锈,重点受力部位加强检修。

(2)对钢丝绳与锚碇接头部分涂黄油并经常检查。

2.支架、锚碇的养护

(1)为保持支架直立、结构不变形,保持平衡,使支架各方向的拉力均衡,每年应全面检查调整 2~3 次,大洪水期应检查 1~2 次。

(2)钢支架每隔 1~2 年进行除锈、油漆养护,除锈后先涂防锈漆,再涂油漆;避雷接地电阻应校测。

(3)汛前及洪水过后要认真检查支架基础有无沉陷、有无位移,联系螺栓是否有松动,混凝土基础有无裂缝等,如不符合要求及时检修。

(4)每月检查锚碇有无位移,锚碇附近土壤有无裂纹、崩塌、沉陷等现象,夹头是否松动、锚杆是否生锈,发现问题及时处理。

3.驱动设备的养护

1)动力设备

(1)变压器,按供电部门规定,隔一定年限更换变压器油。

(2)柴油机及发电机组,按使用说明书规定进行技术保养。

（3）经常检查电动机发热情况，温升超过 60 ℃时，应采取降温措施，电动机应接地，发现电动机异常时，应停车检查原因，设法排除。

2）绞车

经常保持绞车轴承、转动部件油润，每年汛前应全面检查 1 次，保证正常工作状态。

3）滑轮

经常检查导向滑轮、游轮、行车等运转情况，发现不正常应及时检修，不允许钢丝绳在滑轮上滑动、擦边、跳槽，若有上述问题，应采取措施及时排除，保持油润，运行时注意随时监视各滑轮运转情况。

4）水文缆道

水文缆道每年要进行起点距、水深比测 1~2 次并保存好记录。

4.仪器、仪表的养护

（1）各种仪器、仪表按说明书使用、养护，应保持附件的齐全；流速仪应及时鉴定并保管好鉴定证书。

（2）各种仪器、仪表应放在干燥通风、清洁和不受腐蚀性气体侵蚀的地方。

（3）主要电子、电器仪表应设有接地装置，防止雷电感应短路烧坏仪表。

5.测船的养护

（1）每日观察测船设施有无损毁，平时 5 d 擦洗 1 次，汛期每日擦洗 1 次，发现问题及时排除，保证测流的顺利进行。

（2）木船每年小修 1 次，5 年大修 1 次，钢板船 1~2 年检修 1 次。

（3）机动船平时每 5 d 启动 1 次，维持机械的油润，汛期保证随时能启动运行测流。

6.桥测车的养护

除按机动车正常管理、养护外，还应注意：

（1）司机应爱护车辆，经常擦洗机件，保持机件润滑、清洁。

（2）桥测车每月发动 2~3 次，检查机件、电路等所有部件的性能，发现问题，应及时检修排除，以保证测流时能随时启动、运行。

7.遥测设备的管理与养护

（1）自记井发生淤积时应及时进行清淤处理。

（2）传感器应经常检查，保持内部干净。

（3）终端机、馈线、天线、太阳能电池板及蓄电瓶等设备应经常检修、维护。太阳能电池板应每月清洗 1 次。

（4）备品备件要有专人管理养护。

8.通信线路的养护

通信线路要不定期地进行检查，发现问题及时向电信部门及上级汇报，做好线路的抢修工作，确保线路畅通。

9.安全生产

加强生产安全管理。配置救生衣、安全斧、救生锤、破坏钳等必要的安全生产设施。水上作业时必须穿戴救生衣，桥测时应放置警示标识，保证人身安全。缆道、测船等作业严格按照规程进行操作，严禁违章操作，避免意外发生。办公楼配备防盗防火设施，做好防火、防盗、雷击和安全用电工作,杜绝各类事故发生。

水文站于每年年初向勘测局编报测报设施维修养护经费计划,由勘测局汇总,报省局审定安排,水文站按下达的维修养护任务保质保量完成。

2.5.1.7 属站管理

水文站对属站负有领导责任,积极主动指导属站进行各项观测、资料整理等工作,做到汛前有布置,汛期有检查,汛后有总结,遇到特殊情况及时处理。对属站所有仪器设备做好维护管理工作。

2.5.1.8 业务学习

每周定期学习以下技术规范和其他新技术操作。

序号	规范	学习时间
1	《水文缆道测验规范》(SL 443—2009)	
2	《水文测船测验规范》(SL 338—2006)	
3	《水位观测平台技术标准》(SL 384—2007)	
4	《水工建筑物与堰槽测流规范》(SL 537—2011)	
5	《声学多普勒流量测验规范》(SL 337—2006)	
6	《水位观测标准》(GB/T 50138—2010)	
7	《降水量观测规范》(SL 21—2015)	
8	《河流悬移质泥沙测验规范》(GB 50159—2015)	
9	《河流流量测验规范》(GB 50179—2015)	
10	《水文巡测规范》(SL 195—2015)	每周三下午为集中学习时间
11	《翻斗式雨量计》(GB/T 11832—2002)	
12	《水面蒸发观测规范》(SL 630—2013)	
13	《水文资料整编规范》(SL 247—2012)	
14	《水文数据整理汇编标准》(DB 41/T 1599—2018)	
15	《土壤墒情监测规范》(SL 364—2015)	
16	《水文测量规范》(SL 58—2014)	
17	《水文调查规范》(SL 196—2015)	
18	《水文基本术语和符号标准》(GB/T 50095—2014)	
19	《水文仪器术语和符号》(GB/T 19677—2005)	
20	《河流冰情观测规范》(SL 59—2015)	

2.5.1.9 附录

1."四随"工作制度

	降水量	水位	流量	含沙量
随测算	1.准时量记,当场自校。 2.自记站要按时检查,每日8时换纸,无雨不换纸要加水,有雨注意量记虹吸水量。 3.检查记载规格符号是否正确、齐全。 4.每日8时计算日雨量、蒸发量,旬、月初计算旬、月雨量	1.准时测记水位及附属项目,当场自校。 2.自记水位按时校测、检查。 3.日平均水位次日计算完毕。 4.水准水尺测量当场计算高差、高程,当日计算成果并校核	1.附属观测项目及备注说明当场填记齐全。 2.闸坝站应现场测记有关水力因素。 3.按要求及时测记流量。 4.流量随测随算	1.单样含沙量及输沙率测量后,编号与瓶号、滤纸要校对,并填入单沙记载本中,各栏填记齐全。 2.水样处理当日进行(如加沉淀剂、自动滤沙)。 3.烘干称重后立即计算
随拍报	1.从4月2日至11月1日期间全省统一采用自动遥测站雨量信息,11月2日至次年4月1日仍进行人工拍报雨情信息。 2.汛前要做好测报及通信设施的检修工作,并加强对所属遥测雨量站的检查维护。 3.密切监视本辖区内雨情变化,发现雨量站点1 h降雨量超过50 mm或单日累计降雨量达100 mm以上时,要及时报当地县防办和勘测局水情科	1.严格按照当年下达的防汛抗旱拍报任务通知的要求拍报。有涨水过程时必须加报起涨水情和洪峰流量,该要求不受起报标准和拍报段次限制,及时报出洪水全过程。 2.当洪水上涨超过各级加报标准时,必须立即拍报水情1次,然后按规定段次发报;上次发报后涨幅已超过1 m的,也要及时加报1次;出现洪峰要立即拍报。 3.河道站:三级加报涨水段全部为24段次,落水段12~24段次。 水库站:一级起报水位以上、二级加报水位以下要至少按照1 d 4段次拍报,二级加报水位(汛限水位)以上的涨水段全部按照24段次拍报,落水段按照12~24段次拍报。闸门变动随时报。 4.当发生特大暴雨洪水、河道分洪、决口、扒堤、水库垮坝及大面积内涝时,应及时拍报特殊水情电报,并立即调查情况并上报。 5.汛期每日1次,非汛期每5 d 1次,人工校核遥测水位	1.要在综合分析近期水位流量关系(水库站:输水设备泄流曲线)的基础上,于汛前修订好报汛曲线,并用历史调查洪水做好高水部分的曲线延长;汛期随时根据实测点修订水位流量曲线,保证相应流量的准确性。 2.有拍报旬、月平均流量的河道、闸坝站断流或无出流量时也要拍报旬、月平均流量。 3.河道站:根据洪水大小,在二级加报水位以上至少要报出1~3次实测流量,以校正拍报的相应流量。 水库站:大型水库凡遇洪水入库时,均要拍报入库流量全过程	

	降水量	水位	流量	含沙量
随整理	1.日、旬、月雨量在发报前要计算校核1遍。 2.自记纸当日完成订正、摘录、计算、复核。 3.月初3d内原始资料完成3遍手,进行月统计	1.日平均水位次日校核完毕。 2.自记水位8时换纸后摘录订正前一天水位,计算日平均值,并校核。 3.月初3d内复核原始资料。 4.水准测量次日复核完毕	1.单次流量资料测算后即完成校核,当月完成复核。 2.较大洪峰(90.0m³/s)或较高水位(81.5m)过后3d内,报出测洪小结	单样含沙量、输沙率计算后当日校核,当月复核
随分析	1.属站雨量到齐后列表对比检查雨型、雨量。 2.主要暴雨绘各站暴雨累积曲线对比检查。 3.发现问题及时处理	1.应随测随点绘逐时过程线,并进行检查。 2.日平均水位在逐时线上画横线检查。 3.山区站及测沙站应画降雨柱状图,检查时间是否相应。 4.发现问题及时处理	1.洪水期流量测验要做点流速、垂线流速、水深测量的正确性及垂线布设合理性检查。 2.点绘水位流量关系线并检查偏离程度。水库闸坝站应点绘在系数曲线上检查。 3.测次点在水位过程线上,检查测次分布。 4.发现问题,检查原因,确定改正、重测或舍弃,并写出分析说明	1.取样后将测次点在水位过程线上(可用不同颜色),检查测次控制合理性。 2.沙量称重计算后点绘单样含沙量过程线,发现问题立即复烘、复秤。 3.检查单断沙关系及含沙量横向分布。 4.发现问题及时处理

2.使用水尺时的水位观测段次要求

段次要求	2段	4段	8段	逐时
日变化(m)	<0.20	0.20~0.50	>0.50	>82.50的峰顶附近
水位级(m)	<81.50	81.50~82.50	>82.50	
备注	受电站和开关闸影响时酌情增加水位测次,以控制水位变化为准			

3.水尺观测的不确定度估算

波浪变幅(cm)	≤2	3~30	≥31
波浪级别	无波浪	一般波浪	较大波浪
随机不确定度			
综合不确定度			
备注	每年在无波浪、一般波浪或较大波浪情况下,且水位基本无变化的5~10min内连续观读水尺30次以上进行计算		

4.流速仪法测流方案的制订

1）水位级划分（单位：m）

水位级	高水	中水	低水	枯水
	82.50 以上	81.50~82.50	80.50~81.50	80.50 以下
备注				

2）允许总随机不确定度 X'_Q 与已定系统误差 U_Q

水位级	高水	中水	低水	枯水
X'_Q	6	7	10	
U_Q	−2.0~1	−2.5~1	−3.0~1	

3）常用测流方案

水位级	测流方案 (m,p,t)	最少垂线数 m 方案下限	备注
高水 82.50 m 以上	1）7 2 100 2）7 1 100	7	方案的优先级按先后顺序进行排列，故选用方案优选排列在前的。 m—垂线数； p—垂线测点数； t—历时
中水 81.50~82.50 m	1）7 2 100 2）7 1 100 3）5 2 100	5	
低水 81.50 m 以下	1）5 2 100 2）5 1 100	5	

5.流速系数

分类	水面系数	水面浮标系数	岸边流速系数	小浮标系数	半深系数	深水浮标系数	中泓浮标系数	电波流速仪系数	ADCP测流系数
系数及确定方法	0.85 经验		0.70 经验	0.85 经验	0.95 经验				
试验系数及时间								0.85 供参考	1 供参考
备注	如果有试验系数，测流时应采用试验系数。糙率取值为 0.030（查历史资料）								

6.测流方法

方案	涉水	缆道	测船	桥测	浮标	比降
水位(m)	78.50 以下	78.50 以上				
备注						

7.测洪小结

当发生流量大于 90.0 m³/s 的较大洪水时，洪水过后 3 d 内，及时以电子文本形式上报测洪小结至省局站网监测处（电子信箱：hnscyk@126.com）。

2.5.2 何营水文站任务书

2.5.2.1 何营水文站基本情况

1.位置情况

隶属	河南省焦作水文水资源勘测局	重要站级别	省级
流域	海河	水系	南运河
河名	人民胜利渠	汇入何处	卫河
东经	113°35′29″	北纬	35°01′00″
集水面积		至河口距离	44 km
级别	三	人员编制	2
测站地址	焦作市武陟县詹店镇何营村	邮政编码	454900
电话号码	0391-7592901	电子信箱	
测站编码	31005455	雨量站编码	31021840
报汛站号	31005455	省界断面	否

2.测站属性

类别	水库站	性质	基本水文站
设站目的	本站为区域代表站,是人民胜利渠引黄控制站、采集断面以上长系列水文要素信息,为水资源管理提供服务		

3.属站名单

负责管理的基本雨量站、水位站和中小河流巡测站、水位站、雨量站、水量辅助站、生态监测站。

属站类别	测站编码	站名	水系	河名	观测项目	观测段制 非汛期	观测段制 汛期	降水制表 (一)或(二)	降水制表 日表	摘录段制	自记或标准	水量调查表	报汛部门	备注
基本雨量	31021840	何营	南运河	人民胜利渠	降水	2	24	(一)	√	24	自记		省	雨雪

2.5.2.2 观测项目及要求

1.观测项目

测验地点	测站编码	基本观测项目							辅助观测项目							
		水位	流量	单样含沙量	输沙率	降水	蒸发	水文调查	蒸发辅助	水质	初终霜	水温	冰情	气象	墒情	比降
基本水尺断面	31005455	√	√	√				√					√			
观测场	31021840					√					√					

2.巡测间测规定

编码	断面地点	断面名称	巡(间)测项目	巡(间)测要求	巡(间)测时间

3.整编所需提交成果资料

测站名称	测站编码	降水量								水流沙																	
		逐日降水量表（汛期）	逐日降水量表（常年）	降水量摘录表	各时段最大降水量表(1)	各时段最大降水量表(2)	蒸发场说明表及平面图	水面蒸发量辅助项目月年统计表	降水量站说明表	逐日平均水位表	洪水水位摘录表	实测流量成果表	实测大断面成果表	堰闸流量率定成果表	逐日平均流量表	堰闸水文要素摘录表	水库水文要素摘录表	水电站抽水站流量成果表	悬移质实测输沙率成果表	悬移质逐日平均输沙率表	悬移质逐日平均含沙量表	悬移质洪水含沙量摘录表	逐日水温表	冰厚及冰情要素摘录表	冰情统计表	水文、水位站说明表	水库、堰闸站说明表	区间水利工程基本情况表
何营	31005455								√	√		√	√		√				√	√				√	√	√		√
何营	31021840	√	√	√					√																			

4.观测要求

项目		观测要求	辅助观测项目	备注
降水量	标准	每日8时定时观测1次,1~5月按2段观测,10~12月按2段观测,暴雨时适当加测	初终霜	自记雨量计发生故障或检测时使用标准雨量器,按24段制观测。
	自记	每日8时定时观测1次,降水之日20时检查1次,暴雨时适当增加检查次数。6~9月按24段摘录		
	遥测	按有关要求定期取存数据		
陆上水面蒸发		每日8时定时观测1次	风向、风速(力)、气温、湿度等	
水位	人工、自记	水位平稳时每日8时观测1次,洪水期或遇水情突变时必须加测,以测得完整水位变化过程为原则。闸坝水库站在闸门启闭前后和水位变化急剧时,应增加测次,以掌握水位转折变化。必须进行水位不确定度估算	1.风大时观测风向、风力、水面起伏度及流向。 2.闸门变动期间,同时观测闸门开启高度、孔数、流态、闸门是否提出水面等	每日8时校测自记水位记录,洪水期适当增加校测次数。定期检测各类水位计,保证正常运行
	遥测	按有关要求定期取存数据		
流量		流量测验应满足流量转折、推算逐日流量和各项特征值的要求,根据高、中、低各级水位情况,合理地分布于各级水位和水情变化过程的转折点处。水位流量关系稳定的站每年测次不少于15次。闸坝站测次以能满足率定分析推求泄水过程为原则	1.每次测流同时观测记录水位、天气、风向、风力及影响水位流量关系变化的有关情况。 2.闸坝站要测记闸门开启高度、孔数、流态及其变动情况。 3.在高中水测流时同时观测比降	水位级划分及测洪方案见附录
含沙量	单样含沙量	以控制含沙量转折变化和建立单断沙关系为原则。含沙量变化很小时,可每4~10 d取样1次。每次较大洪峰过程,一般不少于4~8次。洪峰重叠或水沙峰不一致、含沙量变化剧烈时,应增加测次。闸坝站根据闸门变动和含沙量变化情况适当布置测次	水位	较大流域的测站如能分辨出沙峰来源时应予以说明。如河水清澈,可改为目测,含沙量作零处理
	输沙率	根据测站级别每年输沙率测验不少于10~20次,测次分布应能控制流量和含沙量的主要转折变化,原则上每次较大洪峰不少于5次	单样含沙量、流量及水位等	
水尺零点高程		每年汛期前后各校测1次,若水尺发生变动或有可疑变动,应随时校测。新设水尺应随测随校	水位	包括自记水位计高程标点

项目	观测要求	辅助观测项目	备注
水准点高程测量	逢 0、逢 5 年份对基本水准点必须进行复测,校核水准点每年校测 1 次,如发现有变动或可疑变动,应及时复测并查明原因		
大断面测量	每年汛期前后施测,在每次洪水后应予加测。较大洪水采用比降面积法或浮标法测流后,必须加测。人工固定河槽在逢 5 年份施测 1 次	水位	
测站地形测量	除设站初期施测 1 次地形,测验河段在河道、地形、地物有明显变化时,必须进行全部或局部复测	水位	
水文调查	包括断面以上(区间)流域基本情况调查、水量调查、暴雨和洪水调查以及专项水文调查		
水温	每日 8 时观测。冬季稳定封冻期,所测水温连续 3~5 d 皆在 0.2 ℃ 以下时,即可停止观测。当水面有融化迹象时,应即恢复观测。无较长稳定封冻期不应中断观测		
冰情观测	在测验断面出现结冰现象的时期内一般每日 8 时观测 1 次。冰情变化急剧时,应适当增加测次		
墒情监测	基本站在每旬初(即 1 日、11 日、21 日)早 8 时观测 1 次,取土深度为地面以下 10 cm、20 cm、40 cm 处 3 点土样	旬总雨量统计	旱情严重时应加密、多点观测
气象			
水质监测	按照《水环境监测规范》(SL 219—98)的要求,河道站每年 2 个月取样 1 次,水库站每年丰、平、枯期各取样 1 次,地下水于 5 月、10 月各取样 1 次,如遇突发性污染事故应及时取样,并报告有关主管部门,以便采取应急措施	按水样送验单要求观测、填写辅助观测项目	有水质采样任务的站,要求当天取样,当天送到指定的单位
其他			

2.5.2.3 水文情报预报工作

(1)水文站报汛必须严格贯彻执行《水文情报预报规范》(GB/T 22482—2008)、《水情信息编码标准》(SL 330—2011),保证拍报质量,水文站不超过 1%,雨量站差错率不超过 3%。

(2)水文站要在综合分析近期水位流量关系的基础上,于汛前修订好报汛曲线,并用

历史调查洪水做好高水部分的曲线延长,随时根据实测点修订水位流量曲线,保证相应流量的准确性。

（3）汛期与非汛期划分:淮河、长江流域当年 5 月 15 日至 10 月 1 日为汛期,当年 10 月 2 日至次年 5 月 14 日为非汛期;海河、黄河流域当年 6 月 1 日至 10 月 1 日为汛期,当年 10 月 2 日至次年 5 月 31 日为非汛期。

（4）降水量拍报。雨量报汛段次严格按照每年下发的报汛任务书的要求执行。

（5）水情拍报:

①水情站要严格按照当年下达的报汛任务书的要求拍报。遇到洪水时要报出洪水全过程,涨水段在二级加报水位以上,至少要报 2~3 次实测流量,以校正拍报的相应流量。

②水库站凡遇大、中洪水入库时,均要拍报入库流量全过程。

③当发生特大暴雨洪水,河道分洪、决口、扒堤、水库垮坝及大面积内涝时,应及时拍报特殊水情电报,并立即调查情况并上报。

（6）水文预报。大型水库和主要河道控制水文站,要积极开展水文预报。发生大洪水时,及时向当地有关部门通报水情趋势,为防汛抢险和水利调度当好参谋。

2.5.2.4　水文水资源调查

水文调查是水文测验工作的重要组成部分,是收集水文资料的重要环节,水文站应当有计划地进行,以满足水文水资源分析计算的要求。

本站负责何营水文站基本水尺断面以上至人民胜利渠引水口范围内水文水资源调查任务。

1.调查要求

（1）对测站流量有较大影响的水利设施,应查清工程指标及其变化等情况,一般影响 1 次洪水总量或河道同期多年平均径流量达 15%~20% 时,应与有关部门配合,建立简易观测点或巡测点,达到能推算各月和全年的调节、引用水量的目的。

（2）对测站流量有中等影响的水利设施,应逐个查清工程指标等情况,并每年及时调查其水量,以能估算其年调节、引用水量为原则。一般影响洪峰流量的 5% 以上的水利工程,或引入、引出水量占引水期间水量的 5% 以上的固定工程,需逐个测算其年调节、引用水量。

（3）对测站流量影响较小的水利设施,一般只统计总个数、总指标,测算总水量。小面积站上游的水利工程设施,其一个或几个工程的控制面积超过集水面积的 10%,或引水期的调节水量占河道同期水量的 10% 以上时,则应做较细致的调查,算清水账。水利设施的工程指标等情况,可直接引用工程管理等部门的资料,在做过普查以后,每年可只对有变动的部分做补充调查。

遇有滞洪、决口等情况,应立即了解其具体位置、发生时间,并尽可能查清其水量。调查应在发生这些情况的短时间内进行,如有困难,也应在当年把情况调查清楚。

当发生特大暴雨、洪水或特别干旱时,应进行暴雨、洪水及必要的枯水调查。

（4）注意观察水的透明度、气味、色度、悬浮物质等物理特性是否异常,是否明显污染,当发现突发性污染事故时及时上报上级主管部门,并按上级要求进行监测。

（5）水文站水文调查成果应按规范规定整理并编写调查报告。

2.调查表

调查地点	水工设施名称	调查时间	调查项目	调查要求	备注

3.省界断面

每月 5 日前向流域机构上报上月最高、最低、月平均水位,最高、最低、月平均流量和月径流量。

2.5.2.5 资料

1.资料整编

原始资料不得损毁,禁止涂改、誊写。各种整编报表的填写要符合规范规定。

水文站的各项观测资料应严格执行"四随"制度,当月各项资料应于次月 5 日前完成在站整编,次年 1 月 5 日前完成上年度全年资料的在站整编。

水文站应对各种原始数据进行校对,资料在站整编完成后,应写出在站整编说明书,简述测验情况、整编发现的问题及处理意见、合理性检查情况及对资料成果的评价。

2.资料分析

洪水过后要进行大断面冲淤变化分析。突出的流量和沙量测点应进行批判分析。根据上下游控制断面做水量平衡分析。对属站降水量要进行对比分析,发现错日、错量情况及时更正。

通过资料分析掌握测站特性和各水文因素的变化规律,力求定线合理,推算方法正确,符合本站特性。

3.资料保存

水文资料是国家重要的基础信息资源,要注意防火、防盗,保持整洁。资料要存放在资料柜内,指定专人妥善保管,防止丢失。未经审查的资料不得向社会发布。

2.5.2.6 测报设施管理、养护及安全生产

测报设施是保障安全、提高测洪能力和精度、提高测报成果质量的重要设施,测站必须精心养护,发现问题及时维修,并将检查处理情况做好记录。

1.钢丝绳的养护

(1)钢丝绳每年擦油 1~2 次,防止生锈,重点受力部位加强检修。

(2)对钢丝绳与锚碇接头部分涂黄油并经常检查。

2.支架、锚碇的养护

(1)为保持支架直立、结构不变形,保持平衡,使支架各方向的拉力均衡,每年应全面检查调整 2~3 次,大洪水期应检查 1~2 次。

(2)钢支架每隔 1~2 年进行除锈、油漆养护,除锈后先涂防锈漆,再涂油漆;避雷接地电阻应校测。

（3）汛前及洪水过后要认真检查支架基础有无沉陷、有无位移，联系螺栓是否有松动，混凝土基础有无裂缝等，如不符合要求及时检修。

（4）每月检查锚碇有无位移，锚碇附近土壤有无裂纹、崩塌、沉陷等现象，夹头是否松动、锚杆是否生锈，发现问题及时处理。

3.驱动设备的养护

1）动力设备

（1）变压器，按供电部门规定，隔一定年限更换变压器油。

（2）柴油机及发电机组，按使用说明书规定进行技术保养。

（3）经常检查电动机发热情况，温升超过 60 ℃时，应采取降温措施，电动机应接地，发现电动机异常时，应停车检查原因，设法排除。

2）绞车

经常保持绞车轴承、转动部件油润，每年汛前应全面检查 1 次，保证正常工作状态。

3）滑轮

经常检查导向滑轮、游轮、行车等运转情况，发现不正常应及时检修，不允许钢丝绳在滑轮上滑动、擦边、跳槽，若有上述问题，应采取措施及时排除，保持油润，运行时注意随时监视各滑轮运转情况。

4）水文缆道

水文缆道每年要进行起点距、水深比测 1~2 次并保存好记录。

4.仪器、仪表的养护

（1）各种仪器、仪表按说明书使用、养护，应保持附件的齐全；流速仪应及时鉴定并保管好鉴定证书。

（2）各种仪器、仪表应放在干燥通风、清洁和不受腐蚀性气体侵蚀的地方。

（3）主要电子、电器仪表应设有接地装置，防止雷电感应短路烧坏仪表。

5.测船的养护

（1）每日观察测船设施有无损毁，平时 5 d 擦洗 1 次，汛期每日擦洗 1 次，发现问题及时排除，保证测流的顺利进行。

（2）木船每年小修 1 次，5 年大修 1 次，钢板船 1~2 年检修 1 次。

（3）机动船平时每 5 d 启动 1 次，维持机械的油润，汛期保证随时能启动运行测流。

6.桥测车的养护

除按机动车正常管理、养护外，还应注意：

（1）司机应爱护车辆，经常擦洗机件，保持机件润滑、清洁。

（2）桥测车每月发动 2~3 次，检查机件、电路等所有部件的性能，发现问题，应及时检修排除，以保证测流时能随时启动、运行。

7.遥测设备的管理与养护

（1）自记井发生淤积时应及时进行清淤处理。

（2）传感器应经常检查，保持内部干净。

（3）终端机、馈线、天线、太阳能电池板及蓄电瓶等设备应经常检修、维护。太阳能电池板应每月清洗 1 次。

（4）备品备件要有专人管理养护。

8.通信线路的养护

通信线路要不定期进行检查,发现问题及时向电信部门及上级汇报,做好线路的抢修工作,确保线路畅通。

9.安全生产

加强安全生产管理。配置救生衣、安全斧、救生锤、破坏钳等必要的安全生产设施。水上作业时必须穿戴救生衣,桥测时应放置警示标识,保证人身安全。缆道、测船等作业严格按照规程进行操作,严禁违章操作,避免意外发生。办公楼配备防盗防火设施,做好防火、防盗、雷击和安全用电工作,杜绝各类事故发生。

水文站于每年年初向勘测局编报测报设施维修养护经费计划,由勘测局汇总,报省局审定安排,水文站按下达的维修养护任务保质保量完成。

2.5.2.7 属站管理

水文站对属站负有领导责任,积极主动指导属站进行各项观测、资料整理等工作,做到汛前有布置,汛期有检查,汛后有总结,遇到特殊情况及时处理。属站仪器设备发生故障时,及时维修或报勘测局解决。对属站所有仪器设备做好维护管理工作。

2.5.2.8 业务学习

每周定期学习以下技术规范和其他新技术操作。

序号	规范	学习时间
1	《水文缆道测验规范》(SL 443—2009)	
2	《水文测船测验规范》(SL 338—2006)	
3	《水位观测平台技术标准》(SL 384—2007)	
4	《水工建筑物与堰槽测流规范》(SL 537—2011)	
5	《声学多普勒流量测验规范》(SL 337—2006)	
6	《水位观测标准》(GB/T 50138—2010)	
7	《降水量观测规范》(SL 21—2015)	
8	《河流悬移质泥沙测验规范》(GB 50159—2015)	
9	《河流流量测验规范》(GB 50179—2015)	
10	《水文巡测规范》(SL 195—2015)	每周三下午为集中学习时间
11	《翻斗式雨量计》(GB/T 11832—2002)	
12	《水面蒸发观测规范》(SL 630—2013)	
13	《水文资料整编规范》(SL 247—2012)	
14	《水文数据整理汇编标准》(DB 41/T 1599—2018)	
15	《土壤墒情监测规范》(SL 364—2015)	
16	《水文测量规范》(SL 58—2014)	
17	《水文调查规范》(SL 196—2015)	
18	《水文仪器术语和符号》(GB/T 19677—2005)	
19	《水文基本术语及符号》(GB/T 50095—2005)	
20	《河流冰情观测规范》(SL 59—2015)	

2.5.2.9　附录

1.“四随”工作制度

	降水量	水位	流量	含沙量
随测算	1.准时量记,当场自校。 2.自记站要按时检查,每日 8 时换纸,无雨不换纸要加水,有雨注意量记虹吸水量。 3.检查记载规格符号是否正确、齐全。 4.每日 8 时计算日雨量、蒸发量,旬、月初计算旬、月雨量	1. 准时测记水位及附属项目,当场自校。 2. 自记水位按时校测、检查。 3.日平均水位次日计算完毕。 4.水准水尺测量当场计算高差、高程,当日计算成果并校核	1. 附属观测项目及备注说明当场填记齐全。 2. 闸坝站应现场测记有关水力因素。 3.按要求及时测记流量。 4.流量随测随算	1.单样含沙量及输沙率测量后,编号与瓶号、滤纸要校对,并填入单沙记载本中,各栏填记齐全。 2.水样处理当日进行(如加沉淀剂、自动滤沙)。 3.烘干称重后立即计算
随拍报	1.从 4 月 2 日至 11 月 1 日期间全省统一采用自动遥测站雨量信息,11 月 2 日至次年 4 月 1 日仍进行人工拍报雨情信息。 2.汛前要做好测报及通信设施的检修工作,并加强对所属遥测雨量站的检查维护。 3.密切监视本辖区内雨情变化,发现雨量站点 1 h 降雨量超过 50 mm 或单日累计降雨量达 100 mm 以上时,要及时报当地县防办和勘测局水情科	1.严格按照当年下达的防汛抗旱拍报任务通知的要求拍报。有涨水过程时必须加报起涨水情和洪峰流量,该要求不受起报标准和拍报段次限制,及时报出洪水全过程。 2.当洪水上涨超过各级加报标准时,必须立即拍报水情 1 次,然后按规定段次发报;上次发报后涨幅已超过 1 m 的,也要及时加报 1 次;出现洪峰要立即拍报。 3.河道站:三级加报涨水段全部为 24 段次,落水段 12~24 段次; 水库站:一级起报水位以上、二级加报水位以下要至少按照 1 d 4 段次拍报,二级加报水位(汛限水位)以上的涨水段全部按照 24 段次拍报,落水段按照 12~24 段次拍报。闸门变动随时报。 4.当发生特大暴雨洪水,河道分洪、决口、扒堤、水库垮坝及大面积内涝时,应及时拍报特殊水情电报,并立即调查情况并上报。 5.汛期每日 1 次、非汛期每 5 d 1 次,人工校核遥测水位	1.要在综合分析近期水位流量关系(水库站:输水设备泄流曲线)的基础上,于汛前修订好报汛曲线,并用历史调查洪水做好高水部分的曲线延长;汛期随时根据实测点修订水位流量曲线,保证相应流量的准确性。 2.有拍报旬、月平均流量的河道、闸坝站断流或无出流量时也要拍报旬、月平均流量。 3.河道站:根据洪水大小,在二级加报水位以上至少要报出 1~3 次实测流量,以校正拍报的相应流量。 水库站:大型水库凡遇洪水入库时,均要拍报入库流量全过程	

	降水量	水位	流量	含沙量
随整理	1.日、旬、月雨量在发报前要计算校核1遍。 2.自记纸当日完成订正、摘录、计算、复核。 3.月初3 d内原始资料完成3遍手,进行月统计	1.日平均水位次日校核完毕。 2.自记水位8时换纸后摘录订正前一天日水位,计算日平均,并校核。 3.月初3 d内复核原始资料。 4.水准测量次日复核完毕	1.单次流量资料测算后即完成校核,当月完成复核。 2.较大洪峰(m³/s)或较高水位(m)过后3 d内,报出测洪小结	单样含沙量、输沙率计算后当日校核,当月复核
随分析	1.属站雨量到齐后列表对比检查雨型、雨量。 2.主要暴雨绘各站暴雨累积曲线对比检查。 3.发现问题及时处理	1.应随测随点绘逐时过程线,并进行检查。 2.日平均水位在逐时线上画横线检查。 3.山区站及测沙站应画降雨柱状图,检查时间是否相应。 4.发现问题及时处理	1.洪水期流量测验要做点流速、垂线流速、水深测量的正确性及垂线布设的合理性检查。 2.点绘水位流量关系线并检查偏离程度。水库闸坝站应点绘在系数曲线上检查。 3.测次点在水位过程线上,检查测次分布。 4.发现问题,检查原因,确定改正、重测或舍弃,并写出分析说明	1.取样后将测次点在水位过程线上(可用不同颜色),检查测次控制的合理性。 2.沙量称重计算后点绘单样含沙量过程线,发现问题立即复烘、复秤。 3.检查单断沙关系及含沙量横向分布。 4.发现问题及时处理

2.使用水尺时的水位观测段次要求

段次要求	2段	4段	8段	逐时
日变化(m)	<0.2	0.2~0.5	>0.50	
水位级(m)				
备注	受电站和开关闸影响时酌情观测水位测次,以控制水位变化为准			

3.水尺观测的不确定度估算

波浪变幅(cm)	≤2	3~30	≥31
波浪级别	无波浪	一般波浪	较大波浪
随机不确定度			
综合不确定度			
备注	每年在无波浪、一般波浪或较大波浪的情况下,且水位基本无变化的5~10 min内连续观读水尺30次以上进行计算		

4.流速仪法测流方案的制订

1）水位级划分（单位：m）

水位级	高水	中水	低水	枯水
	90.00 以上	90.00~89.00	89.00~88.50	88.50 以下
备注				

2）允许总随机不确定度 X'_Q 与已定系统误差 U_Q

水位级	高水	中水	低水	枯水
X'_Q				
U_Q				

（3）常用测流方案

水位级	测流方案 （m, p, t）	最少垂线数 m 方案下限	备注
高水 90.00 m 以上	1）7　2　100 2）6　1　100	6	方案的优先级按先后顺序进行排列,故选用方案优选排列在前的。 m——垂线数; p——垂线测点数; t——历时
中水 90.00~89.00 m	1）6　2　100 2）6　1　100	6	
低水 89.00 m 以下	1）5　1　100 2）5　2　100	5	

5.流速系数

分类	水面浮标系数	岸边流速系数	小浮标系数	半深系数	深水浮标系数	电波流速仪系数	ADCP测流系数
系数及	0.85	0.80	0.85	0.95			
确定方法	经验	经验	经验	经验			
试验系数						0.85	1
及时间						供参考	供参考
备注			如果有试验系数,测流时应采用试验系数				

6.测流方法

方案	涉水	缆道	测船	桥测	浮标	比降
水位（m）	88.20 以下	88.20 以上				
备注	根据水深随时改变测验方案					

7.测洪小结

当发生较大洪水时,洪水过后 3 d 内,及时以电子文本形式上报测洪小结至省局站网监测处（电子信箱：hnscyk@126.com）。

2.5.2.10　补充事项

何营水文站为引黄灌区,无防汛任务。另外,测验断面受上下游水闸、电闸影响。

2.6 济源地区水文站

2.6.1 济源水文站任务书

2.6.1.1 济源水文站基本情况

1.位置情况

隶属	河南省济源水文水资源勘测局	重要站级别	省级
流域	黄河	水系	黄河
河名	漭河	汇入何处	黄河
东经	112°37′54″	北纬	35°05′51″
集水面积	480 km²	至河口距离	56 km
级别	二	人员编制	5
测站地址	河南省济源市玉泉街道办事处亚桥村	邮政编码	454650
电话号码	0391-6606726	电子信箱	
测站编码	41401800	雨量站编码	41424450
报汛站号	41401800	省界断面	否

2.测站属性

类别	水库站		性质	基本水文站
设站目的	本站为区域代表站,是漭河控制站,采集断面以上长系列水文要素信息,为水资源管理和防汛减灾提供服务			

3.属站名单

负责管理的基本雨量站、水位站和中小河流巡测站、水位站、雨量站、水量辅助站、生态监测站。

属站类别	测站编码	站名	水系	河名	观测项目	观测段制		降水制表		摘录段制	自记或标准	水量调查表	报汛部门	备注
						非汛期	汛期	(一)或(二)	日表					
基本雨量	41424450	济源	黄河	漭河	降水	24	24	(一)	√	24	自记		省	
基本雨量	41424250	虎岭	黄河	漭河	降水	24	24	(二)	√	24	自记		省	雨雪
基本雨量	41424100	交地	黄河	漭河	降水	24	24	(二)	√	24	自记		省	雨雪
基本雨量	41424300	竹园	黄河	漭河	降水	24	24	(二)	√	24	自记		省	雨雪
基本雨量	41424000	黄龙庙	黄河	漭河	降水	24	24	(二)	√	24	自记		省	雨雪

2.6.1.2 观测项目及要求

1.观测项目

测验地点	测站编码	基本观测项目							辅助观测项目							
		水位	流量	单样含沙量	输沙率	降水	蒸发	水文调查	蒸发辅助	水质	初终霜	水温	冰情	气象	墒情	比降
基本水尺断面	41401800	√	√	√				√		√		√	√		√	√
观测场	41424450					√	√				√					
虎岭	41424250					√										
交地	41424100					√										
竹园	41424300					√										
黄龙庙	41424000					√										

2.巡测间测规定

编码	断面地点	断面名称	巡(间)测项目	巡(间)测要求	巡(间)测时间

3.整编所需提交成果资料

测站名称	测站编码	降水量							水流沙																
		逐日降水量表(汛期)	逐日降水量表(常年)	降水量摘录表	各时段最大降水量表(1)	各时段最大降水量表(2)	逐日水面蒸发量表	蒸发场说明表及平面图	水面蒸发量辅助项目月年统计表	降水量站说明表	逐日平均水位表	洪水水位摘录表	实测流量成果表	实测大断面成果表	堰闸流量率定表	逐日平均流量表	洪水水文要素摘录表	堰闸水文要素摘录表	水电站抽水站流量摘录表	悬移质实测输沙率成果表	悬移质逐日平均输沙率表	悬移质逐日平均含沙量表	悬移质洪水含沙量摘录表	逐日水温表	冰厚及冰情要素摘录表	冰情统计表	水文、水位站说明表	水库、堰闸站说明表	区间水利工程基本情况表
济源	41401800								√		√	√		√	√				√	√		√	√	√	√		√
济源	41424450	√	√	√		√	√		√																			
虎岭	41424250	√		√					√																			
交地	41424100	√		√					√																			
竹园	41424300	√		√					√																			
黄龙庙	41424000	√		√					√																			

4.观测要求

项目		观测要求	辅助观测项目	备注
降水量	标准	每日8时定时观测1次,1~5月按2段观测,10~12月按2段观测,暴雨时适当加测	初终霜	自记雨量计发生故障或检测时使用标准雨量器,按24段制观测
	自记	每日8时定时观测1次,降水之日20时检查1次,暴雨时适当增加检查次数。6~9月按24段摘录		
	遥测	按有关要求定期取存数据		
陆上水面蒸发		每日8时定时观测1次	风向、风速(力)、气温、湿度等	
水位	人工、自记	水位平稳时每日8时观测1次,洪水期或遇水情突变时必须加测,以测得完整水位变化过程为原则。闸坝水库站在闸门启闭前后和水位变化急剧时,应增加测次,以掌握水位转折变化。必须进行水位不确定度估算	1.风大时观测风向、风力、水面起伏度及流向。 2.闸门变动期间,同时观测闸门开启高度、孔数、流态、闸门是否提出水面等	每日8时校测自记水位记录,洪水期适当增加校测次数。定期检测各类水位计,保证正常运行
	遥测	按有关要求定期取存数据		
流量		流量测验应满足流量转折、推算逐日流量和各项特征值的要求,根据高、中、低各级水位情况,合理地分布于各级水位和水情变化过程的转折点处。水位流量关系稳定的站每年测次不少于15次。闸坝站测次以能满足率定分析推求泄水过程为原则	1.每次测流同时观测记录水位、天气、风向、风力及影响水位流量关系变化的有关情况。 2.闸坝站要测记闸门开启高度、孔数、流态及其变动情况。 3.在高中水测流时同时观测比降	水位级划分及测洪方案见附录
含沙量	单样含沙量	以控制含沙量转折变化和建立单断沙关系为原则。含沙量变化很小时,可每4~10d取样1次。每次较大洪峰过程,一般不少于4~8次。洪峰重叠或水沙峰不一致,含沙量变化剧烈时,应增加测次。闸坝站根据闸门变动和含沙量变化情况适当布置测次	水位	较大流域的测站如能分辨出沙峰来源时应予以说明。如河水清澈,可改为目测,含沙量作零处理
	输沙率	根据测站级别每年输沙率测验不少于10~20次,测次分布应能控制流量和含沙量的主要转折变化,原则上每次较大洪峰不少于5次	单样含沙量、流量及水位等	
水尺零点高程		每年汛期前后各校测1次,若水尺发生变动或有可疑变动,应随时校测。新设水尺应随测随校	水位	包括自记水位计高程标点

项目	观测要求	辅助观测项目	备注
水准点高程测量	逢 0、逢 5 年份对基本水准点必须进行复测,校核水准点每年校测 1 次,如发现有变动或可疑变动,应及时复测并查明原因		
大断面测量	每年汛期前后施测,在每次洪水后应予加测。较大洪水采用比降面积法或浮标法测流后,必须加测。人工固定河槽在逢 5 年份施测 1 次	水位	
测站地形测量	除设站初期施测 1 次地形,测验河段在河道、地形、地物有明显变化时,必须进行全部或局部复测	水位	
水文调查	包括断面以上(区间)流域基本情况调查、水量调查、暴雨和洪水调查以及专项水文调查		
水温	每日 8 时观测。冬季稳定封冻期,所测水温连续 3~5 d 皆在 0.2 ℃ 以下时,即可停止观测。当水面有融化迹象时,应即恢复观测。无较长稳定封冻期不应中断观测		
冰情观测	在测验断面出现结冰现象的时期内一般每日 8 时观测 1 次。冰情变化急剧时,应适当增加测次		
墒情监测	基本站在每旬初(1 日、11 日、21 日)早 8 时观测 1 次,取土深度为地面以下 10 cm、20 cm、40 cm 处 3 点土样	旬总雨量统计	旱情严重时应加密、多点观测
气象			
水质监测	按照《水环境监测规范》(SL 219—98)的要求,河道站每年 2 个月取样 1 次,水库站每年丰、平、枯各取样 1 次,地下水站于 5 月、10 月各取样 1 次,如遇突发性污染事故应及时取样,并报告有关主管部门,以便采取应急措施	按水样送验单要求观测、填写辅助观测项目	有水质采样任务的站,要求当天取样,当天送到指定的单位
其他			

2.6.1.3 水文情报预报工作

(1)水文站报汛必须严格贯彻执行《水文情报预报规范》(GB/T 22482—2008)、《水情信息编码标准》(SL 330—2011),保证拍报质量,水文站差错率不超过 1%,雨量站差错率不超过 3%。

(2)水文站要在综合分析近期水位流量关系的基础上,于汛前修订好报汛曲线,并用

历史调查洪水做好高水部分的曲线延长,随时根据实测点修订水位流量曲线,保证相应流量的准确性。

(3)汛期与非汛期划分:淮河、长江流域当年 5 月 15 日至 10 月 1 日为汛期,当年 10 月 2 日至次年 5 月 14 日为非汛期;海河、黄河流域当年 6 月 1 日至 10 月 1 日为汛期,当年 10 月 2 日至次年 5 月 31 日为非汛期。

(4)降水量拍报。雨量报汛段次严格按照每年下发的报汛任务书的要求执行。

(5)水情拍报:

①水情站要严格按照当年下达的报汛任务书的要求拍报。遇到洪水时要报出洪水全过程,涨水段在二级加报水位以上,至少要报 2~3 次实测流量,以校正拍报的相应流量。

②水库站凡遇大、中洪水入库时,均要拍报入库流量全过程。

③当发生特大暴雨洪水,河道分洪、决口、扒堤、水库垮坝及大面积内涝时,应及时拍报特殊水情电报,并立即调查情况并上报。

(6)水文预报。大型水库和主要河道控制水文站,要积极开展水文预报。发生大洪水时,及时向当地有关部门通报水情趋势,为防汛抢险和水利调度当好参谋。

2.6.1.4 水文水资源调查

水文调查是水文测验工作的重要组成部分,是收集水文资料的重要环节,水文站应当有计划地进行,以满足水文水资源分析计算的要求。

本站负责济源水文站基本水尺断面以上至涺河口水库范围内水文水资源的调查任务。

1.调查要求

(1)对测站流量有较大影响的水利设施,应查清工程指标及其变化等情况,一般影响 1 次洪水总量或河道同期多年平均径流量达 15%~20%时,应与有关部门配合,建立简易观测点或巡测点,达到能推算各月和全年的调节、引用水量的目的。

(2)对测站流量有中等影响的水利设施,应逐个查清工程指标等情况,并每年及时调查其水量,以能估算其年调节、引用水量为原则。一般影响洪峰流量 5%以上的水利工程,或引入、引出水量占引水期间水量的 5%以上的固定工程,需逐个测算其年调节、引用水量。

(3)对测站流量影响较小的水利设施,一般只统计总个数、总指标,测算总水量。小面积站上游的水利工程设施,其一个或几个工程的控制面积超过集水面积的 10%,或引水期的调节水量占河道同期水量的 10%以上时,则应做较细致的调查,算清水账。水利设施的工程指标等情况,可直接引用工程管理等部门的资料,在做过普查以后,每年可只对有变动的部分做补充调查。

遇有滞洪、决口等情况,应立即了解其具体位置、发生时间,并尽可能查清其水量。调查应在发生这些情况的短时间内进行,如有困难,也应在当年把情况调查清楚。

当发生特大暴雨、洪水或特别干旱时,应进行暴雨、洪水及必要的枯水调查。

(4)注意观察水的透明度、气味、色度、悬浮物质等物理特性是否异常,是否明显污染,当发现突发性污染事故时应及时上报上级主管部门,并按上级要求进行监测。

(5)水文站水文调查成果应按规范规定整理并编写调查报告。

2.调查表

调查地点	水工设施名称	调查时间	调查项目	调查要求	备注

3.省界断面

每月 5 日前向流域机构上报上月最高、最低、月平均水位,最高、最低、月平均流量和月径流量。

2.6.1.5　资料

1.资料整编

原始资料不得损毁,禁止涂改、誊写。各种整编报表的填写要符合规范规定。

水文站的各项观测资料应严格执行"四随"制度,当月各项资料应于次月 5 日前完成在站整编,次年 1 月 5 日前完成上年度全年资料的在站整编。

水文站应对各种原始数据进行校对,资料在站整编完成后,应写出在站整编说明书,简述测验情况、整编发现的问题及处理意见、合理性检查情况及对资料成果的评价。

2.资料分析

洪水过后要进行大断面冲淤变化分析。突出的流量和沙量测点应进行批判分析。根据上下游控制断面做水量平衡分析。对属站降水量要进行对比分析,发现错日、错量情况及时更正。

通过资料分析掌握测站特性和各水文因素的变化规律,力求定线合理,推算方法正确,符合本站特性。

3.资料保存

水文资料是国家重要的基础信息资源,要注意防火、防盗,保持整洁。资料要存放在资料柜内,指定专人妥善保管,防止丢失。未经审查的资料不得向社会发布。

2.6.1.6　测报设施管理、养护及安全生产

测报设施是保障安全、提高测洪能力和精度、提高测报成果质量的重要设施,测站必须精心养护,发现问题及时维修,并将检查处理情况做好记录。

1.钢丝绳的养护

(1)钢丝绳每年擦油 1～2 次,防止生锈,重点受力部位加强检修。

(2)对钢丝绳与锚碇接头部分涂黄油并经常检查。

2.支架、锚碇的养护

(1)为保持支架直立、结构不变形,保持平衡,使支架各方向的拉力均衡,每年应全面检查调整 2～3 次,大洪水期应检查 1～2 次。

(2)钢支架每隔 1～2 年进行除锈、油漆养护,除锈后先涂防锈漆,再涂油漆;避雷接地电阻应校测。

（3）汛前及洪水过后要认真检查支架基础有无沉陷、有无位移,联系螺栓是否有松动,混凝土基础有无裂缝等,如不符合要求应及时检修。

（4）每月检查锚碇有无位移,锚碇附近土壤有无裂纹、崩塌、沉陷等现象,夹头是否松动、锚杆是否生锈,发现问题及时处理。

3.驱动设备的养护

1）动力设备

（1）变压器,按供电部门规定,隔一定年限更换变压器油。

（2）柴油机及发电机组,按使用说明书规定进行技术保养。

（3）经常检查电动机发热情况,温升超过 60 ℃时,应采取降温措施,电动机应接地,发现电动机异常时,应停车检查原因,设法排除。

2）绞车

经常保持绞车轴承、转动部件油润,每年汛前应全面检查 1 次,保证其正常工作状态。

3）滑轮

经常检查导向滑轮、游轮、行车等运转情况,发现不正常应及时检修,不允许钢丝绳在滑轮上滑动、擦边、跳槽,若有上述问题,应采取措施及时排除,保持油润,运行时注意随时监视各滑轮运转情况。

4）水文缆道

水文缆道每年要进行起点距、水深比测 1~2 次并保存好记录。

4.仪器、仪表的养护

（1）各种仪器、仪表按说明书使用、养护,应保持附件的齐全;流速仪应及时鉴定并保管好鉴定证书。

（2）各种仪器、仪表应放在干燥通风、清洁和不受腐蚀性气体侵蚀的地方。

（3）主要电子、电器仪表应设有接地装置,防止雷电感应短路烧坏仪表。

5.测船的养护

（1）每日观察测船设施有无损毁,平时 5 d 擦洗 1 次,汛期每日擦洗 1 次,发现问题及时排除,保证测流的顺利进行。

（2）木船每年小修 1 次,5 年大修 1 次,钢板船 1~2 年检修 1 次。

（3）机动船平时每 5 d 启动 1 次,维持机械的油润,汛期保证随时能启动运行测流。

6.桥测车的养护

除按机动车正常管理、养护外,还应注意:

（1）司机应爱护车辆,经常擦洗机件,保持机件润滑、清洁。

（2）桥测车每月发动 2~3 次,检查机件、电路等所有部件的性能,发现问题,应及时检修排除,以保证测流时能随时启动、运行。

7.遥测设备的管理与养护

（1）自记井发生淤积时应及时进行清淤处理。

（2）传感器应经常检查,保持内部干净。

（3）终端机、馈线、天线、太阳能电池板及蓄电瓶等设备应经常检修、维护。太阳能电池板应每月清洗 1 次。

（4）备品备件要有专人管理养护。

8.通信线路的养护

通信线路要不定期进行检查，发现问题及时向电信部门及上级汇报，做好线路的抢修工作，确保线路畅通。

9.安全生产

加强生产安全管理。配置救生衣、安全斧、救生锤、破坏钳等必要的安全生产设施。水上作业时必须穿戴救生衣，桥测时应放置警示标识，保证人身安全。缆道、测船等作业严格按照规程进行操作，严禁违章操作，避免意外发生。办公楼配备防盗防火设施，做好防火、防盗、雷击和安全用电工作，杜绝各类事故发生。

水文站于每年年初向勘测局编报测报设施维修养护经费计划，由勘测局汇总，报省局审定安排，水文站按下达的维修养护任务保质保量完成。

2.6.1.7　属站管理

水文站对属站负有领导责任，积极主动地指导属站进行各项观测、资料整理等工作，做到汛前有布置，汛期有检查，汛后有总结，遇到特殊情况及时处理。对属站所有仪器设备做好维护管理工作。

2.6.1.8　业务学习

每周定期学习以下技术规范和其他新技术操作等。

序号	规范	学习时间
1	《水文缆道测验规范》（SL 443—2009）	
2	《水文测船测验规范》（SL 338—2006）	
3	《水位观测平台技术标准》（SL 384—2007）	
4	《水工建筑物与堰槽测流规范》（SL 537—2011）	
5	《声学多普勒流量测验规范》（SL 337—2006）	
6	《水位观测标准》（GB/T 50138—2010）	
7	《降水量观测规范》（SL 21—2015）	
8	《河流悬移质泥沙测验规范》（GB 50159—2015）	
9	《河流流量测验规范》（GB 50179—2015）	
10	《水文巡测规范》（SL 195—2015）	每周一上午及周二下午为学习时间
11	《翻斗式雨量计》（GB/T 11832—2002）	
12	《水面蒸发观测规范》（SL 630—2013）	
13	《水文资料整编规范》（SL 247—2012）	
14	《水文数据整理汇编标准》（DB 41/T 1599—2018）	
15	《土壤墒情监测规范》（SL 364—2015）	
16	《水文测量规范》（SL 58—2014）	
17	《水文调查规范》（SL 196—2015）	
18	《水文基本术语和符号标准》（GB/T 50095—2014）	
19	《水文仪器术语及符号》（GB/T 19677—2005）	
20	《河流冰情观测规范》（SL 59—2015）	

2.6.1.9 附录

1."四随"工作制度

	降水量	水位	流量	含沙量
随测算	1.准时量记,当场自校。 2.自记站要按时检查,每日8时换纸,无雨不换纸要加水,有雨注意量记虹吸水量。 3.检查记载规格符号是否正确、齐全。 4.每日8时计算日雨量、蒸发量,旬、月初计算旬、月雨量	1.准时测记水位及附属项目,当场自校。 2.自记水位按时校测、检查。 3.日平均水位次日计算完毕。 4.水准测量当场计算高差,当日计算成果并校核	1.附属观测项目及备注说明当场填记齐全。 2.闸坝站应现场测记有关水力因素。 3.按要求及时测记流量。 4.流量随测随算	1.单样含沙量及输沙率测量后,编号与瓶号、滤纸要校对,并填入单沙记载本中,各栏填记齐全。 2.水样处理当日进行(如加沉淀剂、自动滤沙)。 3.烘干称重后立即计算
随拍报	1.从4月2日至11月1日期间全省统一采用自动遥测站雨量信息,11月2日至次年4月1日仍进行人工拍报雨情信息。 2.密切监视本辖区内雨情变化,发现雨量站点1 h降雨量超过50 mm或单日累计降雨量达100 mm以上时,要及时报当地县防办和勘测局水情科	1.严格按照当年下达的防汛抗旱拍报任务通知的要求拍报。有涨水过程时必须加报起涨水情和洪峰流量,及时报出洪水全过程。 2.当洪水上涨超过各级加报标准时,必须立即拍报水情1次,然后按规定段次发报;上次发报后涨幅已超过1 m的,也要及时加报1次;出现洪峰要立即拍报。 3.河道站:三级加报涨水段全部为24段次,落水段12~24段次。 水库站:一级起报水位以上、二级加报水位以下要至少按照1 d 4段次拍报,二级加报水位(汛限水位)以上的涨水段全部按照24段次拍报,落水段按照12~24段次拍报。闸门变动随时报。 4.当发生特大暴雨洪水,河道分洪、决口、扒堤、水库垮坝及大面积内涝时,应及时拍报特殊水情电报,并立即调查情况并上报	1.要在综合分析近期水位流量关系(水库站:输水设备泄流曲线)的基础上,于汛前修订好报汛曲线,并用历史调查洪水做好高水部分的曲线延长;汛期随时根据实测点修订水位流量曲线,保证相应流量的准确性。 2.有拍报旬、月平均流量的河道、闸坝站断流或无出流量时也要拍报旬、月平均流量。 3.河道站:根据洪水大小,在二级加报水位以上至少要报出1~3次实测流量,以校正拍报的相应流量; 水库站:大型水库凡遇洪水入库时,均要拍报入库流量全过程	

	降水量	水位	流量	含沙量
随整理	1.日、旬、月雨量在发报前要计算校核1遍。 2.自记纸当日完成订正、摘录、计算、复核。 3.月初3 d内原始资料完成3遍手,进行月统计	1.日平均水位次日校核完毕。 2.自记水位8时换纸后摘录订正前一天水位,计算日平均值,并校核。 3.月初3 d内复核原始资料。 4.水准测量次日复核完毕	1.单次流量资料测算后即完成校核,当月完成复核。 2.较大洪峰(450 m³/s)或较高水位(19.0 m)过后3 d内,报出测洪小结	单样含沙量、输沙率计算后当日校核,当月复核。
随分析	1.属站雨量到齐后列表对比检查雨型、雨量。 2.主要暴雨绘各站暴雨累积曲线对比检查。 3.发现问题及时处理	1.应随测随点绘逐时过程线,并进行检查。 2.日平均水位在逐时线上画横线检查。 3.山区站及测沙站应画降雨柱状图,检查时间是否相应。 4.发现问题及时处理	1.洪水期流量测验要作点流速、垂线流速、水深测量的正确性及垂线布设的合理性检查。 2.点绘水位流量关系线并检查偏离程度。水库闸坝站应点绘在系数曲线上检查。 3.测次点在水位过程线上,检查测次分布。 4.发现问题,检查原因,确定改正、重测或舍弃,并写出分析说明	1.取样后将测次点在水位过程线上(可用不同颜色),检查测次控制合理性。 2.沙量称重计算后点绘单样含沙量过程线,发现问题立即复烘、复秤。 3.检查单断沙关系及含沙量横向分布。 4.发现问题及时处理。

2.使用水尺时的水位观测段次要求

段次要求	2 段	4 段	8 段	逐时
日变化(m)	<0.20	0.20~0.50	>0.50	>17.00 的峰顶附近
水位级(m)	<16.50	16.50~17.00	>17.00	

3.水尺观测的不确定度估算

波浪变幅(cm)	≤2	3~30	≥31
波浪级别	无波浪	一般波浪	较大波浪
随机不确定度			
综合不确定度			
备注	每年在无波浪、一般波浪或较大波浪情况下,且水位基本无变化的5~10 min内连续观读水尺30次以上进行计算		

4.流速仪法测流方案的制订

1）水位级划分（单位：m）

水位级	高水	中水	低水	枯水
	17.00 以上	16.50~17.00	15.50~16.50	15.5 以下
备注				

2）允许总随机不确定度 X'_Q 与已定系统误差 U_Q

水位级	高水	中水	低水	枯水
X'_Q				
U_Q				

3）常用测流方案

水位级	测流方案 (m, p, t)	最少垂线数 m 方案下限	备注
高水 17.00 m 以上	1）10　2　100 2）10　1　10	7	方案的优先级按先后顺序进行排列，故选用方案优选排列在前的。 m—垂线数； p—垂线测点数； t—历时
中水 16.50~17.00 m	1）7　2　100 2）7　1　10	5	
低水 16.50 m 以下	1）5　2　100 2）5　1　100	5	

5.流速系数

分类	水面浮标系数	岸边流速系数	小浮标系数	半深系数	深水浮标系数	电波流速仪系数	ADCP测流系数
系数及确定方法	0.85	0.70		0.95			
	经验	经验		经验			
试验系数及时间						0.85	1
						供参考	供参考
备注	水位 16.04 m 以下测流，岸边系数采用 0.80						

6.测流方法

方案	涉水	缆道	测船	桥测	浮标	比降
水位(m)	16.04 以下	16.04~19.00		16.04~19.00		19.00 以上
备注						

7.测洪小结

当发生流量大于 450 m³/s 的较大洪水时，洪水过后 3 d 内，及时以电子文本形式上报测洪小结至省局站网监测处（电子邮箱：hnscyk@ 126.com）。